第6版 6.X

いちばんやさしいWordPress（ワードプレス）の教本

人気講師が教える本格Webサイトの作り方

インプレス

Profile

著者プロフィール

石川栄和（いしかわひでかず）

WordPressのテーマ、プラグインの開発・販売を行う株式会社ベクトルの代表取締役。ビジネス向けWordPressテーマ「Lightning」の公開をはじめ、WordPressに関するイベントでの登壇、協賛・実行委員として開催を支援するなど、WordPressの普及に関わっている。

株式会社ベクトル：https://www.vektor-inc.co.jp
Lightning：https://lightning.vektor-inc.co.jp

大串 肇（おおぐしはじめ）

株式会社mgn代表取締役。WordPressを利用したWebサイト、Webメディア制作業務を中心に、サイト設計から運用に至るまでをトータルでサポートしている。また、教育事業（動画配信、勉強会開催、専門書籍の執筆）などを行っている。一緒にWordPressをもっと学んでいきましょう！

mgn：https://www.m-g-n.me
mgn knowledge：https://mgnknowledge.shiesowa.com/

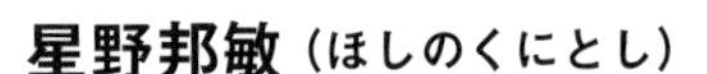

星野邦敏（ほしのくにとし）

株式会社コミュニティコム代表取締役。WordPressのテーマとプラグインの開発・販売、講演執筆などに関わる。コワーキングスペース7F、シェアオフィス6F、貸会議室6F、シェアキッチンCLOCK KITCHENの運営代表者。大宮・浦和・秩父経済新聞の編集長。WordPressに関するイベントにスタッフとしても参加、講師回数は100回を超えるなど、WordPressの普及に関わっている。

株式会社コミュニティコム：https://www.communitycom.jp
テーマ&プラグイン販売 コミュニティコムショップ：
https://communitycom-shop.jp
コワーキングスペース「7F」：https://office7f.com

執筆協力：**益子奏恵**（ますこかなえ）

本書は、WordPressについて、2023年3月時点での情報を掲載しています。
また、WordPressのバージョンは6.2を使用しています。
本文内の製品名およびサービス名は、一般に各開発メーカーおよびサービス提供元の登録商標または商標です。
なお、本文中にはTMおよび®マークは明記していません。

はじめに

数あるWordPress関連書籍の中から「いちばんやさしいWordPressの教本」を手に取っていただき、ありがとうございます。これから私たちと一緒にWordPressを利用した、Webサイト（ホームページ）の作り方を学んでいきましょう。

でも「Webサイトを作る」と考えると、専門的な内容が出てきて難しそうな印象がありませんか？ 大丈夫です！ 本書ではソースコードを書くといったプログラム的な作業はなるべく不要になるように考えました。基本的にはマウス操作だけでどんどん進められる構成になっています。

そんな内容をご評価いただけたのか、2013年に初版を出して以来、売れ行きが継続して好調で、おかげさまで第6版を刊行するにいたりました。第6版では、WordPressに新しく導入されたフルサイト編集機能にはじめて対応しています。フルサイト編集対応の新しいブロックテーマ「X-T9」（エックス・ティーナイン）を使って、サイト全体がノーコードでカスタマイズできるようになっているので、お店や会社のWebサイトを作るのに大きく役立ちます。操作手順が旧バージョンとは大きく異なりますが、初心者でもわかりやすいように丁寧に手順を説明しています。

その他、人気のあるトップページのスライドショーなども本書独自提供のプラグインで簡単に配置できるようになっています。制作から運営まで幅広く説明していますので、楽しみながら一緒に作っていきましょう！

もちろん、HTMLやCSS、PHPといったプログラムの知識があれば、さらにカスタマイズを加えていくこともできます。本書が、ただ簡単なだけではないWordPressの奥深さに興味を持ってもらえるきっかけになれば幸いです。

本書の執筆にあたり、株式会社コミュニティコム社員の益子奏恵さんには原稿を読んでいただきました。インプレスの瀧坂 亮さんや、編集担当の富田麻菜さんには、編集者の域を超えてご協力いただきました。この場を借りて感謝いたします。それでは一緒にWordPressでWebサイトを作っていきましょう！

2023年3月

石川栄和、大串 肇、星野邦敏

「いちばんやさしいWordPressの教本」の読み方

「いちばんやさしいWordPressの教本」は、はじめての人でも迷わないように、わかりやすい説明と大きな画面でWordPressを使ったWebサイトの作り方を解説しています。

「何のためにやるのか」がわかる！

薄く色の付いたページでは、WordPressでWebサイトを作る際に必要な考え方を解説しています。実際のページの作成に入る前に、操作の目的と意味をしっかり理解してから取り組めます。

タイトル
レッスンの目的をわかりやすくまとめています。

レッスンのポイント
このレッスンを読むとどうなるのか、何に役立つのかを解説しています。

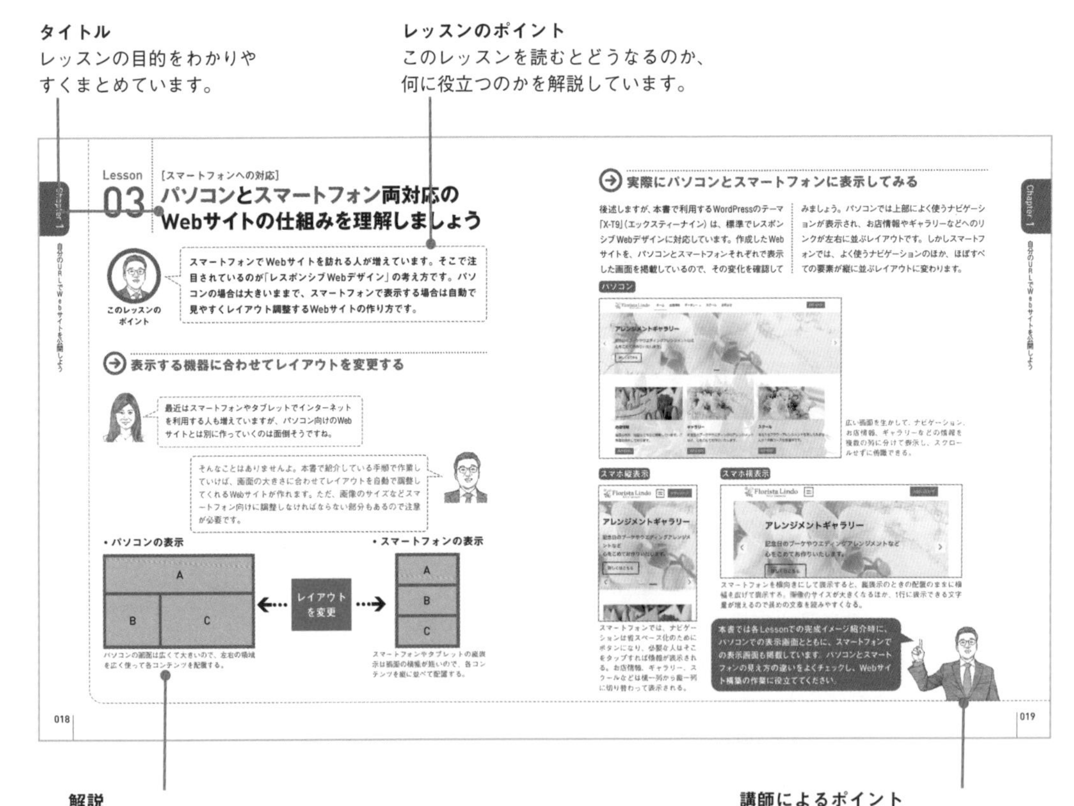
Chapter 1
自分のURLでWebサイトを公開しよう

Lesson 03 [スマートフォンへの対応]
パソコンとスマートフォン両対応のWebサイトの仕組みを理解しましょう

このレッスンのポイント
スマートフォンでWebサイトを訪れる人が増えています。そこで注目されているのが「レスポンシブWebデザイン」の考え方です。パソコンの場合は大きいままで、スマートフォンで表示する場合は自動で見やすくレイアウト調整するWebサイトの作り方です。

表示する機器に合わせてレイアウトを変更する

最近はスマートフォンやタブレットでインターネットを利用する人も増えていますが、パソコン向けのWebサイトとは別に作っていくのは面倒そうですね。

そんなことはありませんよ。本書で紹介している手順で作業していけば、画面の大きさに合わせてレイアウトを自動で調整してくれるWebサイトが作れます。ただ、画像のサイズなどスマートフォン向けに調整しなければならない部分もあるので注意が必要です。

・パソコンの表示
A
B
C
レイアウトを変更
・スマートフォンの表示
A
B
C

パソコンの画面は広くて大きいので、左右の領域を広く使って各コンテンツを配置する。

スマートフォンやタブレットの縦表示は画面の横幅が短いので、各コンテンツを縦に並べて配置する。

018

実際にパソコンとスマートフォンに表示してみる

後述しますが、本書で利用するWordPressのテーマ「X-T9」（エックスティーナイン）は、標準でレスポンシブWebデザインに対応しています。作成したWebサイトを、パソコンとスマートフォンそれぞれで表示した画面を掲載しているので、その変化を確認してみましょう。パソコンでは上部によく使うナビゲーションが表示され、お店情報やギャラリーなどへのリンクが左右に並ぶレイアウトです。しかしスマートフォンでは、よく使うナビゲーションのほか、ほぼすべての要素が縦に並ぶレイアウトに変わります。

パソコン
アレンジメントギャラリー

広い画面を生かして、ナビゲーション、お店情報、ギャラリーなどの情報を複数の列に分けて表示し、スクロールせずに俯瞰できる。

スマホ縦表示
Florista Lindo
アレンジメントギャラリー

スマホ横表示
Florista Lindo
アレンジメントギャラリー
記念日のブーケやウエディングアレンジメントなど
心をこめてお作りいたします。

スマートフォンを横向きにして表示すると、縦表示のときの配置のままに横幅を広げて表示する。画像のサイズが大きくなるほか、1行に表示できる文字量が増えるので長めの文章を読みやすくなる。

スマートフォンでは、ナビゲーションは省スペース化のためにボタンになり、必要な人はそこをタップすれば情報が表示される。お店情報、ギャラリー、スクールなどは横一列から縦一列に切り替わって表示される。

本書では各Lessonでの完成イメージ紹介時に、パソコンでの表示画面とともに、スマートフォンでの表示画面も掲載しています。パソコンとスマートフォンの見え方の違いをよくチェックし、Webサイト構築の作業に役立ててください。

019

解説
Webサイトを作る際の大事な考え方を、画面や図解をまじえて丁寧に解説しています。

講師によるポイント
特に重要なポイントでは、講師が登場して確認・念押しします。

「どうやってやるのか」がわかる！

操作手順は、大きな画面で1つ1つのステップを丁寧に解説しています。途中で迷いそうなところは、Pointで補足説明があるのでつまずきません。

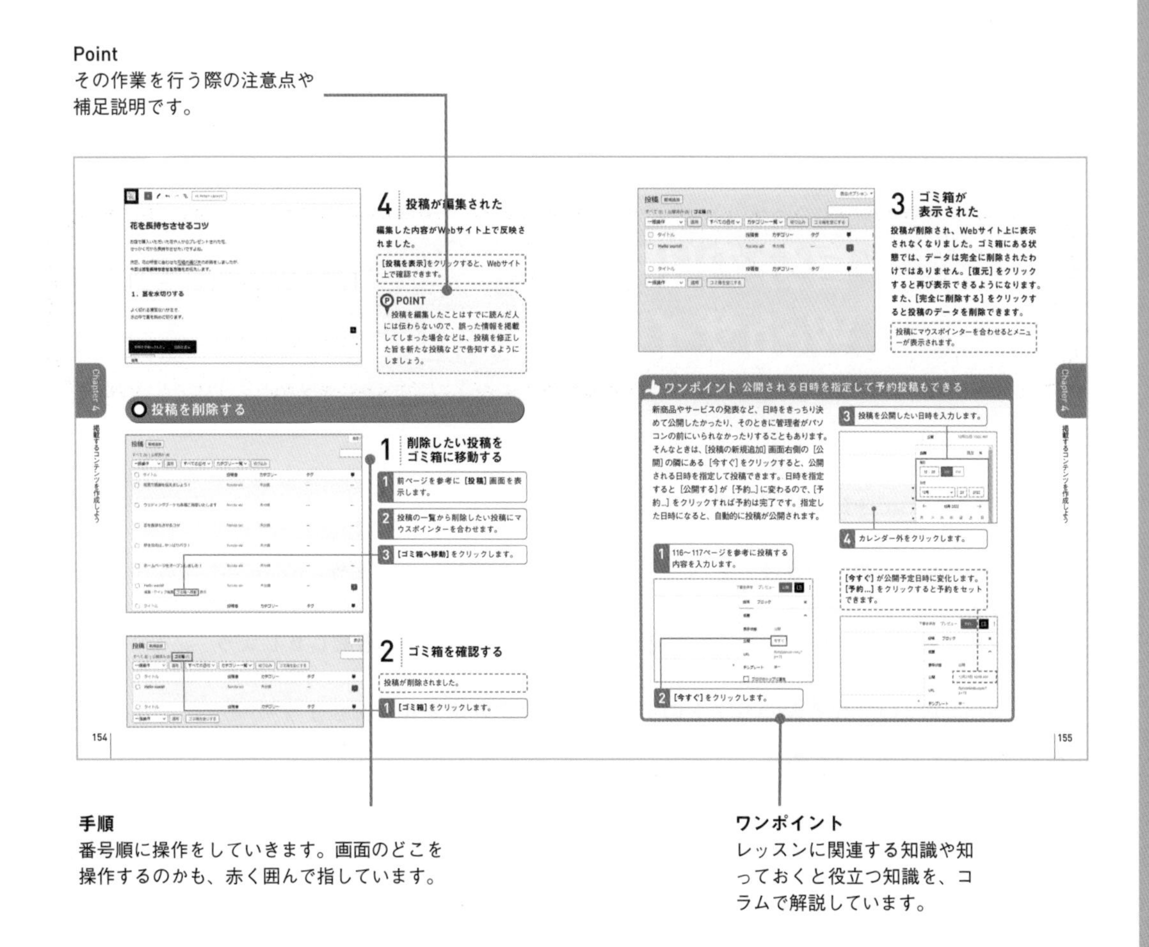

Contents
目次

Chapter 2 WordPressの初期設定をしよう

Chapter 3 Webサイトのデザインを決めよう

page 073

Chapter 4 掲載するコンテンツを作成しよう page 109

Chapter 5 パターンを活用して固定ページを作成しよう page 167

Chapter 6 フルサイト編集で全体のナビゲーションを整えよう page 203

Chapter 7 プラグインを利用して機能を追加しよう page 239

Chapter 8 Webサイトへの集客を強化しよう page 259

Chapter 9 Webサイトを安全に運用しよう page 285

Chapter

1

自分のURLでWebサイトを公開しよう

まずはWebサイトのデータを保存しておく場所となる「サーバー」、インターネット上で自分のWebサイトの住所となる「ドメイン」など、Webサイトを持つために必要な準備をしていきましょう。

Lesson 01

[WordPressとは]

まずWordPressとは何かを知りましょう

このレッスンのポイント

WordPressとは、個人ブログから企業サイトまでさまざまなWebサイトで利用されているシステムです。特別な知識がなくても本格的なWebサイトが簡単に作れます。まずは、なぜWebサイトを作成する際にWordPressがおすすめなのかを見ていきましょう。

WordPressで作成できるWebサイト

私、花屋をしているんですけれど、もっとお店のことを知ってもらいたくてWebサイトを作りたいんです。

花屋さんのWebサイトなら、お店の地図を掲載したページや、販売している花の写真が掲載されたギャラリーとかもほしいですよね。

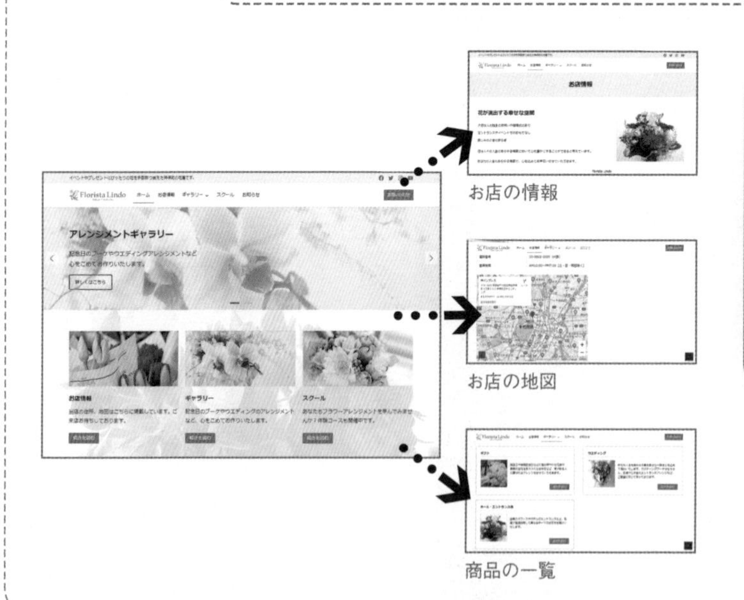

この花屋さんのWebサイトはWordPressで作成したものです。WordPressは、Webサイト作成の特別な知識がなくても、簡単なブログから本格的なWebサイトまで簡単に作成できる仕組み（ソフトウェア）のことです。

あ〜！ まさにこんな感じです。でも、どうやったらこんなWebサイトが作れるんですか？ HTMLでしたっけ？ 覚えないといけないんでしょうか？

大丈夫ですよ。Webサイトというのは、HTMLのほかにもCSSやPHPという仕組みを使って作成されているんですが、そういう専門知識が必要な部分を代わりにこなしてくれるのがWordPressなんです。

私は何をしたらいいんですか？

WordPressには専用の管理画面が用意されています。この画面上で、Webサイトに必要な文章や画像を入力していきます。

特別な知識がなくてもWebサイトを作れる

HTMLやCSSなどの特別な知識を持っていなくても、Webサイトを作成・運営できるソフトウェアをCMS（Contents Management System）と呼びます。WordPressもこのCMSの1つです。CMSの中には、有料のソフトウェアとして販売されているものもありますが、WordPressはWeb上で無料で公開されているため、世界中のユーザーに利用されています。

従来は特別なタグを入力し、HTMLファイルを自力で作成する必要があった。

WordPressでは管理画面上で必要な文章や画像を用意していくだけでHTMLファイルの作成などは自動で行われ、Webサイトを作成できる。

WordPressでWebサイトを作る際は、ほぼすべての操作をこの管理画面上で行います。基本的にはクリックや文章の入力だけでどんどんWebサイトを作成できるようになっています。難しいコードを入力する必要はないので安心してください。

Lesson 02

[ページの作成]

WordPressの機能を使ったページの作成方法を理解しましょう

このレッスンのポイント

次に、どのようにWebサイトを作成していくのか、WordPressの基本的な機能を確認していきましょう。Webサイトはたくさんのページが組み合わさって構成されています。WordPressでは「投稿」と「固定ページ」の2種類を使ってページを作成できるようになっています。

「固定ページ」と「投稿」を使い分けてコンテンツを作成する

どうやって、いろんなページを作っていくんですか？

WordPressってもともとはブログを作るために用意されたソフトウェアなんです。でも、ブログの仕組みだけでは、お店や会社のWebサイトは作れません。どうしてかわかりますか？

たまに、ブログをWebサイト代わりに使っているお店を見かけるんですが、最新の情報はわかっても、肝心の営業時間や定休日とか地図が見つからないんですよね。

そうなんです。もしブログの機能だけでWebサイトを作ったら、お店の営業案内や地図などの重要なページが古いページとして埋もれてしまうんです。それを解消するために、WordPressには「固定ページ」という機能が用意されているんですよ。

▶ 投稿ページ

- お知らせ
- 入荷情報
- 店長ブログ

▶ 固定ページ

- お店の情報
- お店の地図
- 商品の一覧

WordPressでは、最新の投稿がブログのようにどんどん更新されていく「投稿」機能と、常に特定の場所に掲載する重要な情報を作成するための「固定ページ」機能が用意されている。

なるほど！固定ページを使えばいろいろな種類のページを作れそうですね。ページはどういう操作で作るんですか？

ブログを作成するためのソフトウェアとして作られただけに、ページの作成はとても簡単です。基本的にはタイトルと文章を入力するだけで簡単にページを作成できますよ。

画像や動画を入れたこだわりのページとかは作れないんですか？

画像を入れたページも直感的に作成できるようになっています。ページの作りやすさは、作った後の情報の更新のしやすさにもつながります。これを理由にWordPressを導入する人も多いんですよ。

ブログのシステムで簡単にページを作成できる

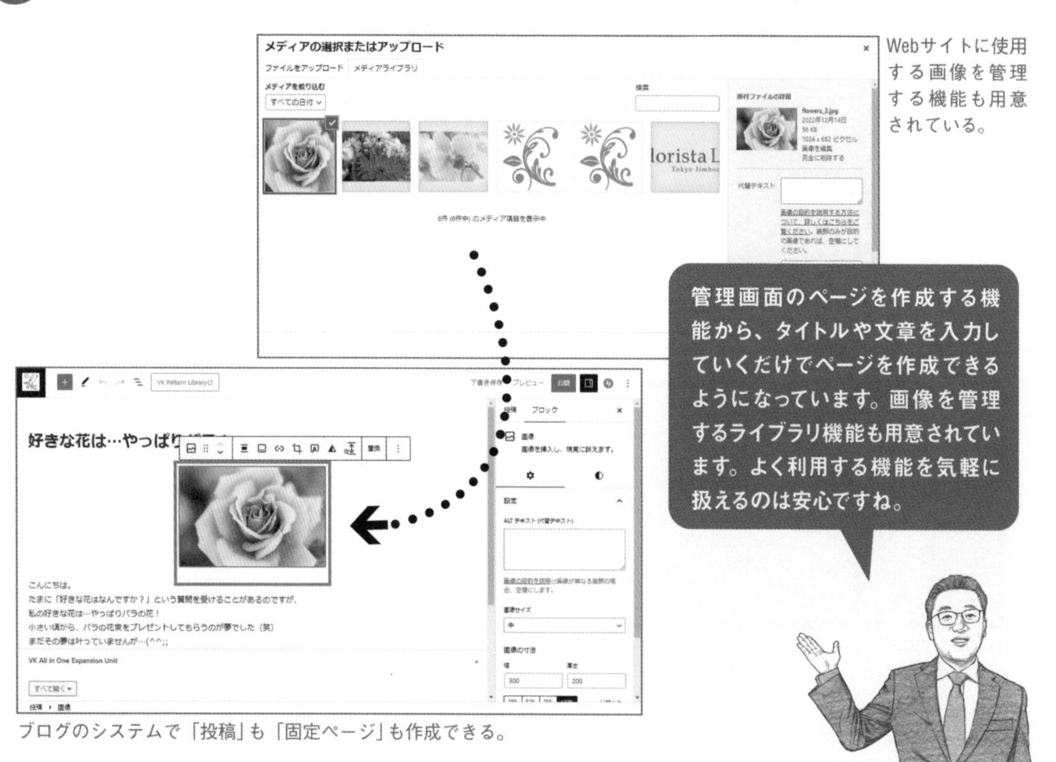

Webサイトに使用する画像を管理する機能も用意されている。

ブログのシステムで「投稿」も「固定ページ」も作成できる。

Lesson 03

[スマートフォンへの対応]

パソコンとスマートフォン両対応のWebサイトの仕組みを理解しましょう

このレッスンのポイント

スマートフォンでWebサイトを訪れる人が増えています。そこで注目されているのが「レスポンシブWebデザイン」の考え方です。パソコンの場合は大きいままで、スマートフォンで表示する場合は自動で見やすくレイアウト調整するWebサイトの作り方です。

表示する機器に合わせてレイアウトを変更する

最近はスマートフォンやタブレットでインターネットを利用する人も増えていますが、パソコン向けのWebサイトとは別に作っていくのは面倒そうですね。

そんなことはありませんよ。本書で紹介している手順で作業していけば、画面の大きさに合わせてレイアウトを自動で調整してくれるWebサイトが作れます。ただ、画像のサイズなどスマートフォン向けに調整しなければならない部分もあるので注意が必要です。

• パソコンの表示

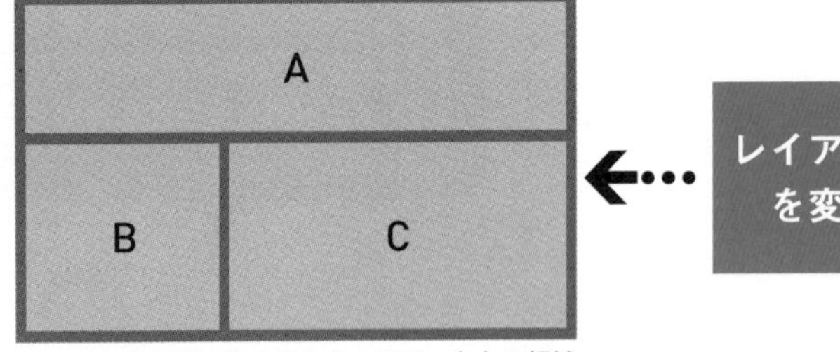

パソコンの画面は広くて大きいので、左右の領域を広く使って各コンテンツを配置する。

• スマートフォンの表示

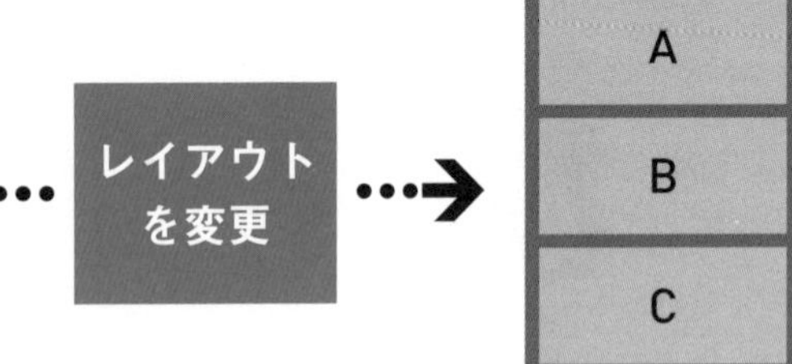

スマートフォンやタブレットの縦表示は画面の横幅が短いので、各コンテンツを縦に並べて配置する。

実際にパソコンとスマートフォンに表示してみる

後述しますが、本書で利用するWordPressのテーマ「X-T9」(エックスティーナイン) は、標準でレスポンシブWebデザインに対応しています。作成したWebサイトを、パソコンとスマートフォンそれぞれで表示した画面を掲載しているので、その変化を確認してみましょう。パソコンではよく使うナビゲーションが上部に表示され、お店情報やギャラリーなどへのリンクが左右に並ぶレイアウトです。しかしスマートフォンでは、よく使うナビゲーションのほか、ほぼすべての要素が縦に並ぶレイアウトに変わります。

パソコン

広い画面を生かして、ナビゲーション、お店情報、ギャラリーなどの情報を複数の列に分けて表示し、スクロールせずに俯瞰できる。

スマホ縦表示

スマートフォンでは、ナビゲーションは省スペース化のためにボタンになり、必要な人はそこをタップすれば情報が表示される。お店情報、ギャラリー、スクールなどは横一列から縦一列に切り替わって表示される。

スマホ横表示

スマートフォンを横向きにして表示すると、縦表示のときの配置のままに横幅を広げて表示する。画像のサイズが大きくなるほか、1行に表示できる文字量が増えるので長めの文章が読みやすくなる。

本書では各Lessonでの完成イメージ紹介時に、パソコンでの表示画面とともに、スマートフォンでの表示画面も掲載しています。パソコンとスマートフォンの見え方の違いをよくチェックし、Webサイト構築の作業に役立ててください。

Lesson 04 ［デザインと機能］

WordPressで作るWebサイトのデザインの設定方法を知りましょう

このレッスンのポイント

ページの作りやすさだけが、WordPressの特徴ではありません。サイト全体の構成とデザインを決める「テーマ」や、さまざまな機能を追加できる「プラグイン」が数多く公開されています。これらを選ぶだけでWebサイトのデザイン変更や機能追加ができます。

「テーマ」を選ぶだけでデザインや構成が決まる

全体のデザインやレイアウトはどうやって作っていくんですか？

WordPressには「テーマ」と呼ばれるWebサイト全体のデザインとレイアウトを決めるテンプレートが用意されているんです。さらに、「プラグイン」という仕組みを使って、後からどんどん機能を加えていけますよ。基本的にはたくさんあるテーマやプラグインの中から必要なものを選んでいくだけなので安心してください。

テーマA　テーマB　テーマC

テーマをセットするだけでデザインや構成を変えられる

「ブログ風のデザイン」「企業のWebサイト」など目的に合わせたWebサイトの構成とデザインを決められるのが「テーマ」です。テーマを適用するだけで、同じコンテンツのWebサイトでも大きく印象が変わります。

「プラグイン」で機能が増えていく

問い合わせ
フォーム作成

ソーシャル
メディア連携

アクセス解析

管理画面から
さまざまな機能
を追加できる

プラグインを追加すること
で管理画面でできることが
増えていく。

例えば、問い合わせ用のページを作成する機能などを追加できるのが「プラグイン」という仕組みです。必要な機能をどんどん追加していけるようになっています。

自分でゼロから作っていくわけじゃないんですね！

テーマやプラグインを選んで、プラモデルのように組み立てていく感じですね。WordPressは利用者も多いので、テーマやプラグインもたくさん用意されていますよ。

何だか私にも作れそうな気がしてきました。

その意気です！ では、実際の作り方を順番に学んでいきましょう！

Lesson 05

[Webサイトを作る準備]

Webサイトを作るのに必要な準備を知りましょう

このレッスンのポイント

私たちが普段見ているWebサイトは、どのような仕組みで表示されているのでしょうか？ 深く考えたことがない部分かもしれません。でも、この仕組みが頭に入っているかどうかで、理解度やつまずき具合も変わってきます。しっかり学んでいきましょう。

Webサイトが表示される仕組み

Webサイトを表示するには、まずブラウザでURLを入力して、Webサイトのデータが保存されている「サーバー」を検索する必要があります。サーバーというのはWebサイトに必要なファイルを保存しておく場所のことです。サーバーに保存されたファイルが、ブラウザ上でWebサイトとして表示されます。つまり、Webサイトを公開するには、「サーバー」と「URL」が必要になるのです。

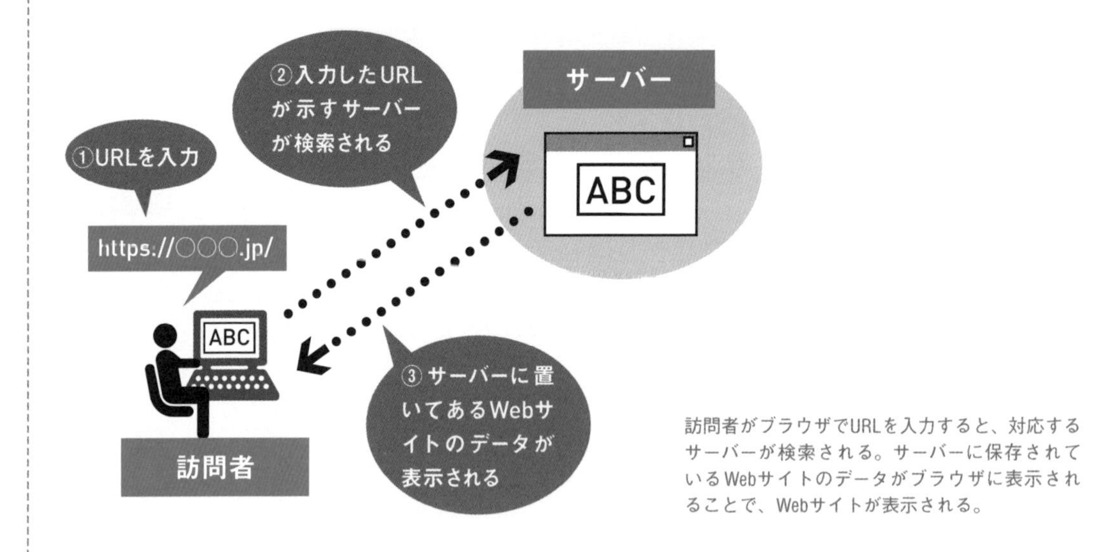

訪問者がブラウザでURLを入力すると、対応するサーバーが検索される。サーバーに保存されているWebサイトのデータがブラウザに表示されることで、Webサイトが表示される。

「サーバー」はレンタルサーバーを借りる

前ページの図は訪問者側の視点でしたが、Webサイトの制作者はサーバーにWebサイトのデータを転送する必要があります。ただ、この転送作業はWordPressが行ってくれるので特に気にしなくても大丈夫です。しかし、サーバーの用意はしなければなりません。とはいえ、自分で何か機械を買ってきて設定するわけではありません。さまざまな会社が、サーバーを月額数百円でレンタルできるサービスを提供しているので、これを利用します。データを置くためのロッカーを借りると考えるとイメージしやすいかもしれませんね。レンタルサーバーについては、Lesson 6で詳しく解説します。

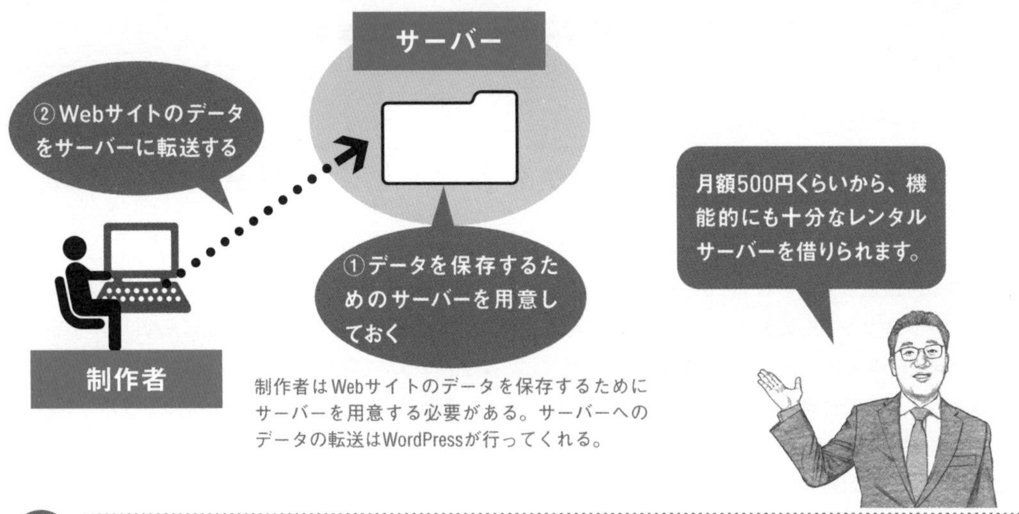

制作者はWebサイトのデータを保存するためにサーバーを用意する必要がある。サーバーへのデータの転送はWordPressが行ってくれる。

自分だけのURLを取得する

サーバーにデータが置いてあるだけでは訪問者はそのデータにたどり着くことができません。そこで必要となるのが、サーバーの場所を示す住所となる「URL」です。このURLを決めるのが「ドメイン」です。例えば、「http://○○○.jp」というURLでは、「○○○.jp」の部分がドメインになります。このドメインは、早い者勝ちで自由な名前を取ることができ、そのようなドメインを「独自ドメイン」と言います。お店や会社の名前が入ったドメインを持っておくことで、Webサイトの信頼度がぐっと上がります。詳しくはLesson 7で解説します。

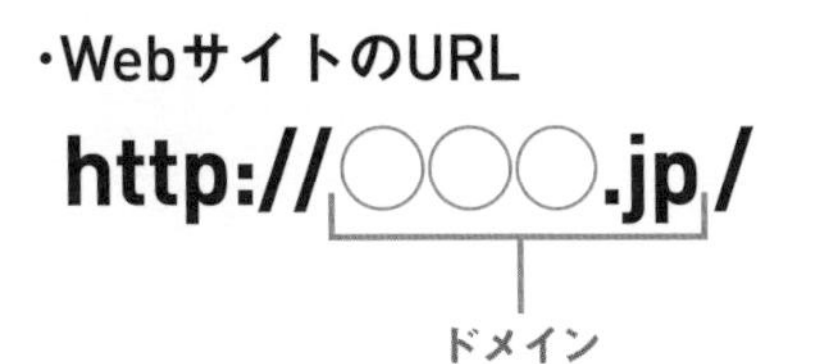

Lesson 06 [レンタルサーバーの契約]

レンタルサーバーを選んで契約しましょう

このレッスンのポイント

最初に、自分のWebサイトのデータを置く「レンタルサーバー」を契約します。「サーバーを契約」といっても、難しいことはありません。本書ではレンタルサーバー大手の「さくらインターネット」のスタンダードプラン(月額524円)を例に解説します。

「簡単インストール」機能があるサービスを選ぶ

WordPressを使ってWebサイトを作る人が増えていることから、最近はWordPress利用者をサポートしているレンタルサーバー業者も多くあります。具体的には、「簡単インストール」といった機能を設けて、レンタルサーバーの管理画面から指示に従いクリックしていくだけでWordPressをインストールできるようになっています。はじめての人は、そのような「簡単インストール」を用意しているレンタルサーバーを選ぶとスムーズでしょう。なお、レンタルサーバーによって機能の名称は異なります。

無料のサービスでもWebサイトは作れますが、広告が消せなかったり、使える機能に制限があったりします。せっかく自分だけのWebサイトを作るのですから、制限がなく使いやすい有料のレンタルサーバーを契約するのをおすすめします。 本書ではWordPressを使ってWebサイトを制作していきます。「WordPressを簡単にインストールできる」という視点から、サービスを選びましょう。

レンタルサーバーって、どうやって選べばいいんですか?

「WordPress対応」をうたっているサービスを選べば確実ですね。次ページに一覧表を用意したので、見てみてください。

簡単インストールに対応した主なレンタルサーバー

レンタルサーバーはお店に行って契約するものではなく、インターネット上から申し込みをします。それぞれのレンタルサーバーのWebサイトでフォームから申し込みをするので、あらかじめメールアドレスを準備しておく必要があります。多くのレンタルサーバーでお試し期間として1〜2週間お金を払う前に試しに使うこともできます。時間があるなら、まずはお試しで使ってみてから本契約をするといいでしょう。

下の表は、国内でWordPressの簡単インストールに対応している主なレンタルサーバーの一覧です。本書では、「さくらインターネット」を例に手順を進めていきますが、ほかのサービスを利用していてもChapter 2以降のWordPressの操作はほぼ変わりません。

レンタルサーバー名	月額費用	初期費用	ドメイン
エックスサーバー	990円〜	無料	○
お名前.com	891円〜	無料	○
さくらインターネット	524円〜	無料	○
ロリポップ！	220円〜	1,650円	○（ムームードメイン）

※2023年3月現在の税込み価格。
※WordPressが利用可能な一番安価なプランで月払いにした際の価格。年間一括払いなどで価格は変動する。

WordPressを利用できるプランを選ぶ（さくらインターネットの場合）

さくらインターネットでは、サーバーの容量や機能に応じて複数のプランが用意されていますが、一番安い「ライトプラン」では、データベース機能（MySQL）が利用できないため、WordPressをインストールできません。さくらインターネットを利用する場合は、必ず「スタンダードプラン」以上を選びましょう。通常の企業サイトや個人サイトであれば、容量的にもスタンダードプランで十分です。

プラン	ライト	スタンダード	プレミアム	ビジネス	ビジネスプロ
月額費用	1,571円／年（月額換算131円）	524円	1,571円	2,619円	4,714円
初期費用	無料	無料	無料	無料	無料
容量	100GB	300GB	400GB	600GB	900GB
WordPressのクイックインストール	×	○	○	○	○
データベース機能（MySQL）	×	○（50個）	○（100個）	○（200個）	○（400個）

※2023年3月現在の税込み価格。

レンタルサーバーと契約する

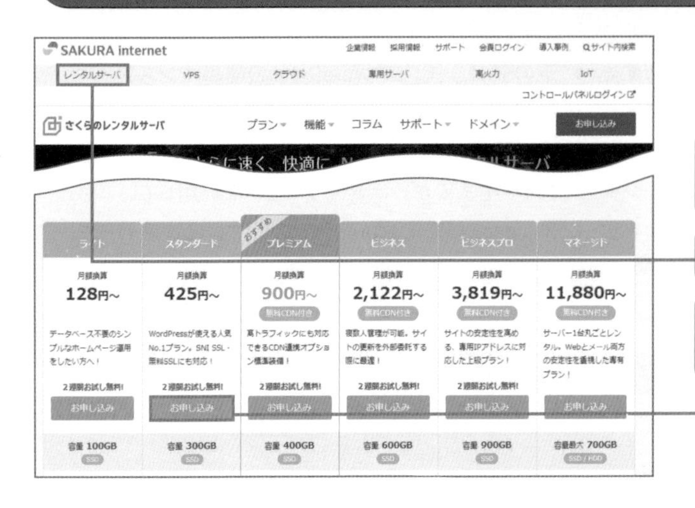

1 さくらインターネットで申し込みをはじめる

1 さくらインターネットのWebサイト(https://www.sakura.ne.jp/)を表示します。

2 [レンタルサーバ]をクリックします。

3 [スタンダード]の[お申し込み]をクリックします。

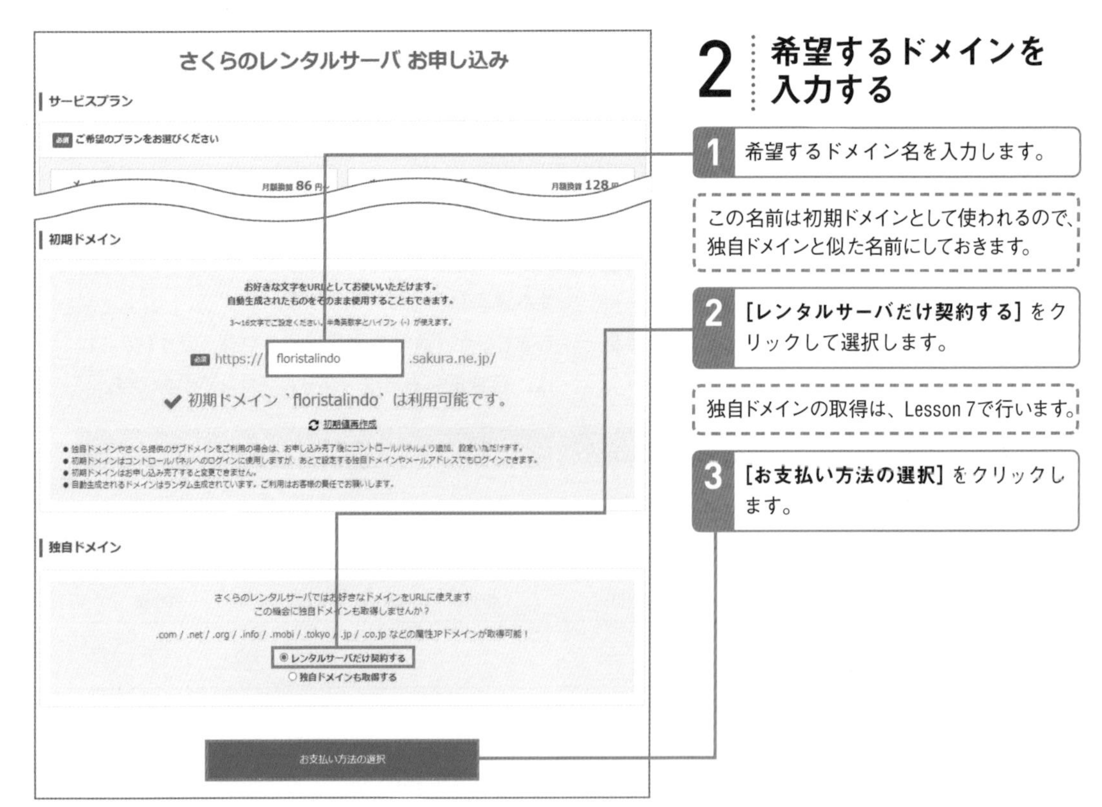

2 希望するドメインを入力する

1 希望するドメイン名を入力します。

この名前は初期ドメインとして使われるので、独自ドメインと似た名前にしておきます。

2 [レンタルサーバだけ契約する]をクリックして選択します。

独自ドメインの取得は、Lesson 7で行います。

3 [お支払い方法の選択]をクリックします。

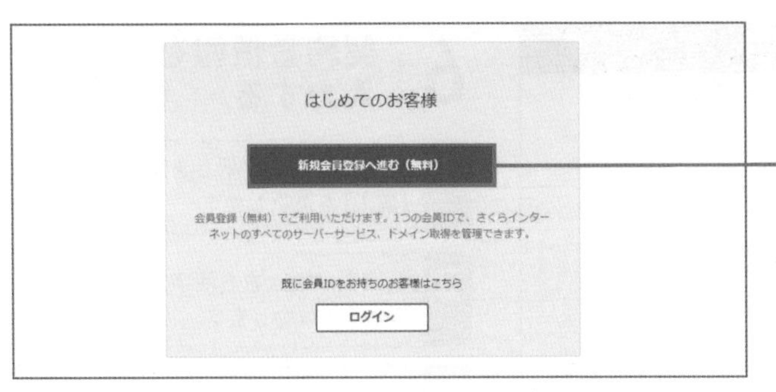

3 さくらインターネットの会員登録をする

1 **[新規会員登録へ進む（無料）]** をクリックします。

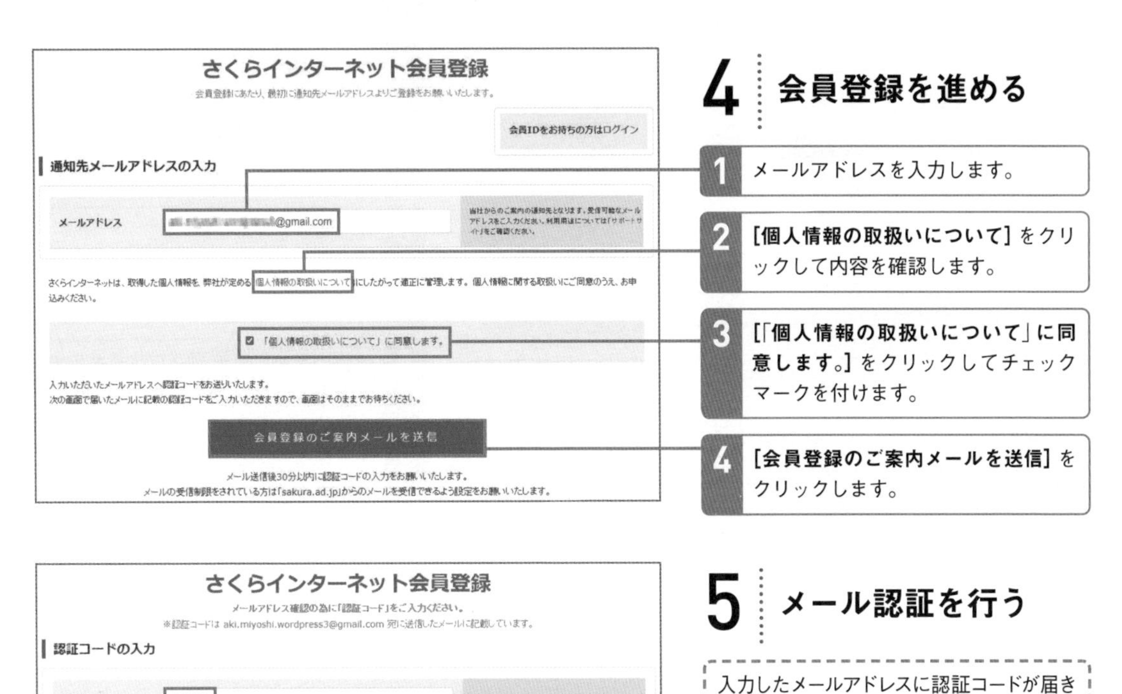

4 会員登録を進める

1 メールアドレスを入力します。

2 **[個人情報の取扱いについて]** をクリックして内容を確認します。

3 **[「個人情報の取扱いについて」に同意します。]** をクリックしてチェックマークを付けます。

4 **[会員登録のご案内メールを送信]** をクリックします。

さくらインターネット会員登録
メールアドレス確認の為に「認証コード」をご入力ください。
※認証コードは aki.miyoshi.wordpress3@gmail.com 宛に送信したメールに記載しています。
認証コードの入力
認証コード 409759
次へ進む
メールが届かない場合は、以下の可能性があります。もう一度はじめからお手続きしてください。
(1)メールアドレスに誤りがある。(2)メールの受信制限をされている。

5 メール認証を行う

入力したメールアドレスに認証コードが届きます。

1 認証コードを入力します。

2 **[次へ進む]** をクリックします。

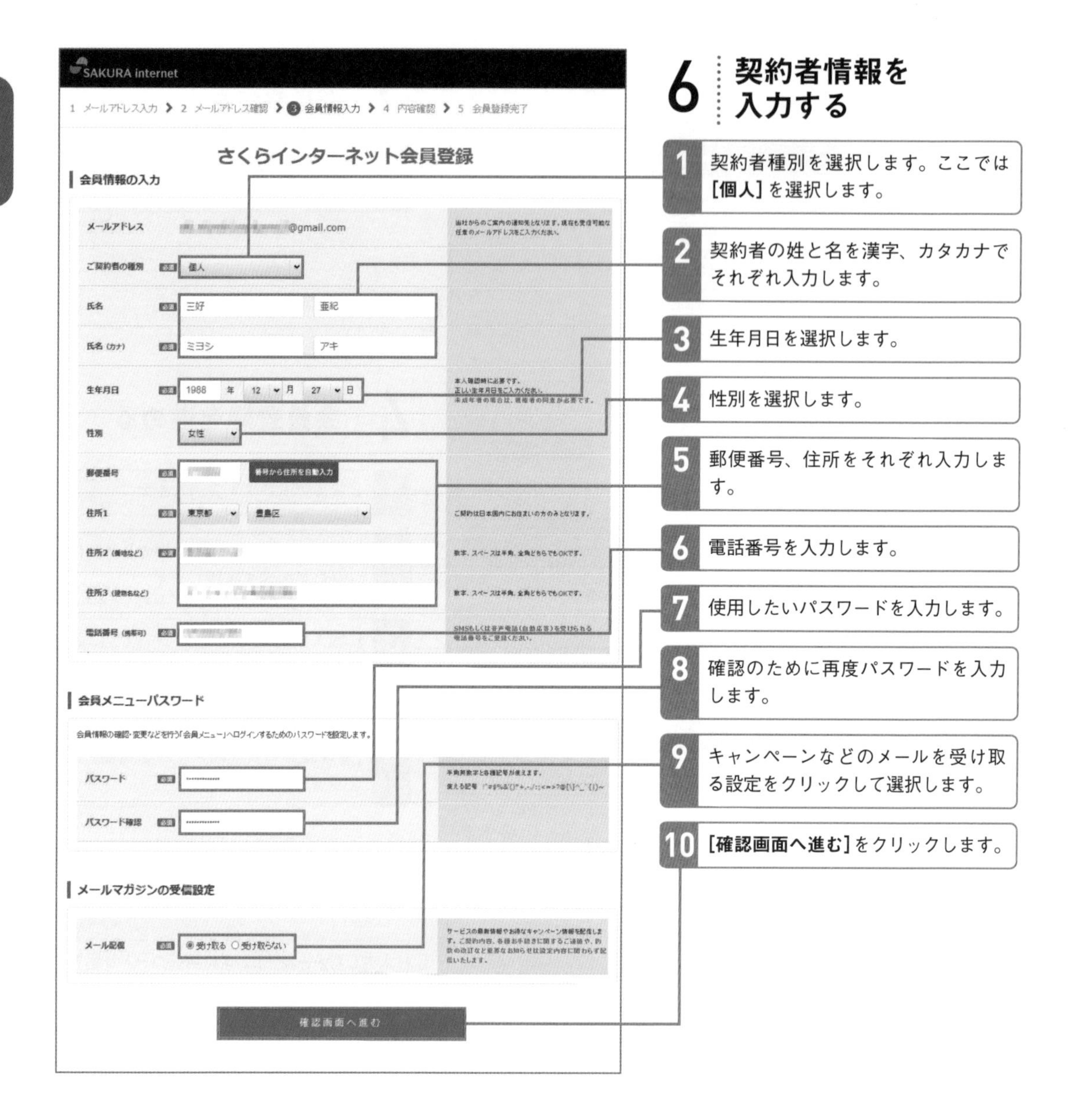

6 契約者情報を入力する

1. 契約者種別を選択します。ここでは**[個人]**を選択します。
2. 契約者の姓と名を漢字、カタカナでそれぞれ入力します。
3. 生年月日を選択します。
4. 性別を選択します。
5. 郵便番号、住所をそれぞれ入力します。
6. 電話番号を入力します。
7. 使用したいパスワードを入力します。
8. 確認のために再度パスワードを入力します。
9. キャンペーンなどのメールを受け取る設定をクリックして選択します。
10. **[確認画面へ進む]**をクリックします。

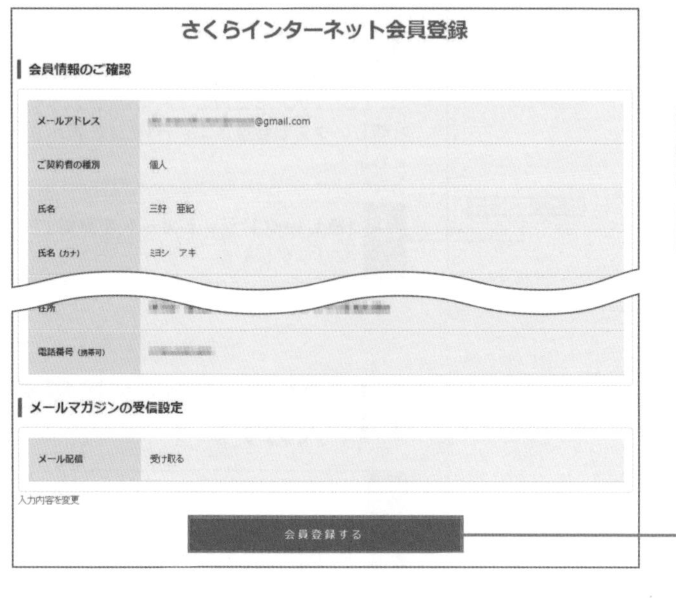

7 登録情報を確認する

1. これまでに入力した内容を確認します。
2. [会員登録する] をクリックします。

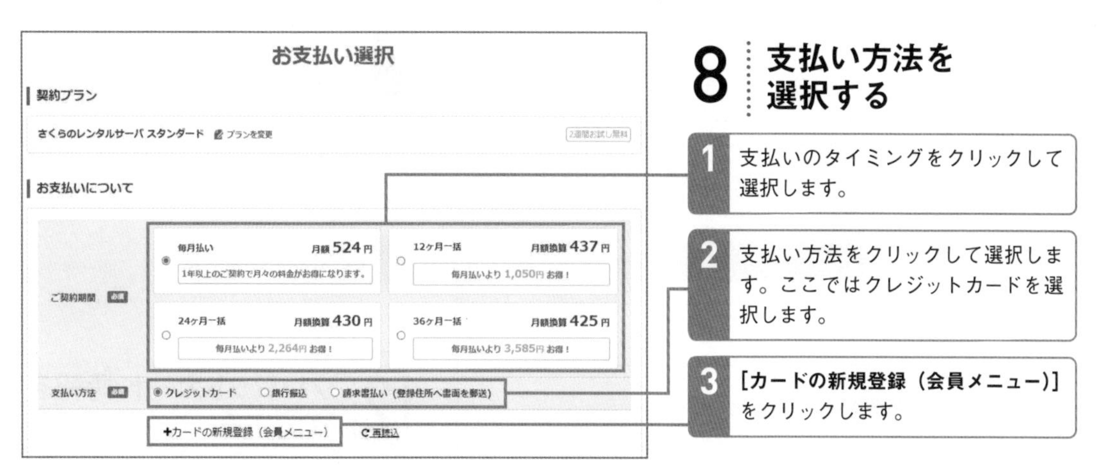

8 支払い方法を選択する

1. 支払いのタイミングをクリックして選択します。
2. 支払い方法をクリックして選択します。ここではクレジットカードを選択します。
3. [カードの新規登録（会員メニュー）] をクリックします。

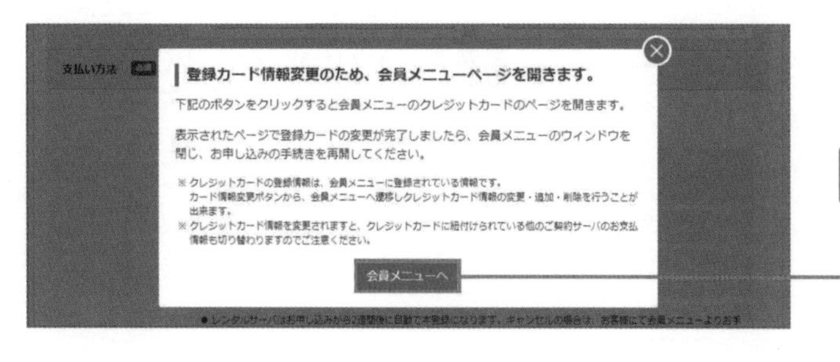

9 会員メニューに進む

1. [会員メニューへ] をクリックします。

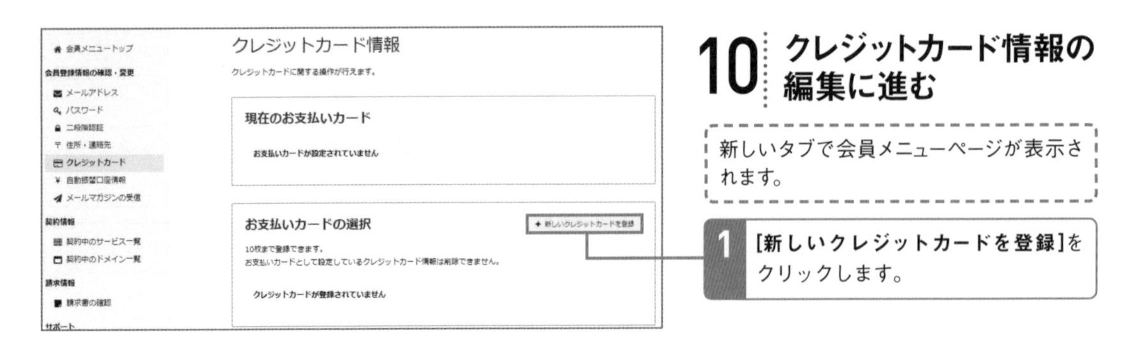

10 クレジットカード情報の編集に進む

新しいタブで会員メニューページが表示されます。

1 [新しいクレジットカードを登録]をクリックします。

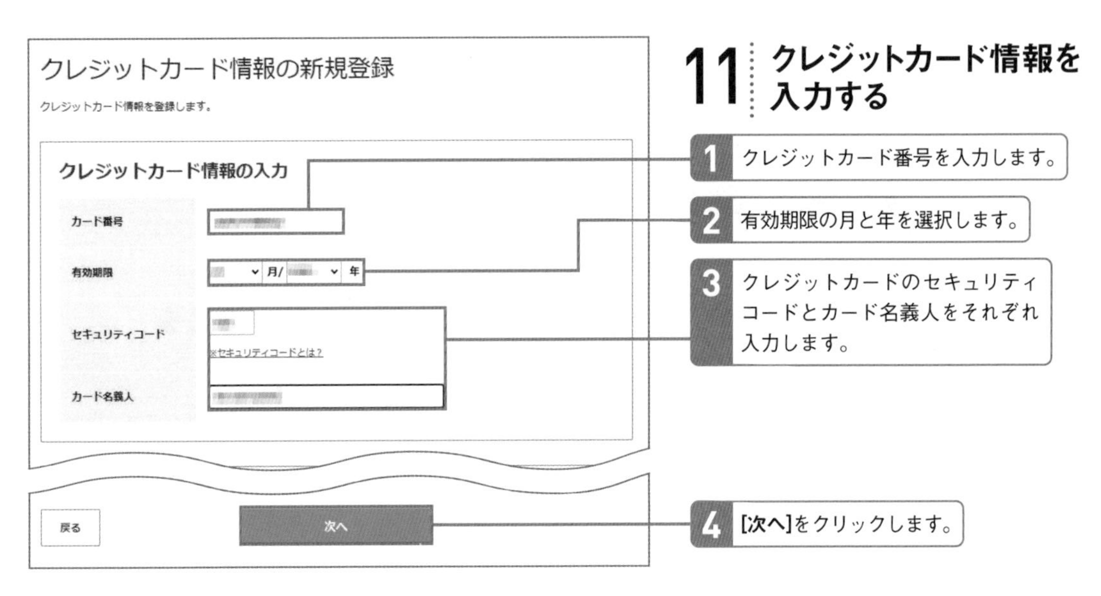

11 クレジットカード情報を入力する

1 クレジットカード番号を入力します。

2 有効期限の月と年を選択します。

3 クレジットカードのセキュリティコードとカード名義人をそれぞれ入力します。

4 [次へ]をクリックします。

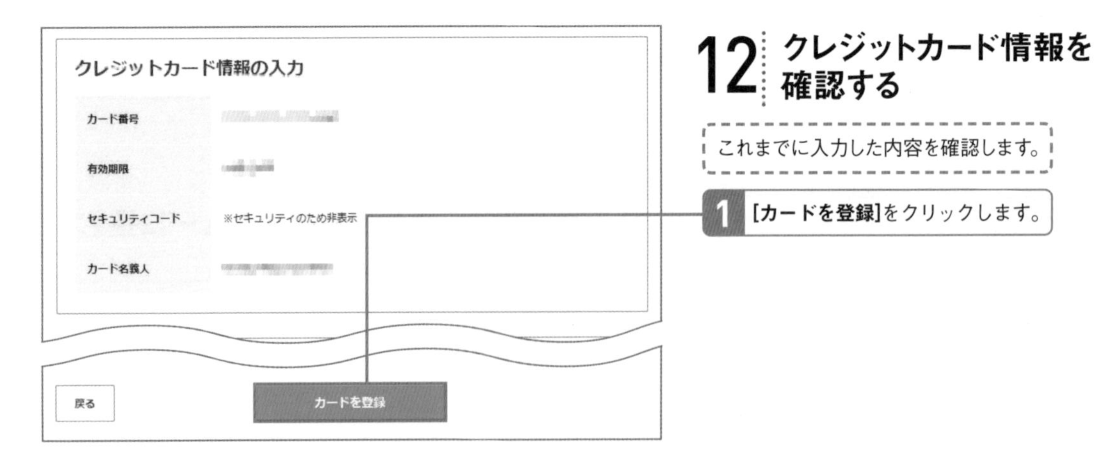

12 クレジットカード情報を確認する

これまでに入力した内容を確認します。

1 [カードを登録]をクリックします。

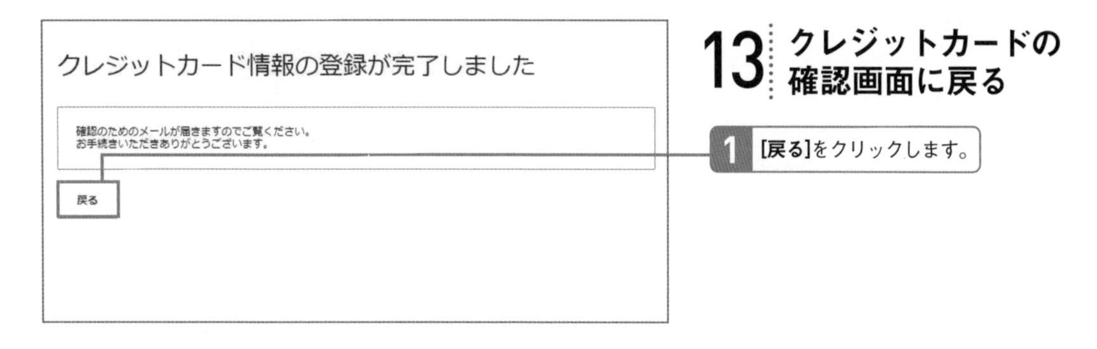

13 クレジットカードの確認画面に戻る

1 [戻る]をクリックします。

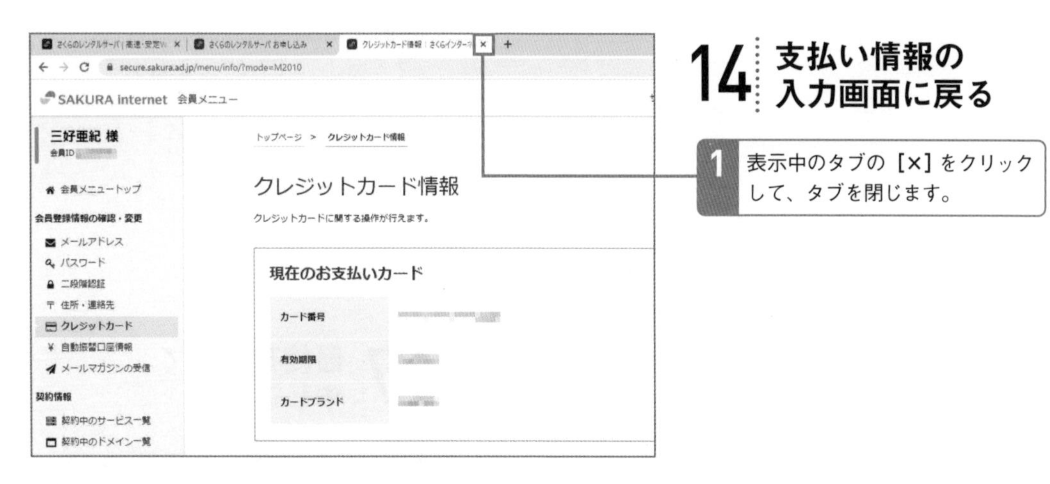

14 支払い情報の入力画面に戻る

1 表示中のタブの［×］をクリックして、タブを閉じます。

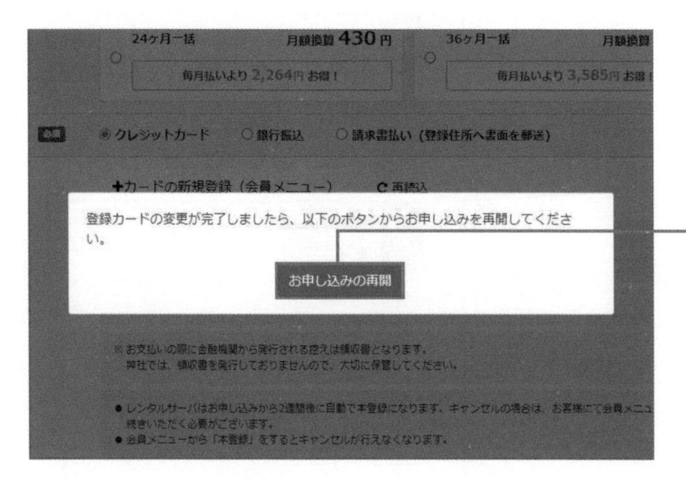

15 支払い情報の入力を再開する

29ページの手順9の画面を表示します。

1 [お申し込みの再開]をクリックします。

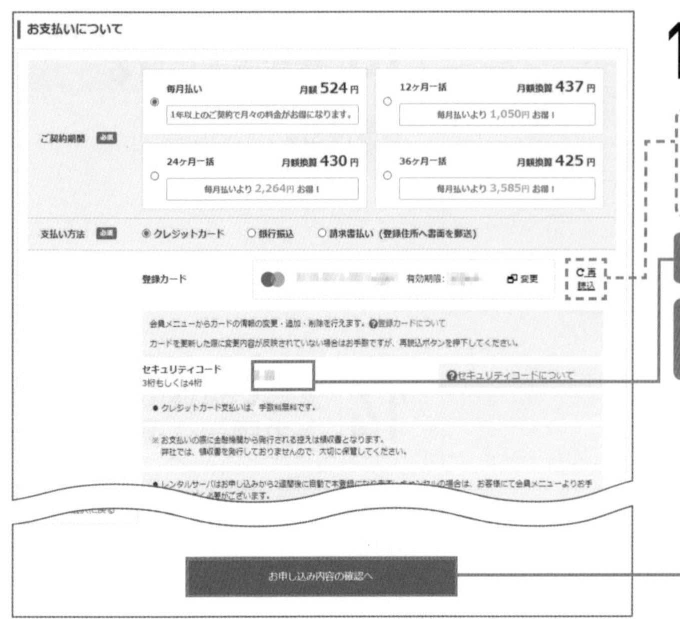

16 支払い情報を入力する

登録したクレジットカードが表示されます。表示されない場合は、**[再読込]** をクリックしてください。

1 セキュリティコードを入力します。

2 **[お申し込み内容の確認へ]** をクリックします。

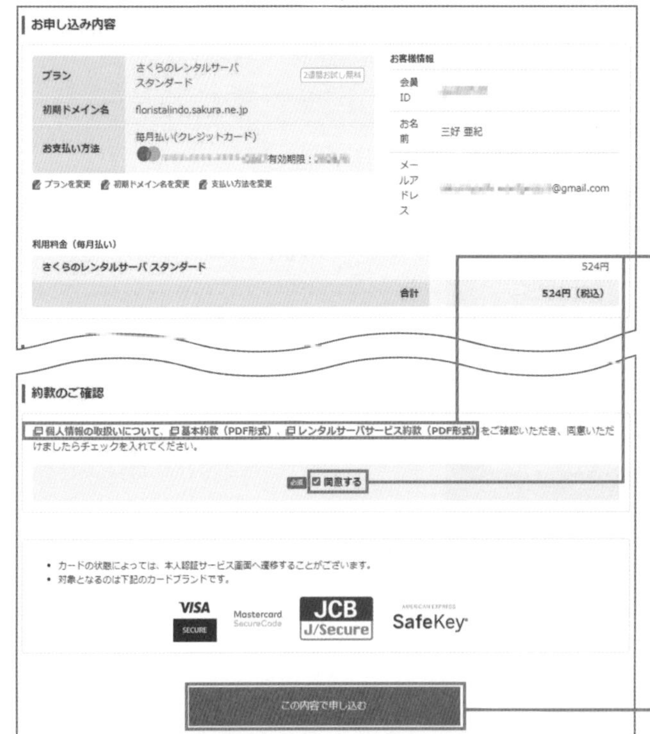

17 最終確認して申し込む

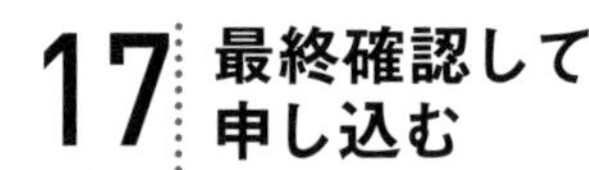

1 ここまで入力した内容を確認します。

2 **[個人情報の取扱いについて][基本約款（PDF形式）][レンタルサーバサービス約款（PDF形式）]** をそれぞれ確認し、**[同意する]** にチェックマークを付けます。

3 **[この内容で申し込む]** をクリックします。

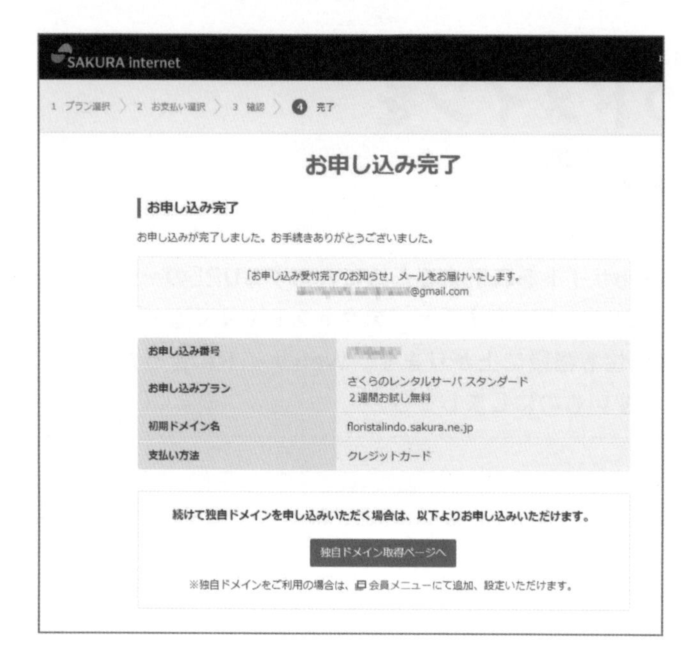

18 レンタルサーバーの申し込みが完了した

申し込みの手続きが完了しました。これでレンタルサーバーを使用できるようになります。

ワンポイント アカウント情報や支払いの方法がメールで届く

申し込みが完了すると登録したメールアドレスに会員IDなどの重要情報が記載されたメールが届きます。また、クレジットカード以外の支払い方法を選択した場合は、支払いの具体的な方法などがメールで届くので必ず確認しましょう。

なお、利用料金の支払いが滞るとレンタルサーバーが利用できなくなるので注意してください。特にWebサイトの公開後は、作成したWebサイトが表示されなくなってしまいます。

Lesson 07

[独自ドメインの取得]

自分だけのドメインを取得しましょう

このレッスンのポイント

ドメインとは、Webサイトを表示するために入力するURLの一部です。自分だけの独自ドメインを取得すると、アクセスしやすくなりますし、Webサイトの信頼性も格段に上がります。Webサイトに合った、わかりやすく覚えやすいものにしましょう。

独自ドメインのメリットと種類

独自ドメインは、レンタルサーバーのオプションで取得できます。年間千円〜数千円程度はかかりますが、何かの理由でサーバーを引っ越す際にも同じURLを使い続けられるなど、得られるメリットは大きいです。ぜひ取得しましょう。独自のドメインを決めるにあたって、2つ決めることがあります。1つ目は「トップレベルドメイン」です。これは、.comや.netや.orgや.jpなど「.」以降のドメイン部分のことです。一般的に、小さな会社やお店、個人のWebサイトであれば、.jpや.comを取得するのがおすすめです。2つ目は「セカンドレベルドメイン」です。これは、空いていれば誰でも好きな名前を取得できます。

▶ドメイン名

http://〇〇〇.jp/

セカンドレベルドメイン
この部分は、自由に決められる。全角の日本語を使うこともできるが、英数字を使うのが一般的。

トップレベルドメイン
「jp」「com」「net」など決められたものの中から選択する。主なトップレベルドメインとその特徴は右の表を参照してほしい。

▶主なトップレベルドメインの一覧

ドメイン	意味	年額費用※1
.jp	日本国内に在住していれば、誰でも登録できる	3,982円
.com	商業組織	2,614円
.net	ネットワーク用	2,708円
.org	非営利組織用	2,493円
.info	情報サービス用	3,923円
.biz	ビジネス用	3,340円
.co.jp	企業用※2	7,700円（新規取得時11,000円）
.ne.jp	ネットワークサービス用※2	
.ac.jp	教育機関用（大学）※2	
.go.jp	政府機関・特殊法人用※2	

※1 さくらインターネットでドメインを取得した場合の年間契約費用（2023年3月現在の税込み価格）。
※2 ドメインの取得には該当する機関であることを申請する必要がある。

ドメインを決めるポイント①：覚えやすさ

店名

Florista Lindo

ドメイン名

floristalindo.com

Webサイトや店名、会社名に合わせたドメインを取得するのが、覚えてもらいやすいのでおすすめです。また、アルファベットの大文字・小文字は区別されず、小文字で入力するのが一般的です。また数字も利用できます。

ドメインを決めるポイント②：入力しやすさ

flowershop-floristalindo.com

floristalindo.com

あまりに長すぎるドメインは入力しにくく、敬遠されてしまいます。最近では、スマートフォンからWebサイトを閲覧するケースも多いので、できるだけ短いドメイン名を取得しましょう。短いとチラシや広告などのバナーにも入れやすいというメリットもあります。

利用したいドメインが先に取られていることもある

ドメインは早い者勝ちなので、利用したいドメインがほかの人に先に取得されている場合があります。その場合は、「-」（ハイフン）を挿入するなど、取得されていない文字列を探してみましょう。また、ドメインを考える際に一度取得したいドメインのトップレベルドメインを変更してアクセスしてみるのも重要です。

例えば、「floristalindo.jp」というドメインを取得したい場合に、「florisitalindo.com」というドメインでいかがわしいWebサイトが運営されていたりすると、ドメインの入力間違いで問題になってしまう場合があります。調べておくとちょっと安心ですね。

すでに使われていた

ハイフンを入れたものは未使用だった

似通ったURLを使いたくないので英語の花屋と店長の愛称を組み合わせた

ドメインを取得する

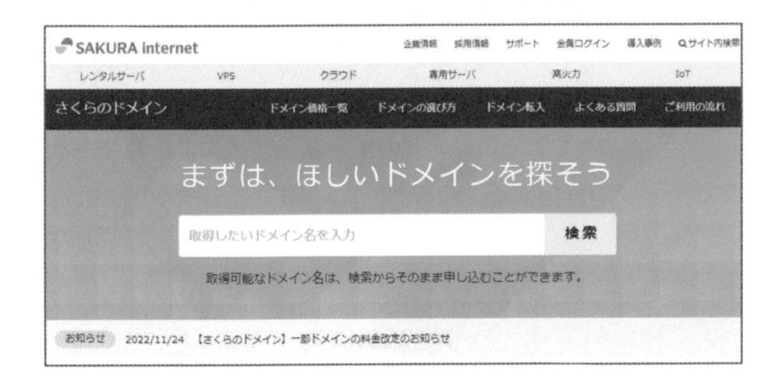

1 ドメイン取得サービスを利用する

1 さくらインターネットのドメイン取得ページ（https://domain.sakura.ad.jp/）を表示します。

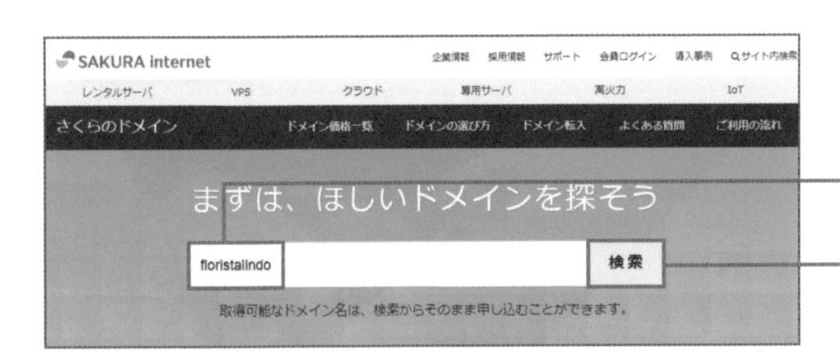

2 ドメインを検索する

1 取得したいドメインを入力します。

2 ［検索］をクリックします。

POINT
希望するドメインが取得できない場合は、前ページを参考にほかの文字列を入力してください。

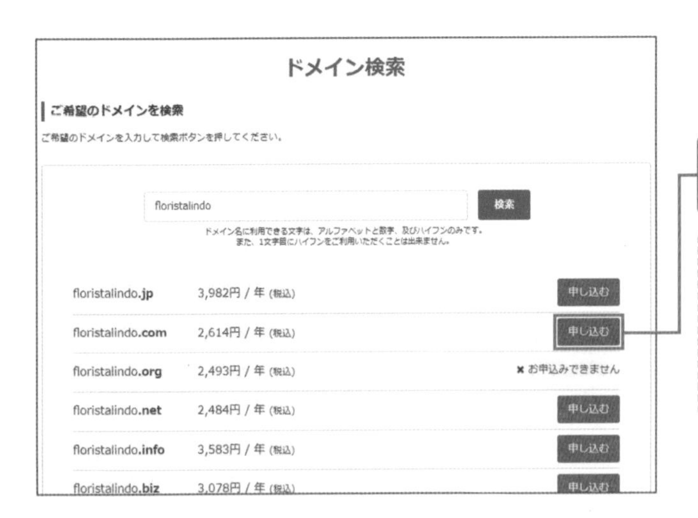

3 検索したドメインを取得する

1 使用したいトップレベルドメインの**［申し込む］**をクリックします。

POINT
ここでは「.com」のトップレベルドメインを取得します。トップレベルドメインの選択については34ページを参照してください。

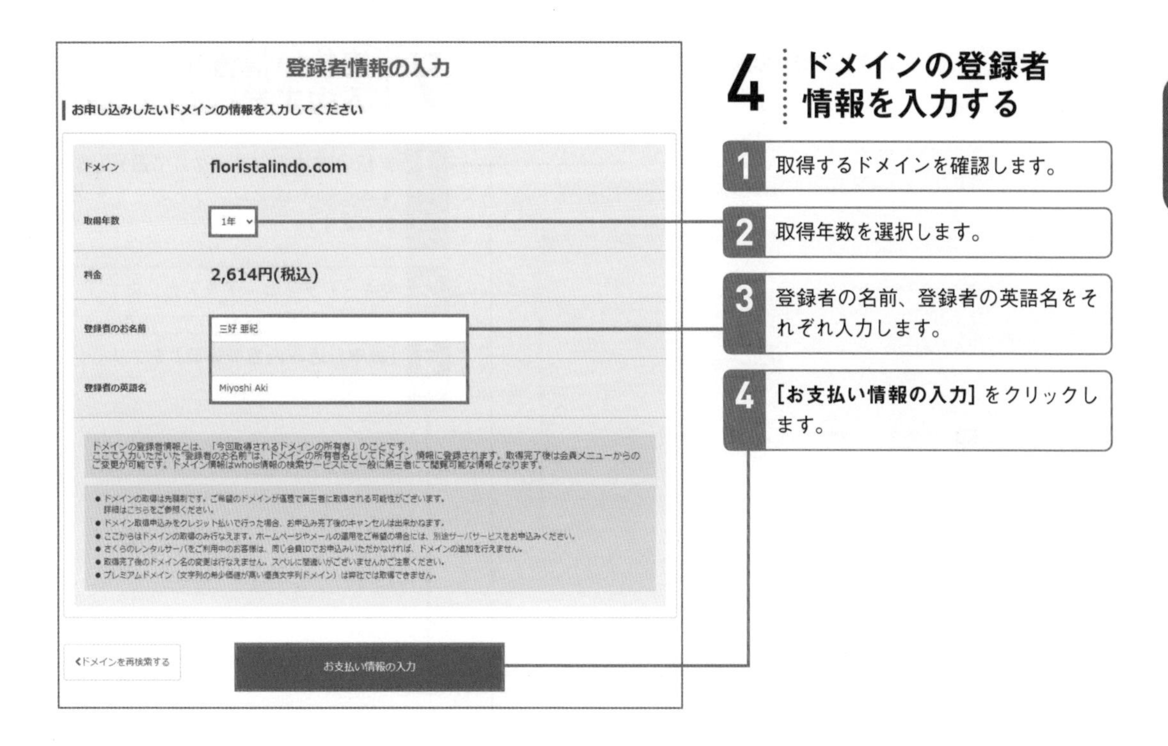

4 ドメインの登録者情報を入力する

1 取得するドメインを確認します。

2 取得年数を選択します。

3 登録者の名前、登録者の英語名をそれぞれ入力します。

4 **[お支払い情報の入力]** をクリックします。

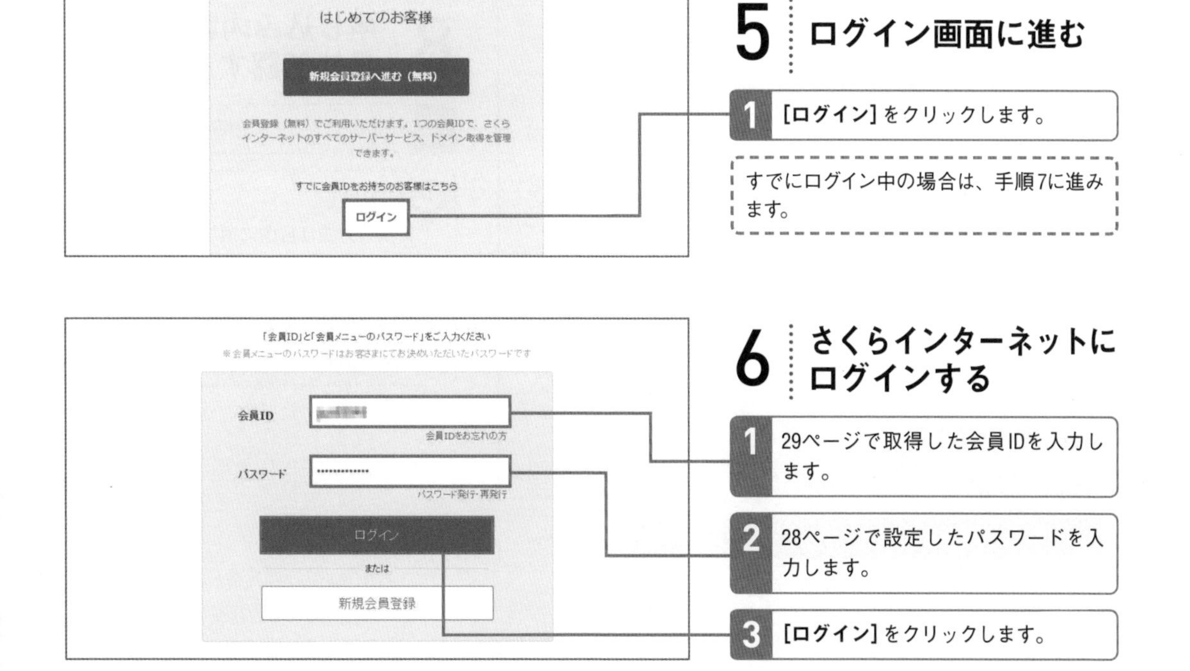

5 ログイン画面に進む

1 **[ログイン]** をクリックします。

すでにログイン中の場合は、手順7に進みます。

6 さくらインターネットにログインする

1 29ページで取得した会員IDを入力します。

2 28ページで設定したパスワードを入力します。

3 **[ログイン]** をクリックします。

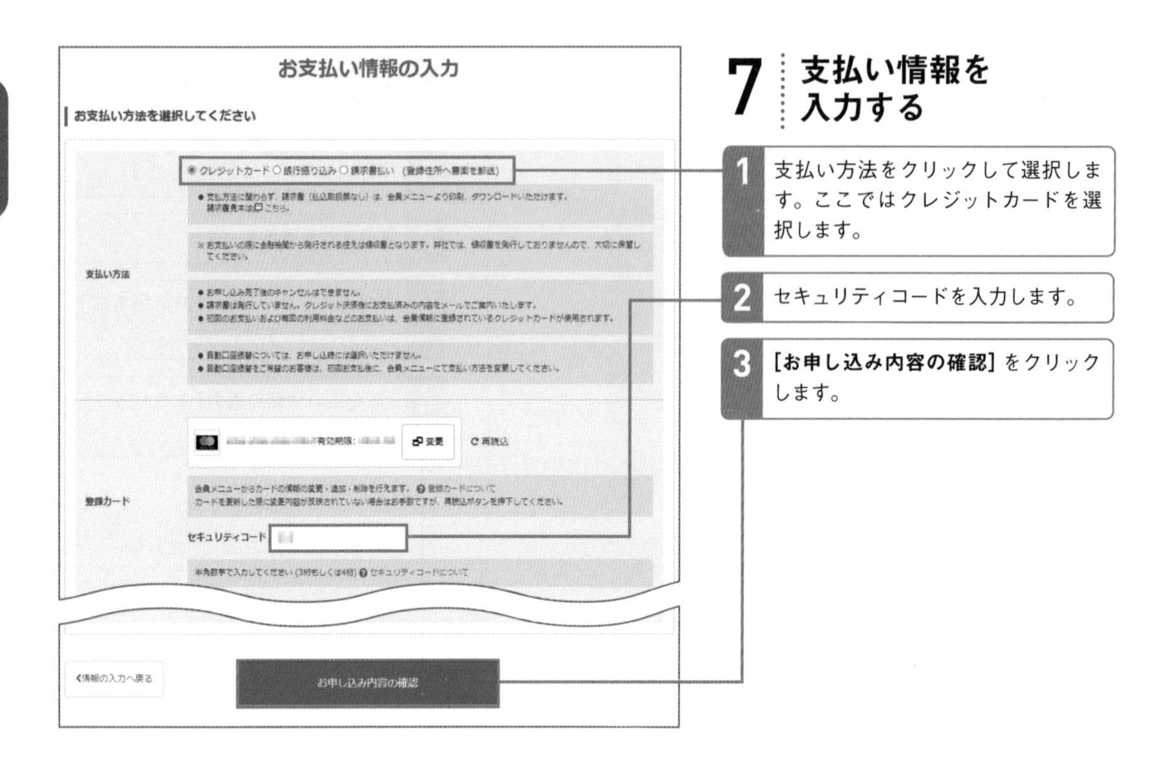

7 支払い情報を入力する

1 支払い方法をクリックして選択します。ここではクレジットカードを選択します。

2 セキュリティコードを入力します。

3 ［お申し込み内容の確認］をクリックします。

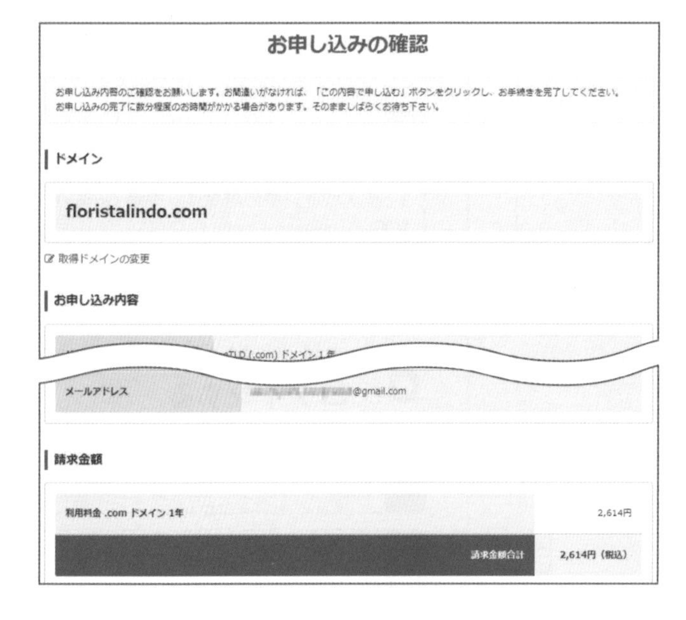

8 申し込み内容を最終確認する

1 ここまで入力した内容を確認します。

POINT

支払い方法は自由に選択できます。ただし、クレジットカード以外の方法を選択した場合、入金が確認されるまでドメインは付与されません。急いで取得したい場合は注意してください。

9 ドメインを申し込む

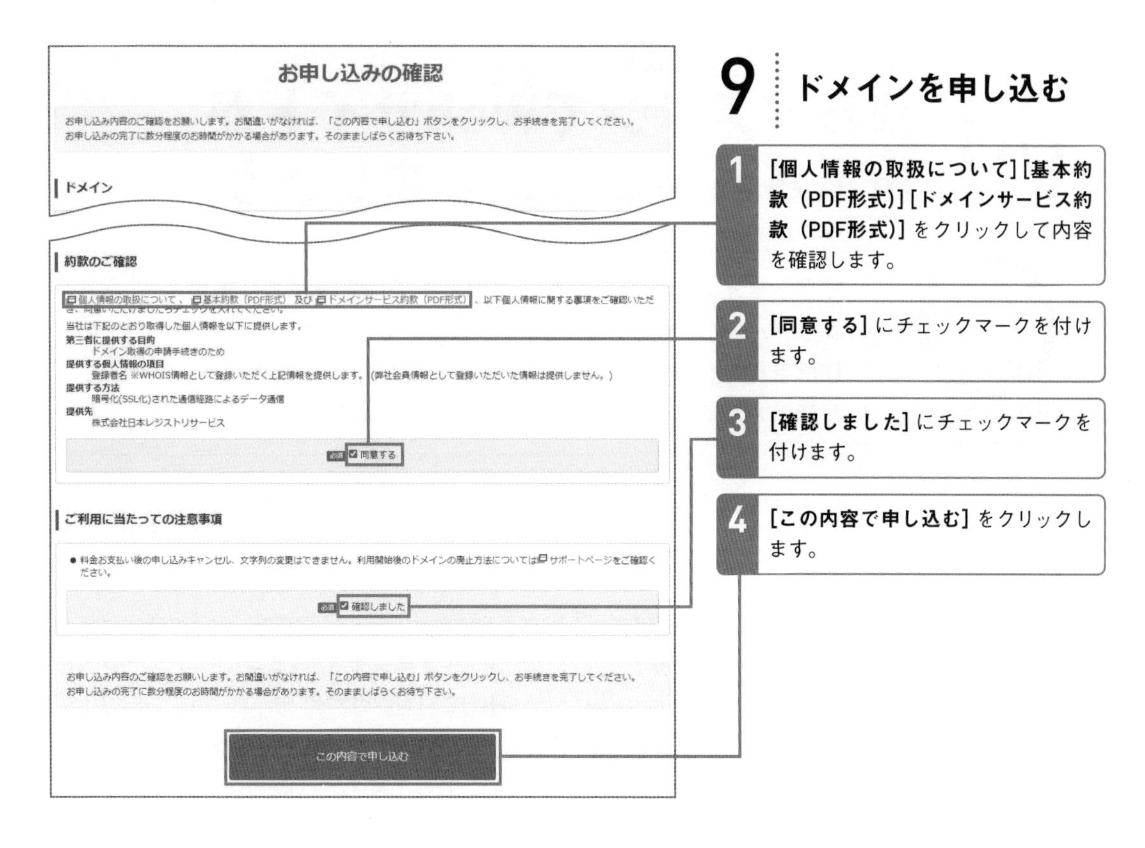

1. **[個人情報の取扱について][基本約款（PDF形式）][ドメインサービス約款（PDF形式）]** をクリックして内容を確認します。
2. **[同意する]** にチェックマークを付けます。
3. **[確認しました]** にチェックマークを付けます。
4. **[この内容で申し込む]** をクリックします。

お申し込み完了

以下の通りお申込みを受け付けました

上記情報はメールで登録メールアドレスにお送りします。
請求書、銀行振込支払いを選択したお客様は支払手続き後にドメイン取得が実行されます。
クレジットカード払いのお客様はすぐに会員メニューから情報の確認、ネームサーバの設定などができます。
(反映に数分かかる場合があります。)

ドメイン	floristalindo.com 1年
会員ID	
氏名	三好 亜紀 様
メールアドレス	@gmail.com
支払い方法	クレジットカード
登録者情報	三好 亜紀 (Miyoshi Aki)
お申し込み番号	

会員メニューへ

10 ドメインの申し込みが完了した

ドメインの申し込みが完了しました。ドメインが取得されると「ドメイン取得完了のご連絡」というメールが届きます。場合によっては数時間から数日程度時間がかかる場合もあります。

Lesson 08

[ネームサーバーの設定]

独自ドメインでWebサイトが表示されるようにしましょう

このレッスンのポイント

独自ドメインを取得しても、そのままでは意味がありません。「ネームサーバー」の仕組みを利用し、独自ドメインとレンタルサーバーの住所を結び付けて「このドメインを入力したらこのサーバーのデータが表示される」ように登録する必要があります。

ネームサーバーの仕組み

ネームサーバーとは、ドメインをサーバーの場所に結び付ける機能です。具体的には、ブラウザで入力したドメインを、ネームサーバーが「IPアドレス」と呼ばれる数字が連なったサーバーの住所を示す情報に変換することで、訪問者がサーバーのデータにアクセスできるようになります。そのため、まずは取得した独自ドメインで、どのサーバーの住所にあるWebサイトを表示するかをネームサーバーに登録しなければいけないのです。サーバーのレンタルとドメインの取得をどちらもさくらインターネットで行っていれば、この作業はとても簡単にできます。

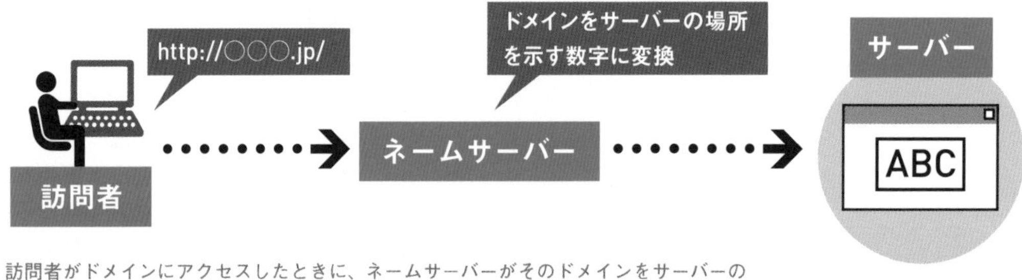

訪問者がドメインにアクセスしたときに、ネームサーバーがそのドメインをサーバーの場所を示す数字に変換することで、訪問者がサーバーにたどり着ける。

設定ができたら、ブラウザに独自ドメインのURLを入力してみてください。まだ何も表示されませんが、このページにこれからあなたのWebサイトが作られていくのです。

さくらインターネットのサーバーコントロールパネルを表示する

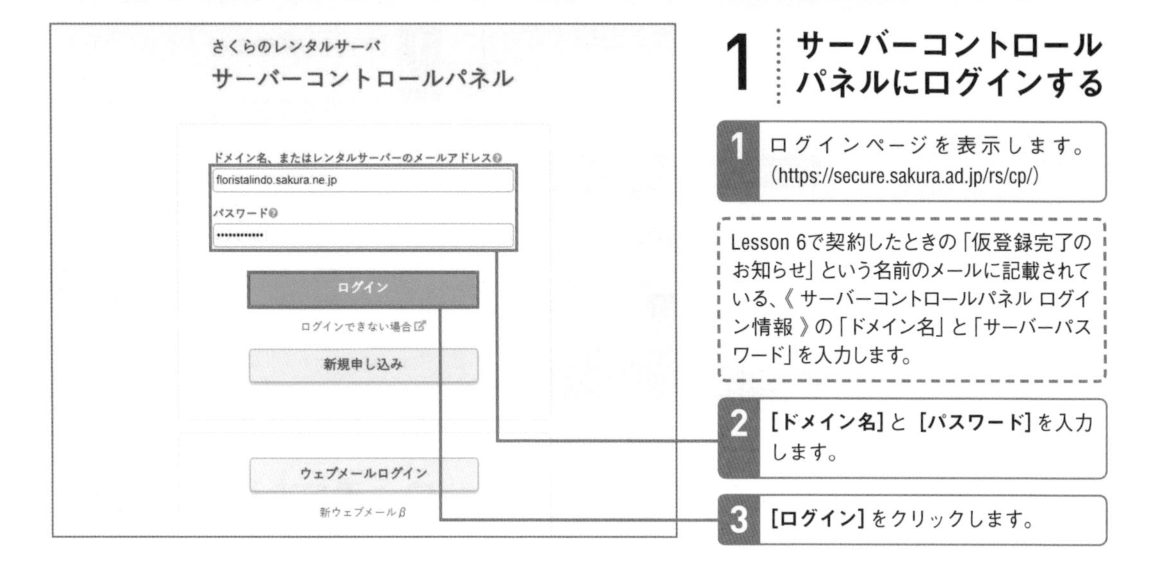

1 サーバーコントロールパネルにログインする

1 ログインページを表示します。(https://secure.sakura.ad.jp/rs/cp/)

Lesson 6で契約したときの「仮登録完了のお知らせ」という名前のメールに記載されている、《サーバーコントロールパネル ログイン情報》の「ドメイン名」と「サーバーパスワード」を入力します。

2 **[ドメイン名]**と**[パスワード]**を入力します。

3 **[ログイン]**をクリックします。

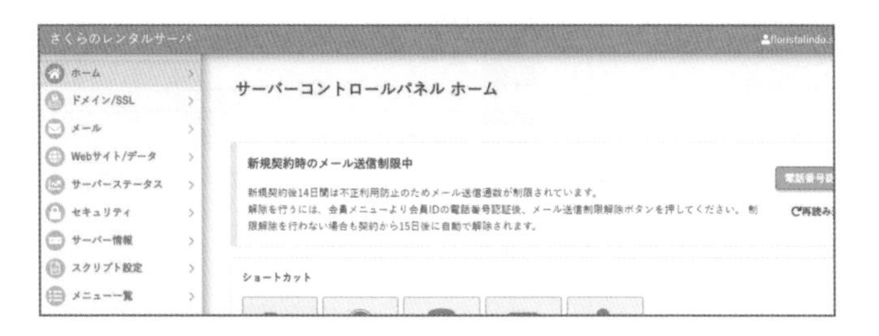

2 サーバーコントロールパネルが表示された

サーバーコントロールパネルが表示されました。ここからドメインの設定やデータベースの作成（47ページ）などが行えます。

サーバーにドメインを追加する

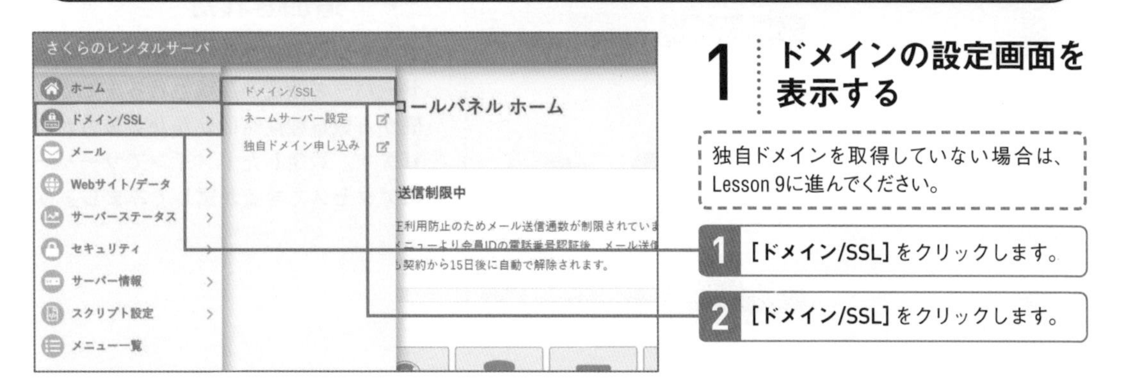

1 ドメインの設定画面を表示する

独自ドメインを取得していない場合は、Lesson 9に進んでください。

1 **[ドメイン/SSL]**をクリックします。

2 **[ドメイン/SSL]**をクリックします。

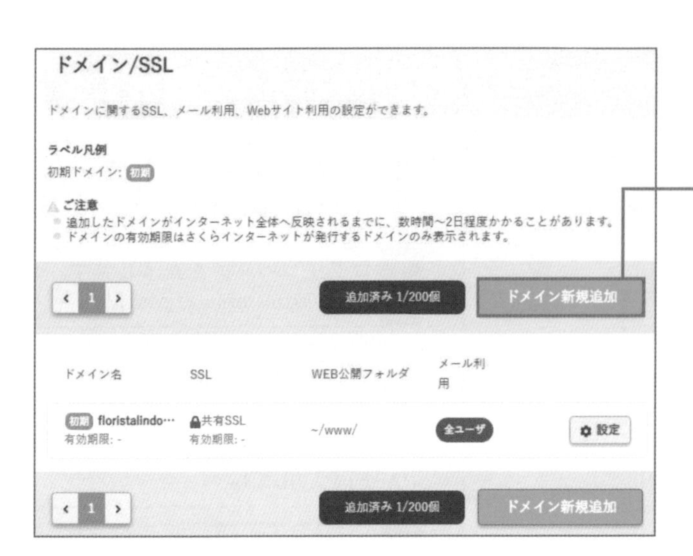

2 ドメインの追加画面を表示する

1 **[ドメイン新規追加]** をクリックします。

POINT
サーバーに取得したドメインを追加することで、独自ドメインを利用したURLでサーバーのデータにアクセスできるようになります。

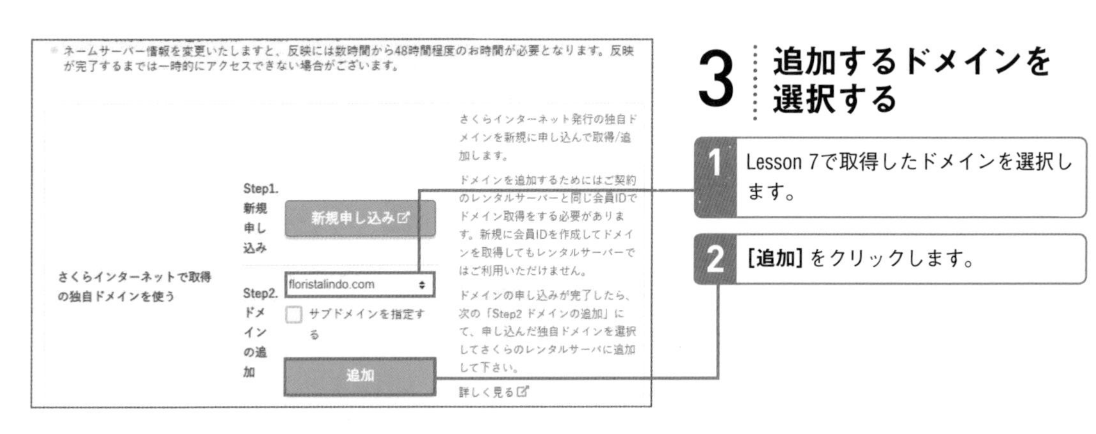

3 追加するドメインを選択する

1 Lesson 7で取得したドメインを選択します。

2 **[追加]** をクリックします。

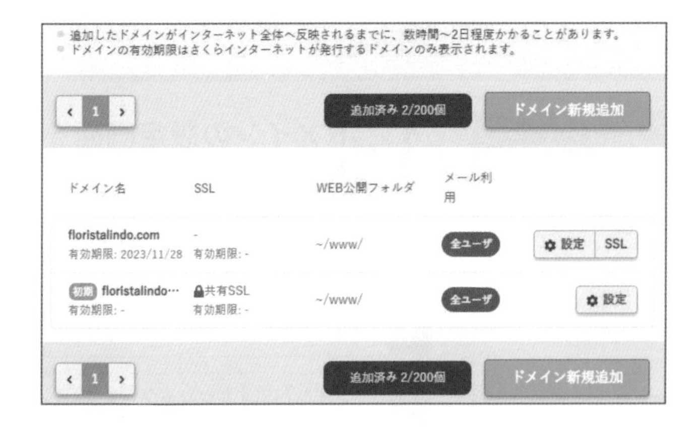

4 ドメインがサーバーに追加された

ドメインの追加が完了しました。なお、サーバーの設定が反映されるまで数時間から数日程度時間がかかる場合があります。設定したドメインでサーバーにアクセスできるか試してみましょう。

ワンポイント 独自のドメインならオリジナルのメールアドレスも作れる

独自ドメインがあれば、「○○（自分の名前など）@floristalindo.com」といった形で、オリジナルのメールアドレスを作れます。オリジナルのメールアドレスを用意すると、Webサイトの信頼性がぐっとアップします。
必ず必要というわけではありませんが、Lesson 50では連絡用の問い合わせフォームなども作成します。せっかく独自ドメインを取得したのですから、連絡先のメールアドレスも準備しておきましょう。代表メールなら「info@floristalindo.com」、求人などで使用するなら「recruit@floristalindo.com」など、意味のあるメールアドレスを作成しておくと便利です。

1 41ページを参考にサーバーコントロールパネルを表示します。

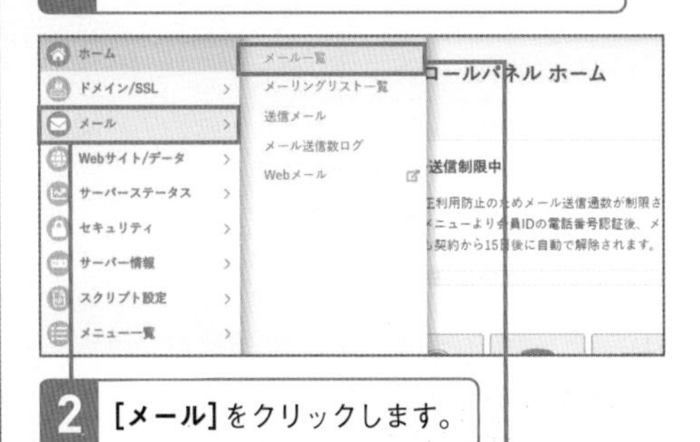

2 [メール] をクリックします。

3 [メール一覧] をクリックします。

4 [新規追加] をクリックします。

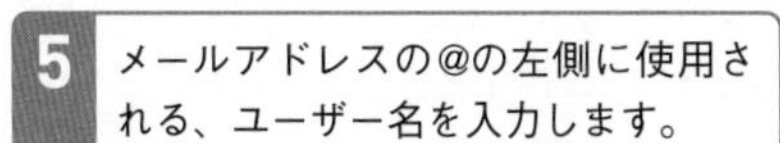

5 メールアドレスの@の左側に使用される、ユーザー名を入力します。

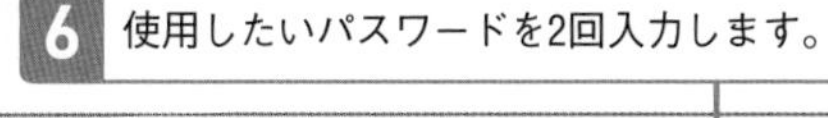

6 使用したいパスワードを2回入力します。

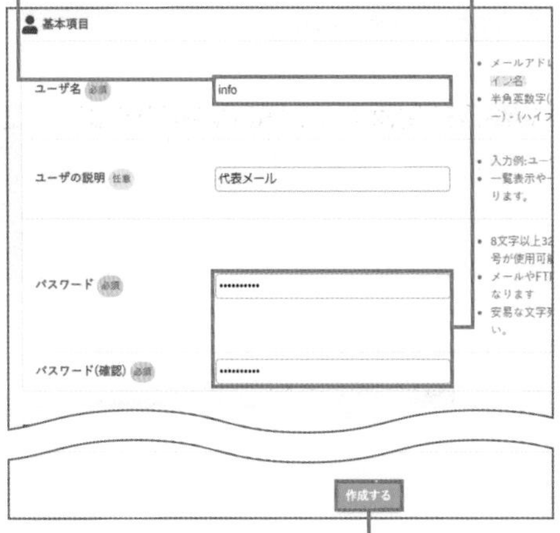

7 [作成する] をクリックします。

「info@ floristalindo.com」というメールアドレスが作成されました。

ワンポイント WordPressには2種類ある

WordPressには、WordPress.org（インストール型）とWordPress.com（Webサービス型）の2種類があります。本書では主にWordPress.org（インストール型）を使用しますが、Lesson 54でWordPress.com（Webサービス型）も利用しています。

WordPress.org（インストール型）は、自ら独自ドメインを取得してレンタルサーバーを借り、WordPressをインストールします。自由度とカスタマイズ性が高いうえに、すべてのデータを自分のものとして管理することができます。

WordPress.com（Webサービス型）は、Automattic社が運営するサービスで、Webサイト上からアカウントを作ればドメインやサーバーを自分で用意せずに始められます。一方で、インストールできるテーマやプラグインが限られており、カスタマイズ性にも制約があります。

インストール型では自らドメインやサーバーを用意する費用がかかり、Webサービス型では料金プランに準ずる費用がかかるので、WordPressを始めるにあたっての費用負担は大きくは変わりません。

▶ WordPress.org（インストール型）

https://ja.wordpress.org/

▶ WordPress.com（Webサービス型）

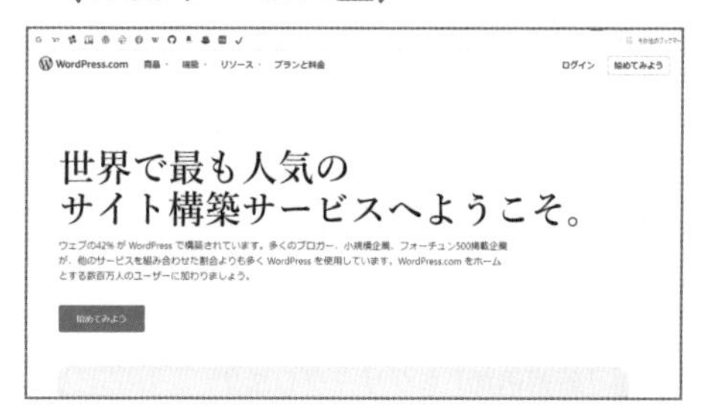

https://wordpress.com/ja/

▶ WordPressの種類と違い

種類	WordPress.org(インストール型)	WordPress.com (Webサービス型)
ドメインとサーバーの用意	必要	不要
WordPressのインストール	必要	不要
テーマ・プラグインの選定	自由に行える	制約がある
カスタマイズ性	自由に行える	制約がある
サイトの広告収益化	自由に行える	制約がある
バージョンアップなどの保守管理	自分で行う	サービス側が行う

Chapter

2

WordPressの初期設定をしよう

サーバーとドメインが準備できましたね。では、いよいよWordPressを利用していきましょう。早速Webサイトを作っていきたいところですが、まずは下準備となる初期設定をしていきます。

Lesson 09

[WordPressのインストール]

簡単インストールでWordPressを利用できるようにしましょう

このレッスンのポイント

今度はWordPressを使う準備をしていきます。最近のレンタルサーバーの多くは、WordPressを簡単にインストールできる機能が提供されています。今回はさくらインターネットが提供する「クイックインストール」を使ったインストール方法について解説していきます。

レンタルサーバー上にWordPress用のデータベースを作成する

WordPressは左図のように、デザインを構成するテーマや画像のデータと、入力した投稿の文章やその投稿に付いたコメントなどのデータを別々に管理しています。そのため、WordPressを利用するには、文章やコメントなどを保存しておくデータベースが必要になります。そこで、WordPressをインストールする前にMySQLというシステムを利用したデータベースを、サーバーの中に作成しましょう。さくらインターネットのサーバーには、あらかじめMySQLがインストールされています。初期状態ではデータベース自体はまだ作成されていない状態なので、インストールの前に新しくデータベースを作成しておきましょう。

▶各社の簡単インストール機能のマニュアル

レンタルサーバー名	マニュアルのURL
エックスサーバー	https://www.xserver.ne.jp/manual/man_install_auto_word.php
お名前.com	https://guide.onamae-server.com/sd/4_18_50_124/
さくらインターネット	https://help.sakura.ad.jp/rs/2161/
ロリポップ！	https://lolipop.jp/manual/user/applications-wordpress/

サーバーにインストールといっても、画面の指示に従っていくだけなので安心です。

データベースを作成する

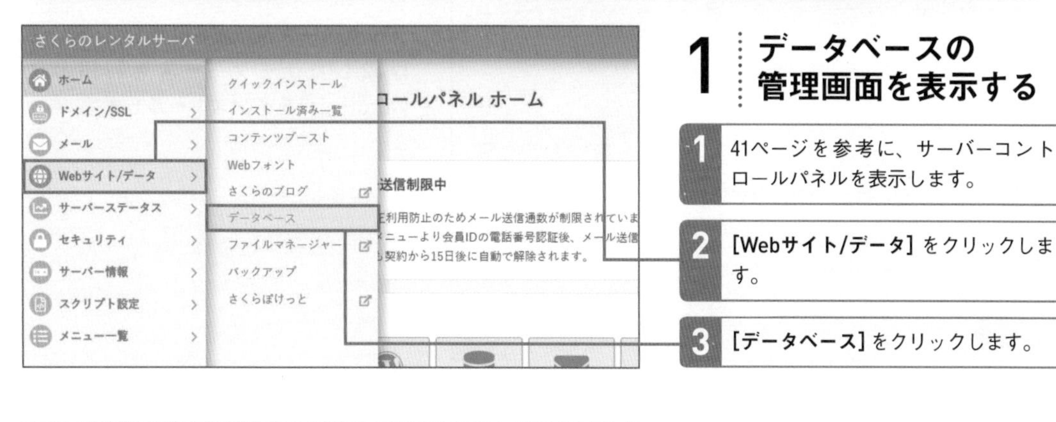

1 データベースの管理画面を表示する

1. 41ページを参考に、サーバーコントロールパネルを表示します。
2. [Webサイト/データ]をクリックします。
3. [データベース]をクリックします。

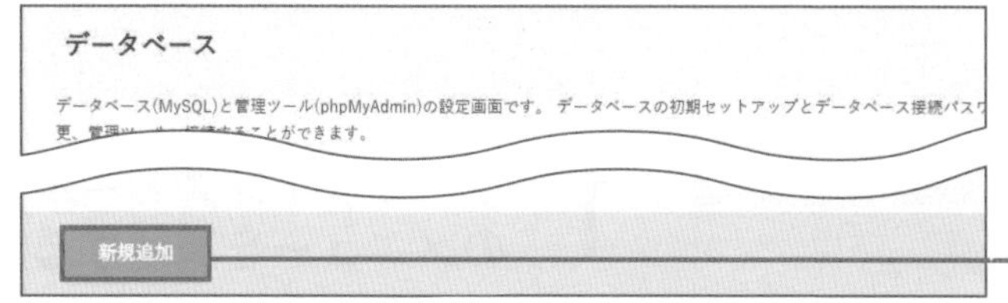

2 データベースの作成画面を表示する

1. [新規追加]をクリックします。

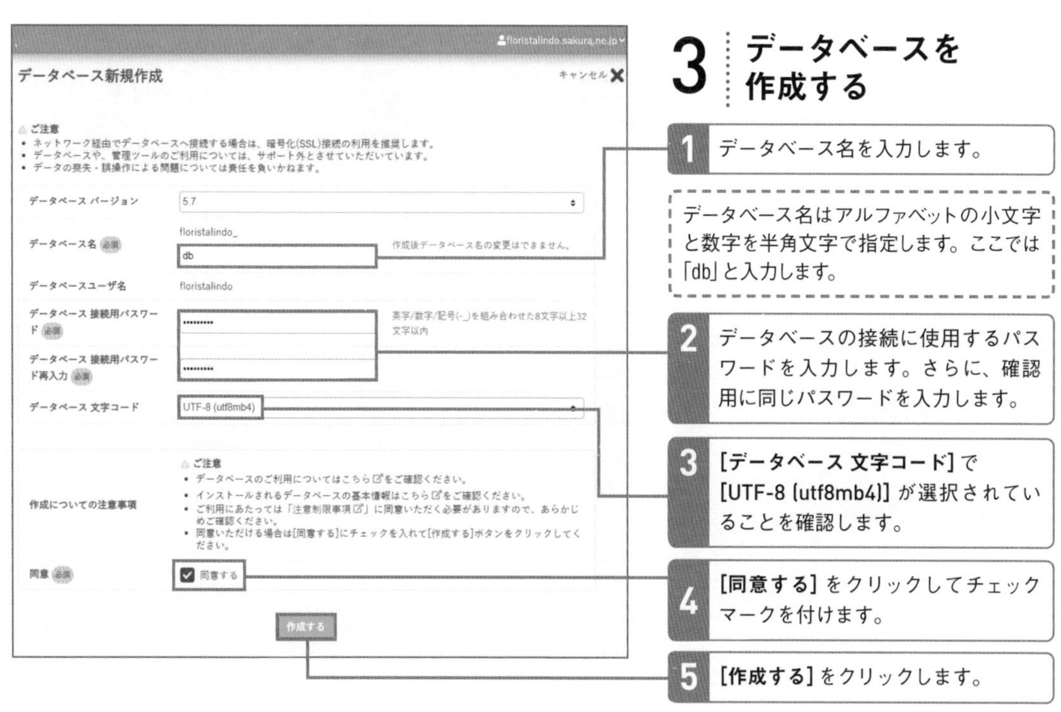

3 データベースを作成する

1. データベース名を入力します。

データベース名はアルファベットの小文字と数字を半角文字で指定します。ここでは「db」と入力します。

2. データベースの接続に使用するパスワードを入力します。さらに、確認用に同じパスワードを入力します。
3. [データベース 文字コード]で[UTF-8 (utf8mb4)]が選択されていることを確認します。
4. [同意する]をクリックしてチェックマークを付けます。
5. [作成する]をクリックします。

4 データベースが作成された

データベースが作成されました。続いて、作成したデータベースを利用してWordPressをインストールします。

WordPressをクイックインストールする

1 クイックインストールのメニューを表示する

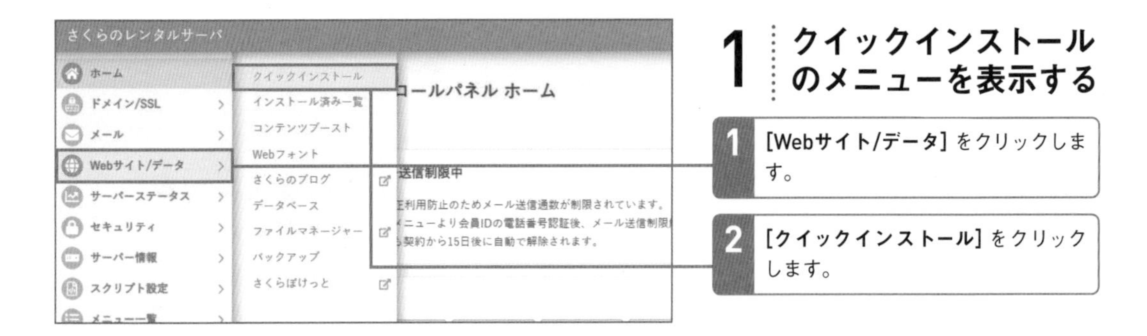

1 [Webサイト/データ] をクリックします。

2 [クイックインストール] をクリックします。

2 WordPressを選択する

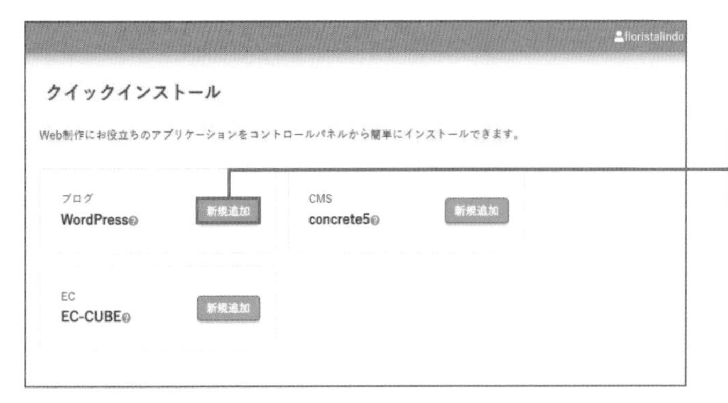

1 [WordPress] の [新規追加] をクリックします。

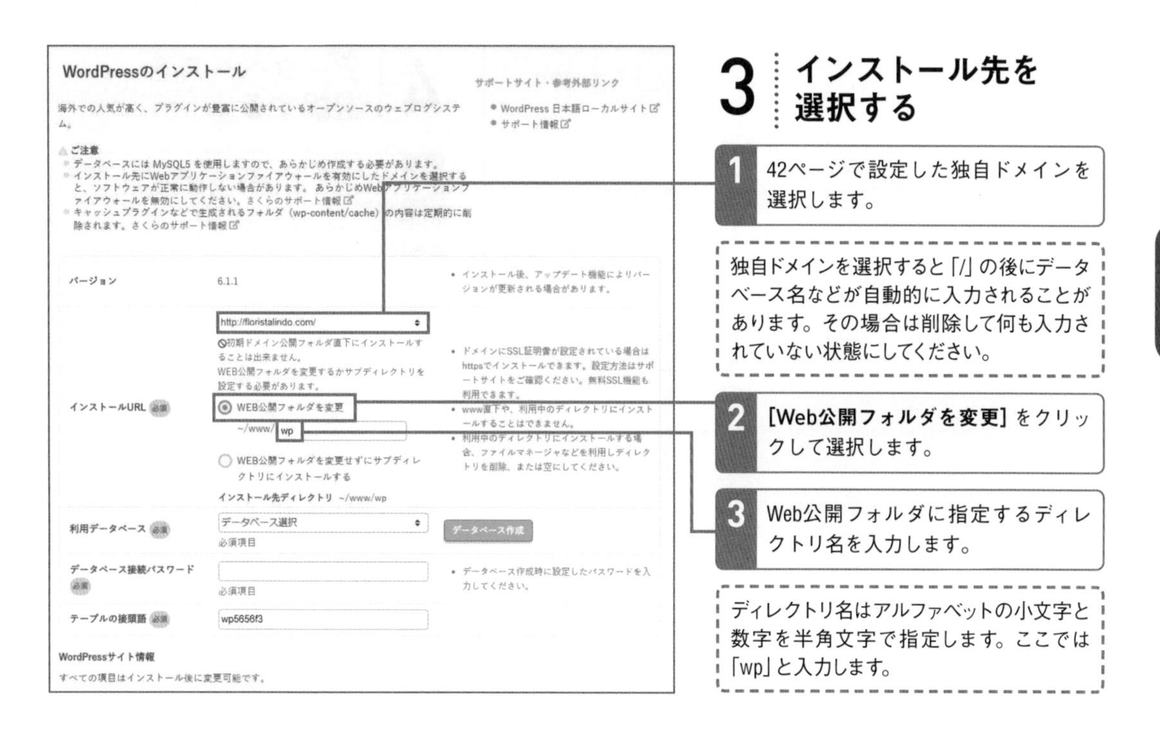

3 インストール先を選択する

1 42ページで設定した独自ドメインを選択します。

独自ドメインを選択すると「/」の後にデータベース名などが自動的に入力されることがあります。その場合は削除して何も入力されていない状態にしてください。

2 **[Web公開フォルダを変更]** をクリックして選択します。

3 Web公開フォルダに指定するディレクトリ名を入力します。

ディレクトリ名はアルファベットの小文字と数字を半角文字で指定します。ここでは「wp」と入力します。

Point 独自ドメインを利用しない場合は？

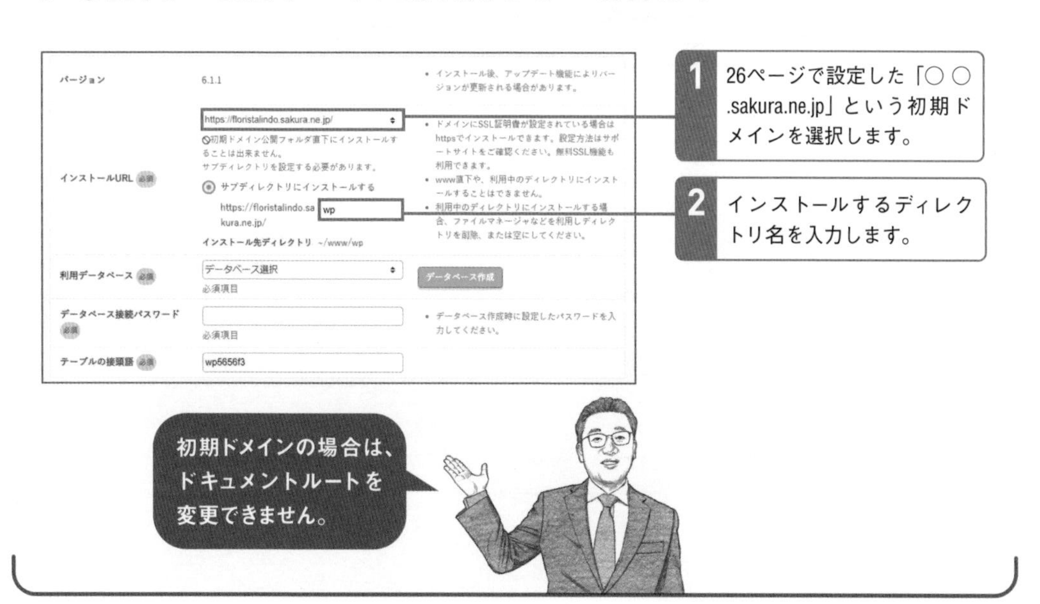

1 26ページで設定した「○○.sakura.ne.jp」という初期ドメインを選択します。

2 インストールするディレクトリ名を入力します。

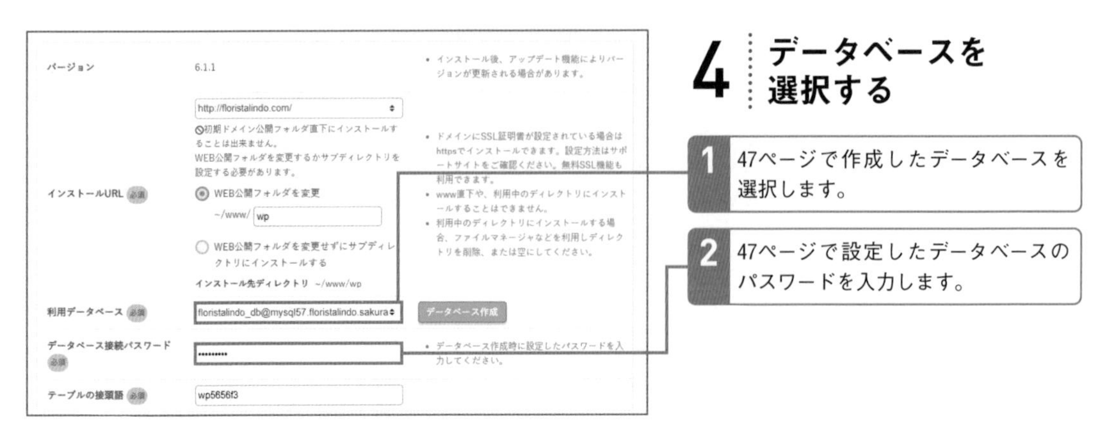

4 データベースを選択する

1 47ページで作成したデータベースを選択します。

2 47ページで設定したデータベースのパスワードを入力します。

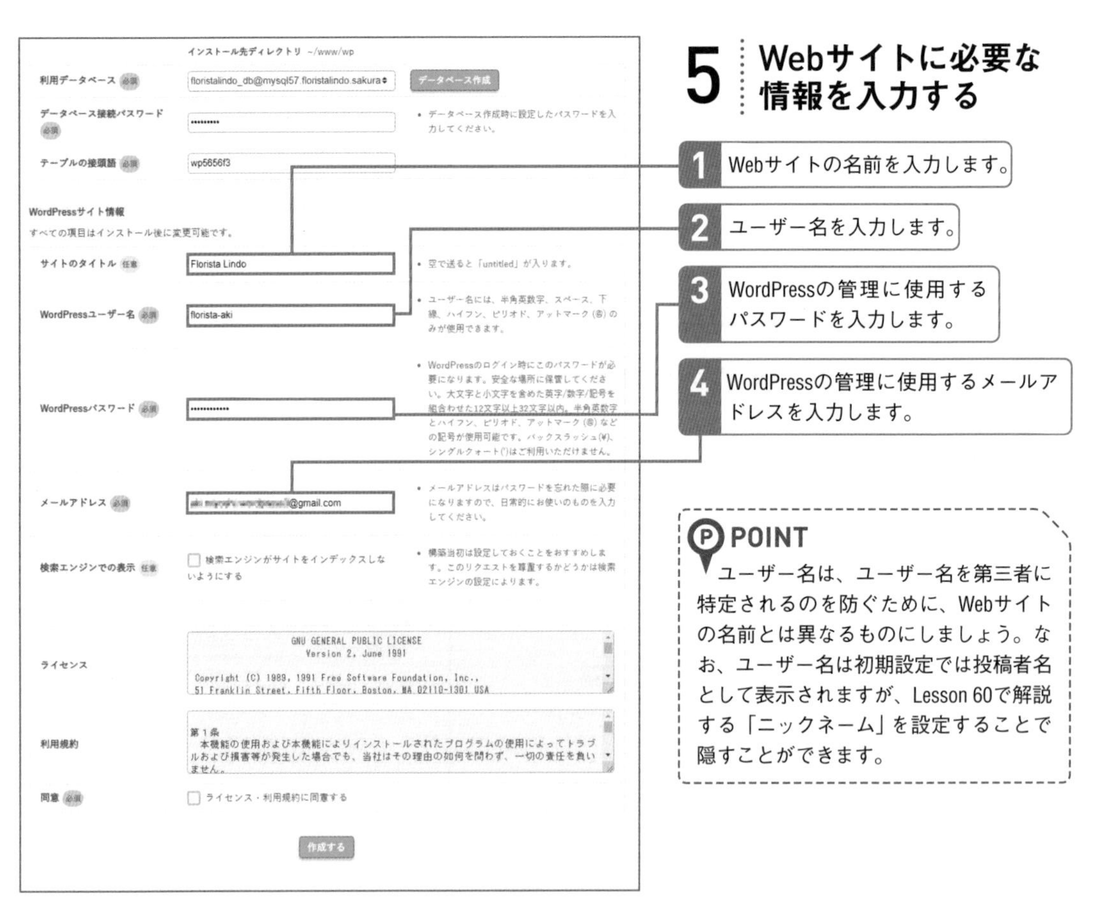

5 Webサイトに必要な情報を入力する

1 Webサイトの名前を入力します。

2 ユーザー名を入力します。

3 WordPressの管理に使用するパスワードを入力します。

4 WordPressの管理に使用するメールアドレスを入力します。

POINT

ユーザー名は、ユーザー名を第三者に特定されるのを防ぐために、Webサイトの名前とは異なるものにしましょう。なお、ユーザー名は初期設定では投稿者名として表示されますが、Lesson 60で解説する「ニックネーム」を設定することで隠すことができます。

シングルクォート(')はご利用いただけません。

メールアドレス 必須

@gmail.com

・メールアドレスはパスワードを忘れた際に必要になりますので、日常的にお使いのものを入力してください。

検索エンジンでの表示 任意

検索エンジンがサイトをインデックスしないようにする

・構築当初は設定しておくことをおすすめします。このリクエストを尊重するかどうかは検索エンジンの設定によります。

ライセンス

GNU GENERAL PUBLIC LICENSE
Version 2, June 1991

Copyright (C) 1989, 1991 Free Software Foundation, Inc.,
51 Franklin Street, Fifth Floor, Boston, MA 02110-1301 USA

利用規約

第１条
本機能の使用および本機能によりインストールされたプログラムの使用によってトラブルおよび損害等が発生した場合でも、当社はその理由の如何を問わず、一切の責任を負いません。

同意 必須

ライセンス・利用規約に同意する

作成する

6 利用規約に同意する

1 「ライセンス」「利用規約」の内容を確認します。

2 **[ライセンス・利用規約に同意する]** をクリックしてチェックマークを付けます。

3 **[作成する]** をクリックします。

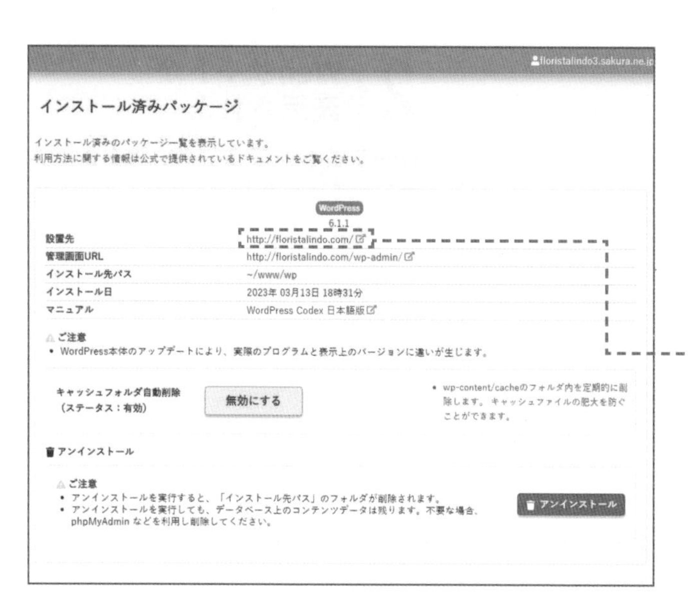

7 WordPressのインストールが成功した

WordPressがインストールされました。[設置先]や[インストール先パス]などをチェックして、正しくインストールされたか確認しましょう。

[設置先]のURLをクリックすると、WordPressのWebサイトが表示されます。

Webサイトが正しく表示されるか確認する

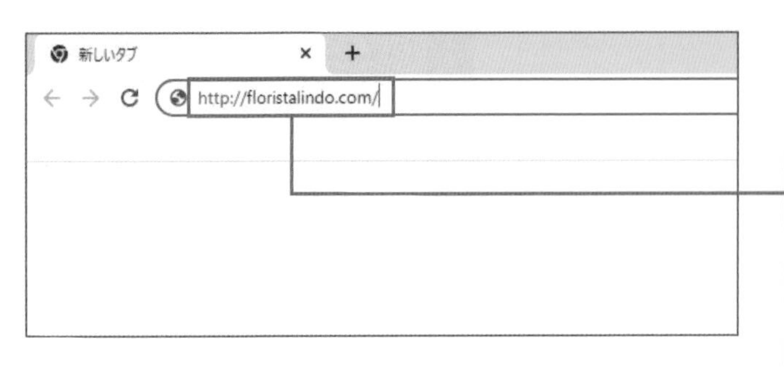

1 URLを入力してWebサイトを表示する

1 前ページの手順7で表示された設置先のURLを入力します。

例：http://floristalindo.com/

2 キーボードの Enter キーを押します。

2 Webサイトが表示された

Webサイトが表示され、WordPressが正しくインストールされたことが確認できました。

Lesson 10 [ログイン／ログアウト]

管理画面へのログイン方法を覚えましょう

このレッスンのポイント

さまざまな設定が行える管理画面がWordPressには用意されています。WordPressで何か作業をするときには、必ずこの管理画面にログインする必要があります。ログインページは忘れずにブックマークしておいてください。

管理画面にログインする

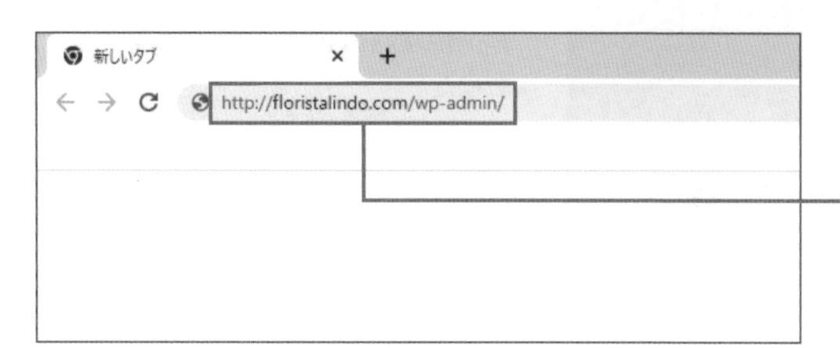

1 WordPressの管理画面を表示する

1 51ページの手順7で表示された管理画面URLを入力します。

例：http://floristalindo.com/wp-admin/

2 キーボードの Enter キーを押します。

POINT
すでにログインが済んでいる場合は、ログイン画面ではなく管理画面がすぐに表示されます。

POINT
管理画面のURLは、51ページの手順7で表示された設置先のURLに「/wp-admin」を付けたものです。代わりに「/login」や「/admin」、「/wp-login.php」を付けてもログイン画面が表示されます。

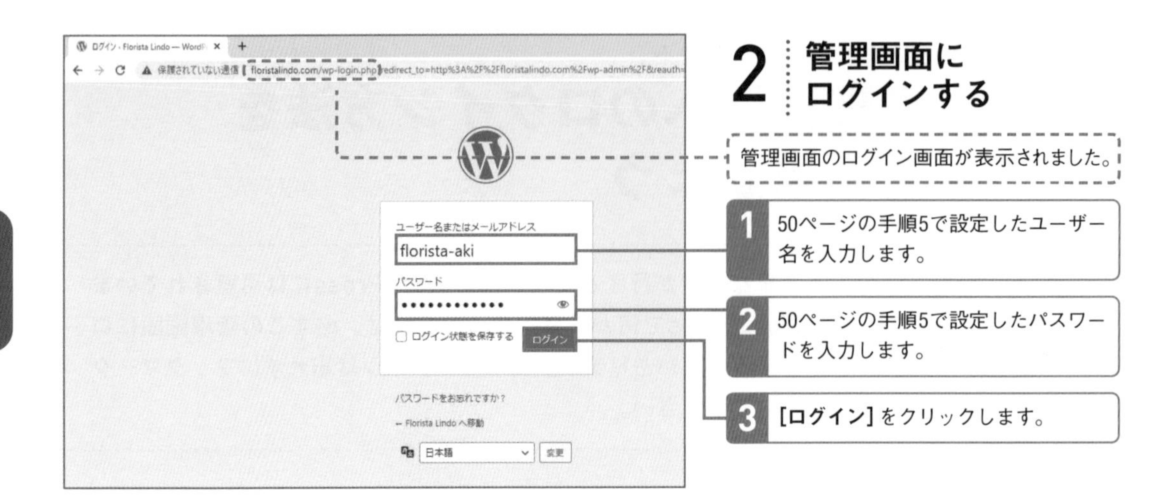

2 管理画面にログインする

管理画面のログイン画面が表示されました。

1 50ページの手順5で設定したユーザー名を入力します。

2 50ページの手順5で設定したパスワードを入力します。

3 [ログイン] をクリックします。

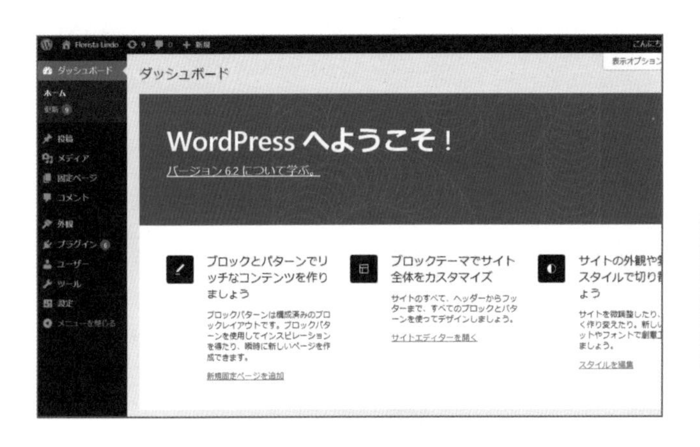

3 管理画面にログインした

WordPressの管理画面にログインしました。

POINT

ログイン後に最初に表示される管理画面（http://○○○/wp-admin/）は必ずブックマークしておきましょう。

ユーザー名とパスワードは忘れないように気を付けてくださいね。

管理画面からログアウトする

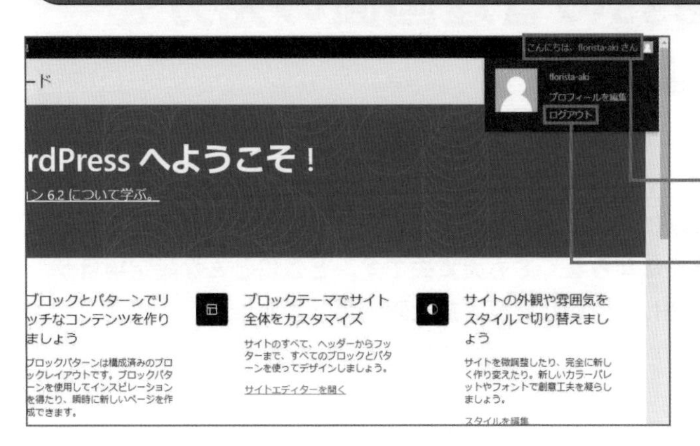

1 管理画面からログアウトする

1 **[こんにちは、○○さん]** にマウスポインターを合わせます。

2 **[ログアウト]** をクリックします。

2 管理画面からログアウトした

WordPressの管理画面からログアウトしました。

POINT

ログインしたままだと、ほかの人がパソコンを触った際に操作されてしまう可能性があります。特に共有パソコンの場合は必ずログアウトしておくように心がけましょう。

Lesson 11

[管理画面の画面構成]

WordPressの管理画面の見方を覚えましょう

このレッスンのポイント

管理画面では、Webサイトのほぼすべての設定管理を行えます。はじめは少々複雑に感じるかもしれませんが、よく使う機能は限られているので、不安にならなくても大丈夫です。どこにどんな設定項目があるのかを把握して便利な機能を最大限活用しましょう。

ナビゲーションメニューから各機能にアクセスする

頻繁に使う機能が整理されたナビゲーションメニュー

選択したメニューの設定画面が表示される

頻繁に利用する機能は「投稿」「メディア」「固定ページ」「外観」「設定」の5つくらいなので、安心してください。

ツールバーで新着情報や現在のWebサイトを確認できる

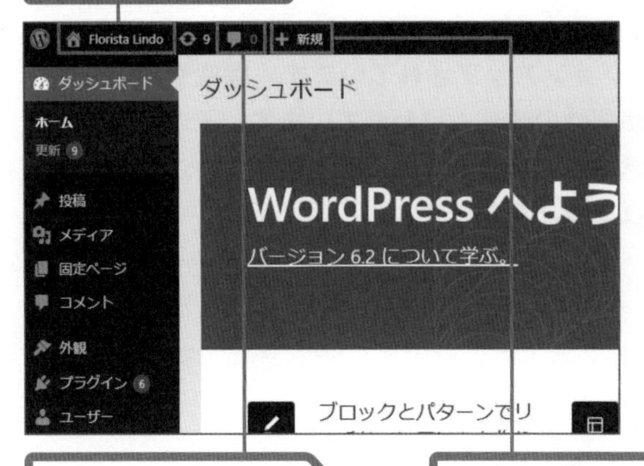

投稿にコメントがあった場合に通知される

新規の投稿など新しく何かを作成する場合に使用する

WordPressにログインしていると、画面の一番上に黒い「ツールバー」が表示されます。ここから、新規投稿などの操作がすぐに行えます。ツールバーを非表示にしたい場合は、ナビゲーションメニューの［ユーザー］→［プロフィール］にある［サイトを見るときにツールバーを表示する］をクリックしてチェックマークを外しましょう。

テーマやプラグインで追加されるメニューがある

インストールしたテーマやプラグインによっては、ナビゲーションメニューに独自のメニューが追加されることもあります。これは、より便利にWordPressでデザインを変更したり機能を使えたりするように、テーマやプラグインが追加したものです。そのテーマやプラグインを無効化すると、それらのメニューも表示されなくなることがあります。

プラグインを追加することで、どんどん機能が拡張されていきます。

Lesson 12

[WordPressのアップデート]

最新のバージョンにアップデートしましょう

このレッスンのポイント

WordPressは常にバージョンアップされています。機能や使いやすさの強化だけでなく、脆弱性の改善も行われています。そのため最新版へのアップデートを怠ると、外部からの攻撃を防げないことがあるのです。アップデートは必須と言えます。

アップデートは必ず行う

WordPressは常に更新されているため、インストールしたときには最新バージョンでも、時が経つうちに新しいバージョンが公開されていることがよくあります。現に2022年7月にバージョン6.0が公開されたばかりにもかかわらず、2022年11月にはすでにバージョン6.1が公開されています。

WordPressだけでなく、テーマやプラグインも頻繁に更新されています。これらも含めて、アップデートは必ず行っておきましょう。

ただし、アップデートすることによって、不具合が生じてしまう可能性もあるので、アップデートの前にバックアップ（Lesson 62）をとるようにしておきましょう。また、アップデート中に管理画面を操作してしまうと、更新がうまくいかないこともあるので、無用な操作はしないようにしましょう。

▶ [WordPressの更新]画面

管理画面から簡単にアップデートできます。

WordPressをアップデートする

1 更新を確認する

53ページを参考に管理画面を表示します。

更新の必要な項目がある場合はここに数字が表示されます。

1 **[更新]** をクリックします。

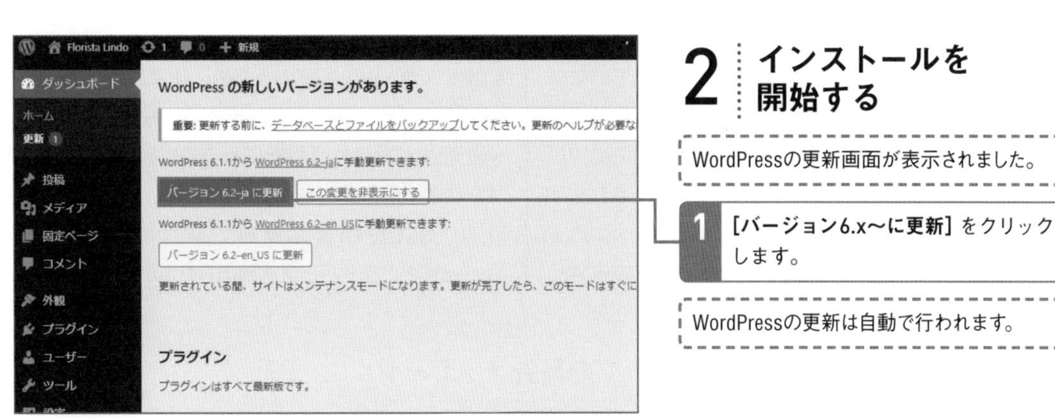

2 インストールを開始する

WordPressの更新画面が表示されました。

1 **[バージョン6.x～に更新]** をクリックします。

WordPressの更新は自動で行われます。

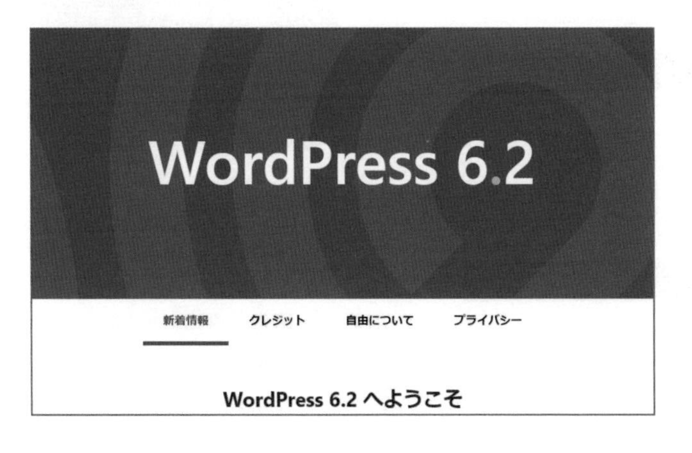

3 バージョンがアップデートされた

インストールが完了してWordPressのバージョンがアップデートされました。

Lesson 13 [Webサイトの常時SSL化]

常時SSL化して サイトの信頼性を高めましょう

このレッスンのポイント

Webサイトの改ざんや盗聴といったニュースを目にすることが多くなりました。訪問者が安心してサービスやコンテンツを利用できるようにWebサイト全体のデータのやりとりを暗号化「常時SSL化」して、信頼性を高めましょう。

常時SSL化のメリット

GoogleのChromeは常時SSL化されていないサイトにアクセスすると、アドレスバーに「保護されていない通信」と警告メッセージが表示されます。常時SSL化すると、URLの冒頭にある「http://」が「https://」に変わり、SSLで通信していることが明示されます。また、常時SSL化に必要なSSL証明書のレベルにより鍵のアイコンが表示されたり、企業名が表示されたりします。常時SSL化の設定はいつ行ってもかまいませんが、URLが変わるため、後で紹介するテーマやプラグインで不具合が出ることもあります。特別な理由がなければ最初に行うことをおすすめします。ここで解説するさくらインターネットの常時SSL化は、SSL証明書を無料で発行できる「Let's Encrypt」というサービスを利用したものです。

▶ SSL化されていないWebサイトでの警告メッセージ

sta Lindo – Just another Wor ×　+

⟳ ⚠ 保護されていない通信 | floristalindo.com

▶ 常時SSL化されているWebサイト

sta Lindo – Just another Wor ×　+

⟳ 🔒 floristalindo.com

SSL証明書の発行方法はレンタルサーバーごとに異なるので、サポートページなどを確認しましょう。

SSL証明書の登録設定をする

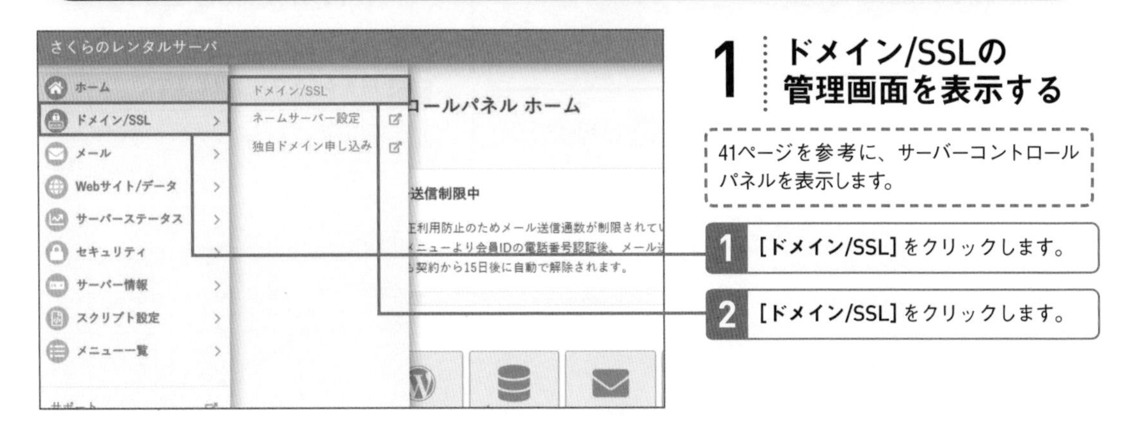

1 ドメイン/SSLの管理画面を表示する

41ページを参考に、サーバーコントロールパネルを表示します。

1 [ドメイン/SSL] をクリックします。

2 [ドメイン/SSL] をクリックします。

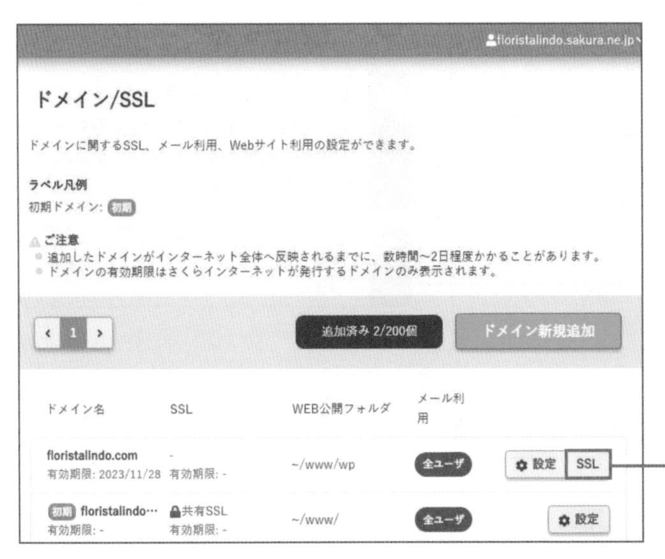

2 SSL証明書登録画面を表示する

[ドメイン/SSL] 画面が表示されました。

独自ドメインを取得せずに初期ドメインを利用している場合は、共有SSL証明書が発行されています。63ページの手順2へ進んでください。

1 Lesson 8で追加したドメインの [SSL] をクリックします。

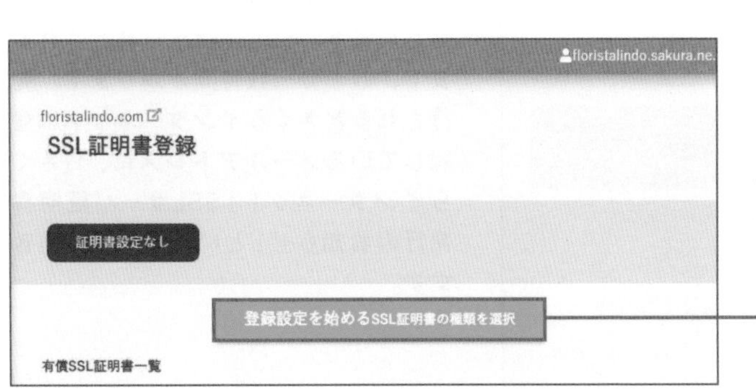

3 SSL証明書の登録設定をする

1 [登録設定を始める SSL証明書の種類を選択] をクリックします。

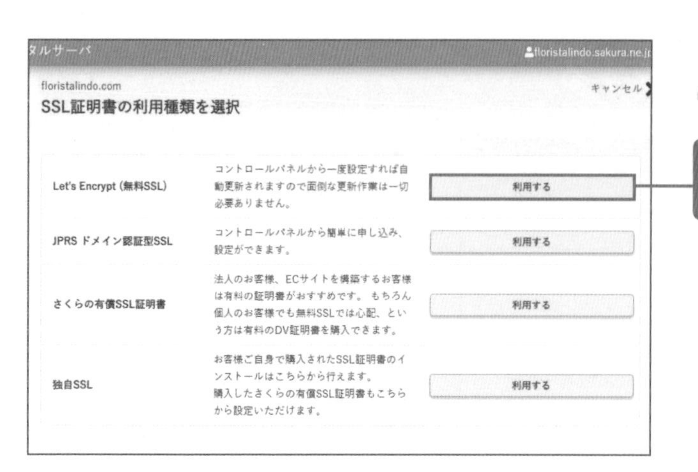

4 SSL証明書の利用種類を選択する

1 [Let's Encrypt（無料SSL）] の [利用する] をクリックします。

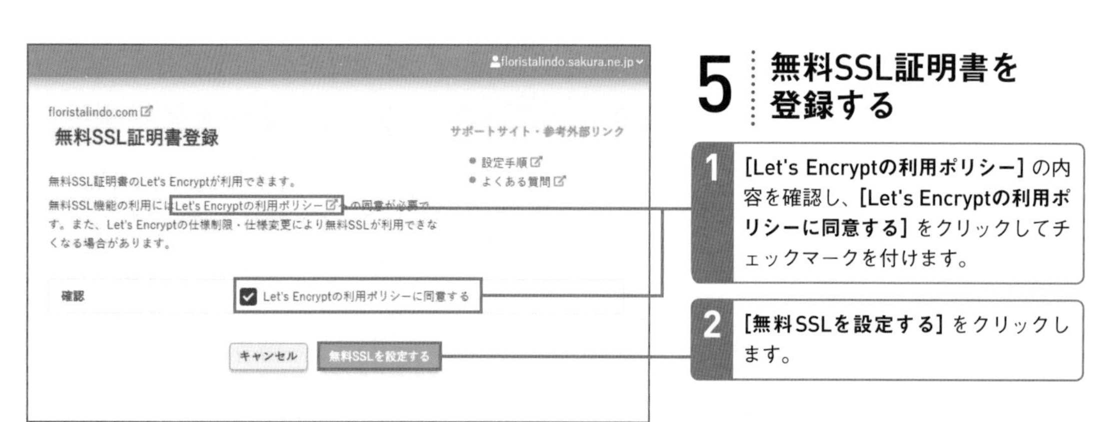

5 無料SSL証明書を登録する

1 [Let's Encryptの利用ポリシー] の内容を確認し、[Let's Encryptの利用ポリシーに同意する] をクリックしてチェックマークを付けます。

2 [無料SSLを設定する] をクリックします。

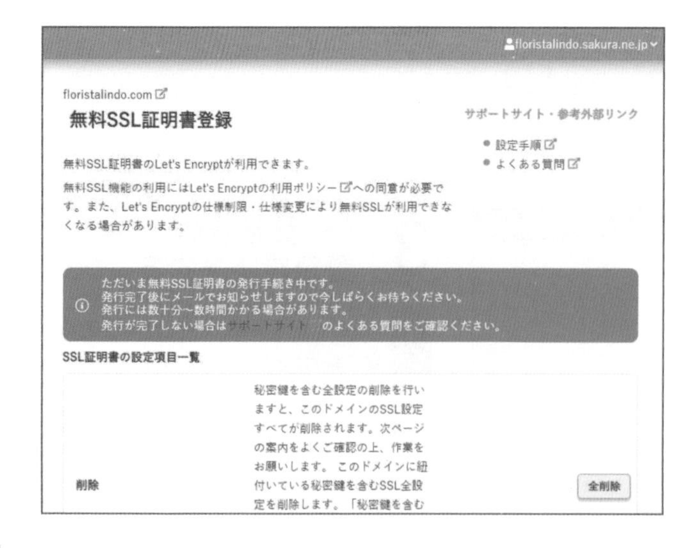

6 SSL証明書の登録設定ができた

SSL証明書の登録設定ができました。SSL証明書が発行された後自動的に登録されます。SSL証明書が発行されるまで、数十分～数時間かかります。発行されるとさくらインターネットに登録しているメールアドレスに、「[さくらインターネット] SSLサーバ証明書発行のお知らせ」というメールが届きます。

Webサイトの常時SSL化設定をする

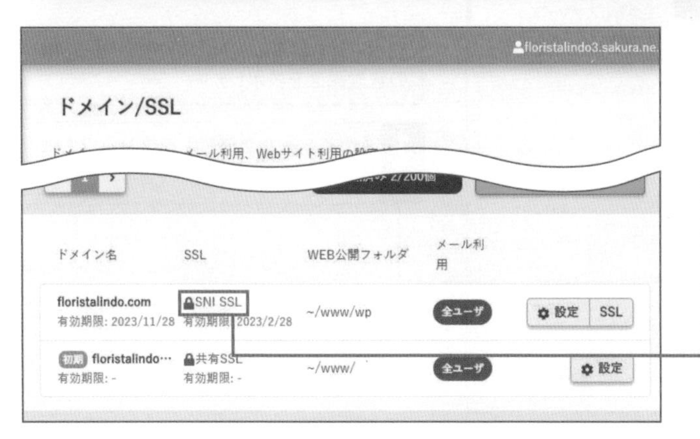

1 SSL証明書の登録を確認する

62ページの手順5の後に届く「**[さくらインターネット]SSLサーバ証明書発行のお知らせ**」のメールを確認後、61ページを参考に、サーバーコントロールパネルの**[ドメイン/SSL]**画面を表示します。

1 独自ドメインにSSLが設定されたマークが付いていることを確認します。

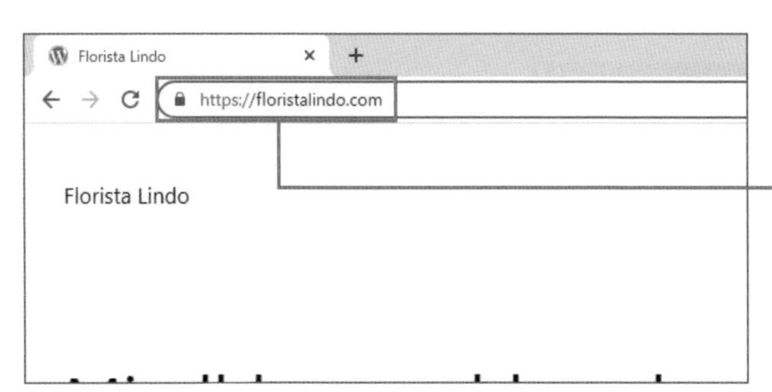

2 WebサイトのSSLページを確認する

1 SSLを利用して、Webサイト（https://○○○）が表示されることを確認します。

例：https://floristalindo.com/

3 管理画面のSSLページを確認する

管理画面にログインしている場合は、55ページを参考にログアウトし、ブラウザを閉じてください。

1 SSLを利用して、ログイン画面からログインし、管理画面（https://○○○/wp-admin/）が表示されることを確認します。

例：https://floristalindo.com/wp-admin/

2 ログアウトしてブラウザを閉じてください。

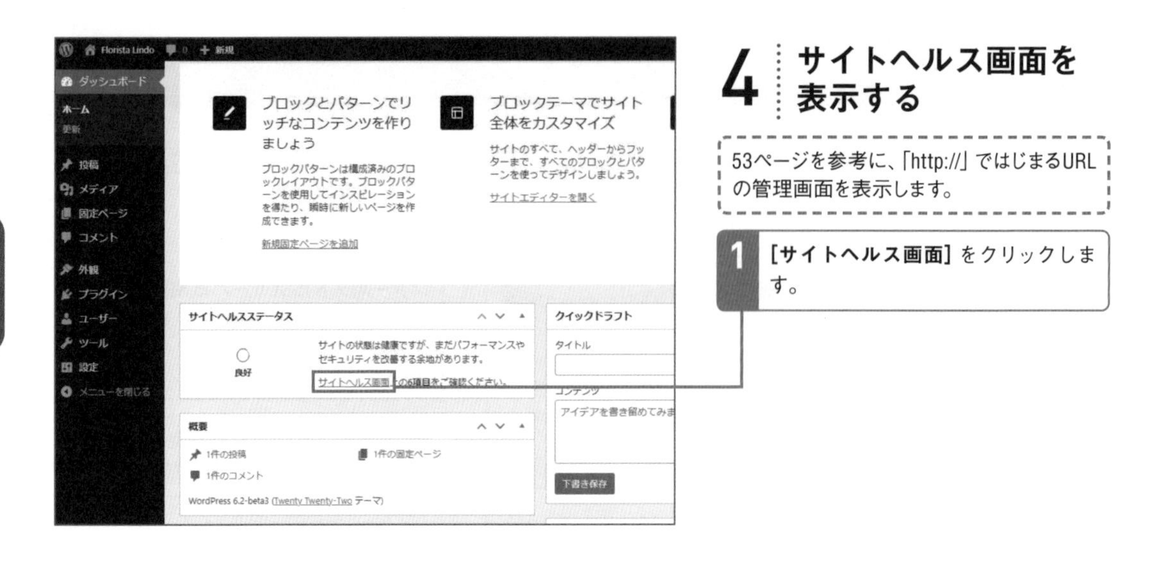

4 サイトヘルス画面を表示する

53ページを参考に、「http://」ではじまるURLの管理画面を表示します。

1 **[サイトヘルス画面]** をクリックします。

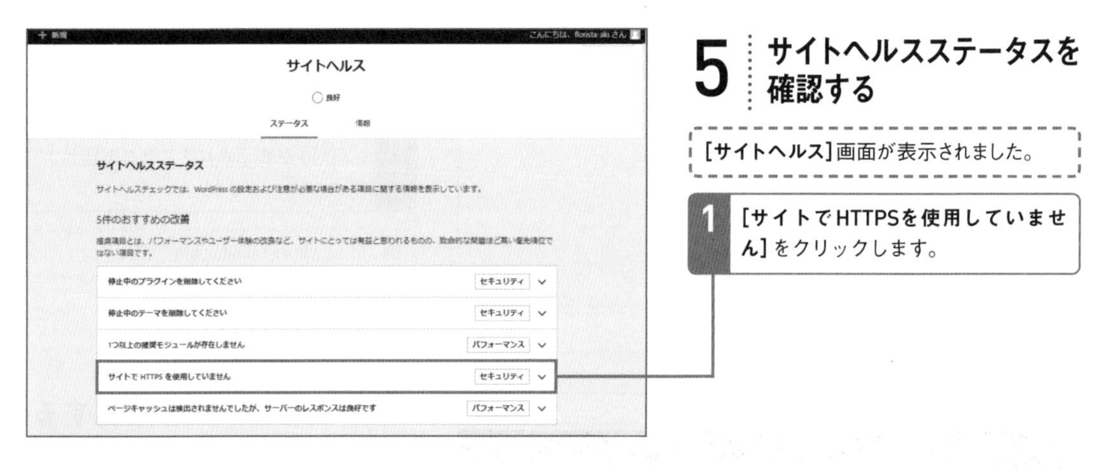

5 サイトヘルスステータスを確認する

[サイトヘルス] 画面が表示されました。

1 **[サイトでHTTPSを使用していません]** をクリックします。

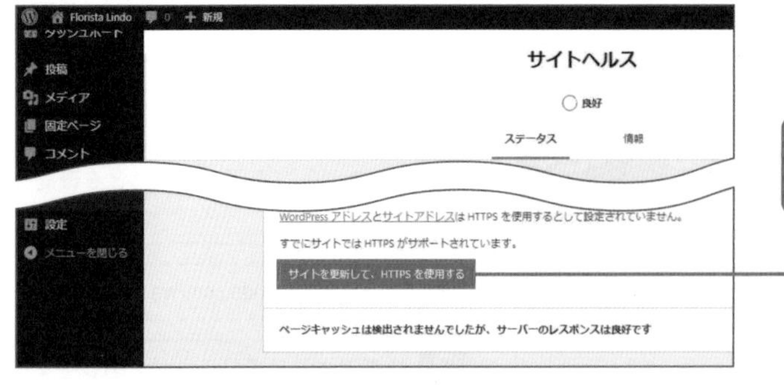

6 HTTPSの使用を設定する

1 **[サイトを更新して、HTTPSを使用する]** をクリックします。

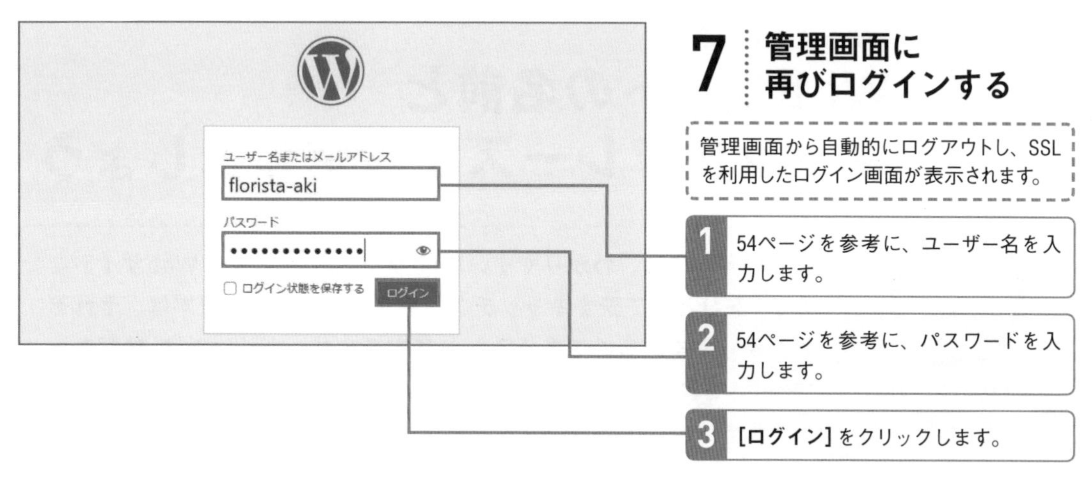

7 管理画面に再びログインする

管理画面から自動的にログアウトし、SSLを利用したログイン画面が表示されます。

1 54ページを参考に、ユーザー名を入力します。

2 54ページを参考に、パスワードを入力します。

3 **[ログイン]** をクリックします。

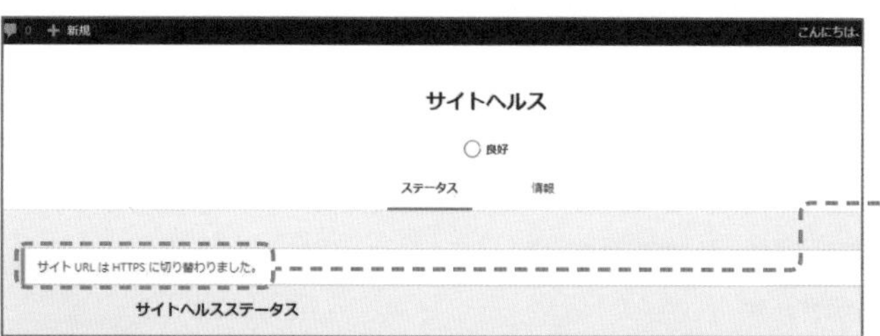

8 URLがHTTPSに切り替わる

[サイトURLはHTTPSに切り替わりました] と表示されました。

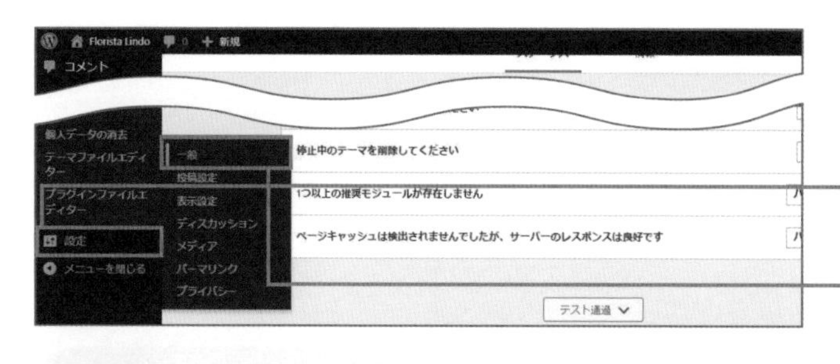

9 WebサイトのURLを確認する

1 **[設定]** にマウスポインターを合わせます。

2 **[一般]** をクリックします。

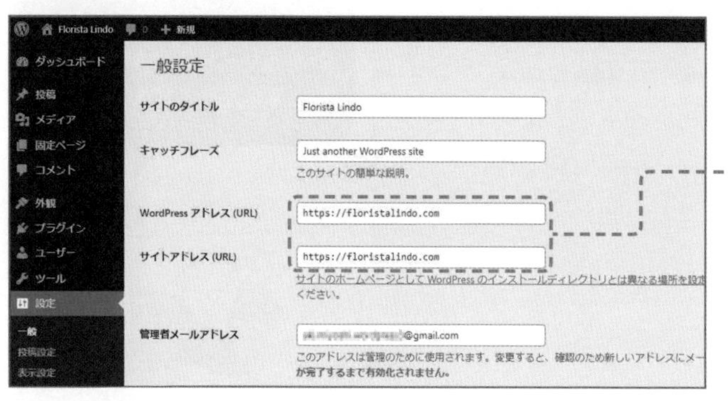

10 Webサイトが常時SSL化された

WebサイトのURLが「https://」ではじまり、SSL化が確認できました。

POINT

54ページの手順3で管理画面のURLをブックマークしましたが、SSL化したURL（https://〇〇〇/wp-admin/）を改めてブックマークしましょう。

Lesson 14 [Webサイトの名前]

Webサイトの名前とキャッチフレーズを設定しましょう

このレッスンのポイント

Webサイトには、わかりやすいWebサイト名と「どんなWebサイトなのか」をひと言で表すキャッチフレーズが必要です。まずは、それぞれわかりやすいものであることが基本ですが、ポイントは「検索キーワード」を含めることです。

検索キーワードとは

検索キーワードとは、Googleなどの検索エンジンで検索してもらいやすい言葉のことです。例えば、「花屋」ではなく「神保町の花屋」のようにすると、「神保町　花屋」で検索した際に検索結果に表示されやすくなります。Webサイト名にキーワードを含めるのが難しければ、キャッチフレーズの中に含めるようにしましょう。

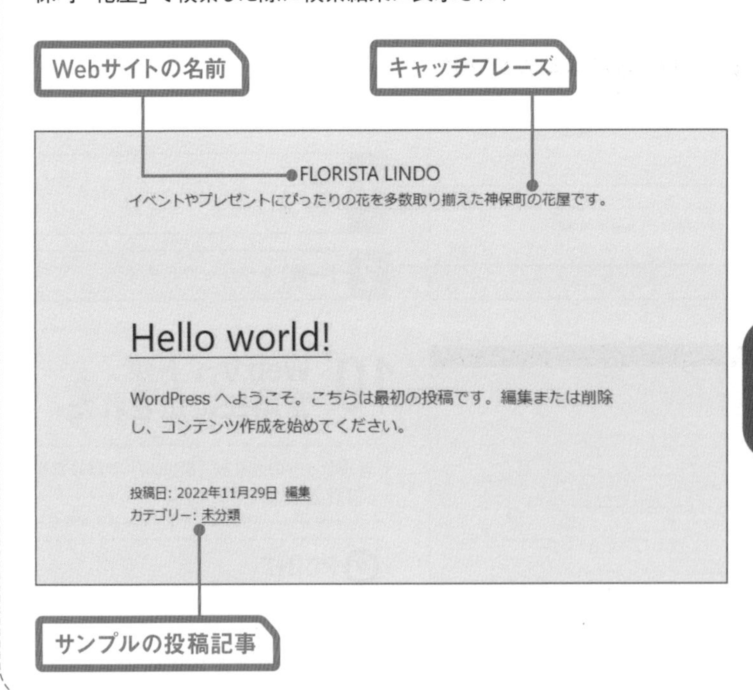

どんなWebサイトかひと目でわかるサイト名やキャッチフレーズを入れておきましょう。

Webサイトの名前とキャッチフレーズを設定する

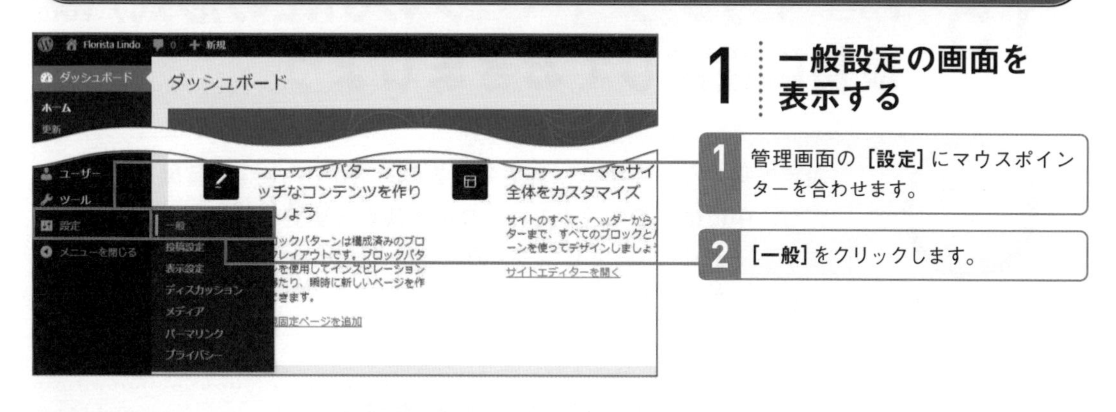

1 一般設定の画面を表示する

1 管理画面の［**設定**］にマウスポインターを合わせます。

2 ［**一般**］をクリックします。

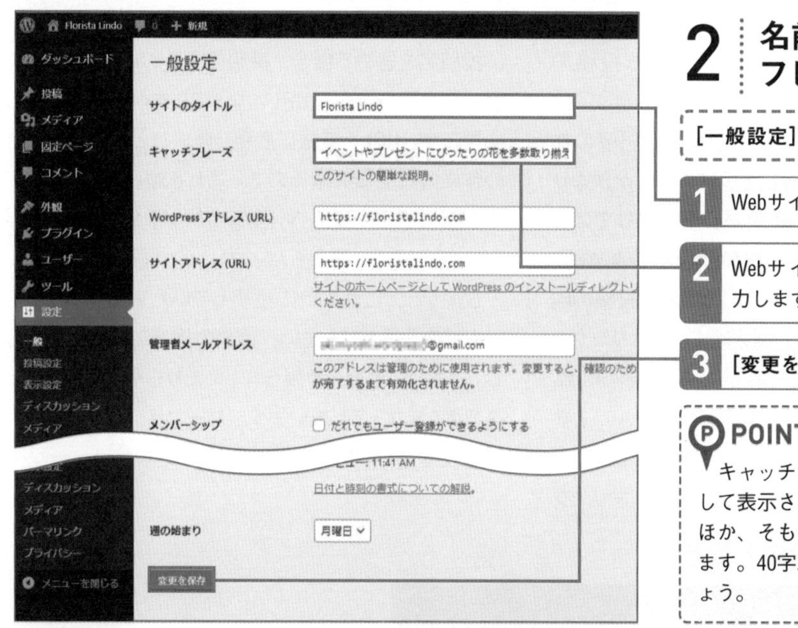

2 名前とキャッチフレーズを設定する

［**一般設定**］画面が表示されました。

1 Webサイトの名前を入力します。

2 Webサイトのキャッチフレーズを入力します。

3 ［**変更を保存**］をクリックします。

POINT

キャッチフレーズは長すぎると折り返して表示されてしまうなどの問題があるほか、そもそも読まれなくなってしまいます。40字以内でまとめるようにしましょう。

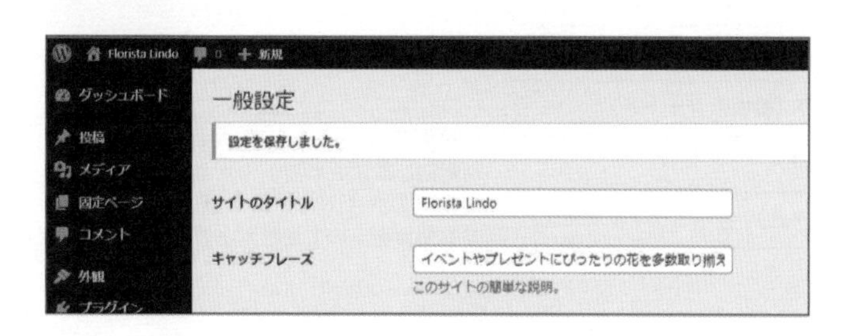

3 一般設定の変更が保存された

一般設定の変更が保存され、Webサイト上にもサイトの名前とキャッチフレーズが反映されました。

Lesson 15

[パーマリンク]

パーマリンク（ページのURLの形式）は最初に設定しておきましょう

このレッスンのポイント

設定を後からでも柔軟に変更できるのもWordPressの特徴です。ただし、中には最初に決めておかないと後から変更が難しいものもあります。それが「パーマリンク」の設定です。パーマリンクは必ず最初に設定しておきましょう。

パーマリンクは「日付と投稿名」がおすすめ

パーマリンクとは、WordPressで作成した投稿のURLの形式のことです。初期状態は「http://○○○.jp/?p=（連続した番号）」という形式で、記事の作成順で番号が決まり、作成した投稿のURLが決まります。パーマリンクは必ず変更が必要なわけではありませんが、投稿を作成した日付や投稿のタイトルを含めたURLに変更することで、訪問者に投稿の内容が伝わりやすくなります。例えば、パーマリンクを「日付と投稿名」に設定しておくと、URLが「http://○○○.jp/（年）/（月）/（日）/（投稿のタイトル）」となり、初期設定よりもいつ何について書かれた投稿なのかがわかりやすくなります。ただし、パーマリンクに投稿名を含める場合、投稿のタイトルが日本語だと、日本語を含んだURLになってしまうので注意が必要です。URLを英語に変更し直すひと手間が投稿の作成時に必要になるので、これを煩わしいと感じるなら、「デフォルト」や「数字ベース」などを選択しましょう。また、後からパーマリンクの設定を変更してしまうと、これまでに投稿していたWebページのURLが変更されてしまい、ほかの場所でURLを紹介していたり、リンクを張られていたりした際にアクセスできなくなってしまいます。パーマリンクは必ず最初に設定しておきましょう。

▶パーマリンクの設定と表示例

設定	パーマリンクのURL
デフォルト	https://○○○.jp/?p=（投稿ID）
日付と投稿名	https://○○○.jp/（年）/（月）/（日）/（投稿のタイトル）
月と投稿名	https://○○○.jp/（年）/（月）/（投稿のタイトル）
数字ベース	https://○○○.jp/archives/（投稿ID）
投稿名	https://○○○.jp/（投稿のタイトル）

「（投稿名）」「（日）」などは投稿の作成時に自動的に設定される。ただし、「（投稿名）」は投稿のタイトルが日本語だと入力し直す必要があるので注意が必要となる。

パーマリンクを設定する

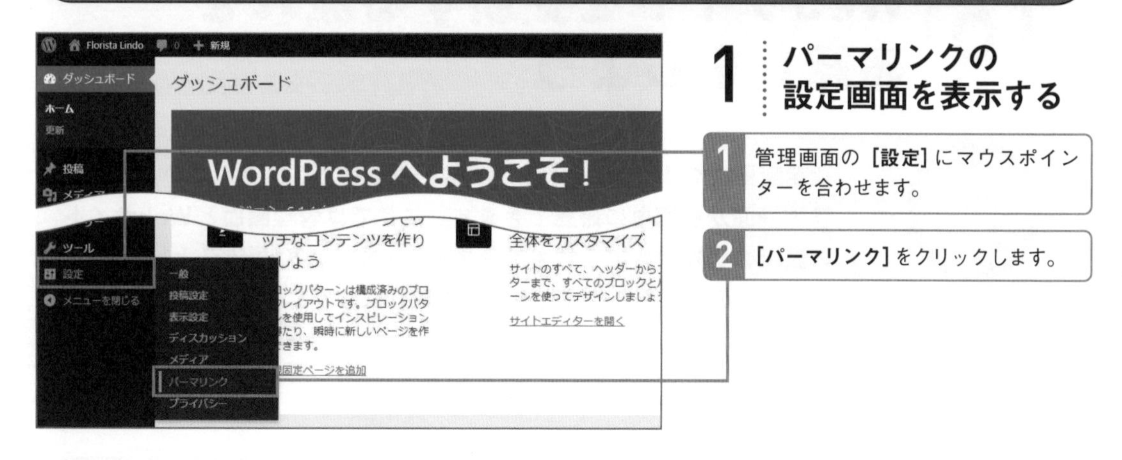

1 パーマリンクの設定画面を表示する

1 管理画面の **[設定]** にマウスポインターを合わせます。

2 **[パーマリンク]** をクリックします。

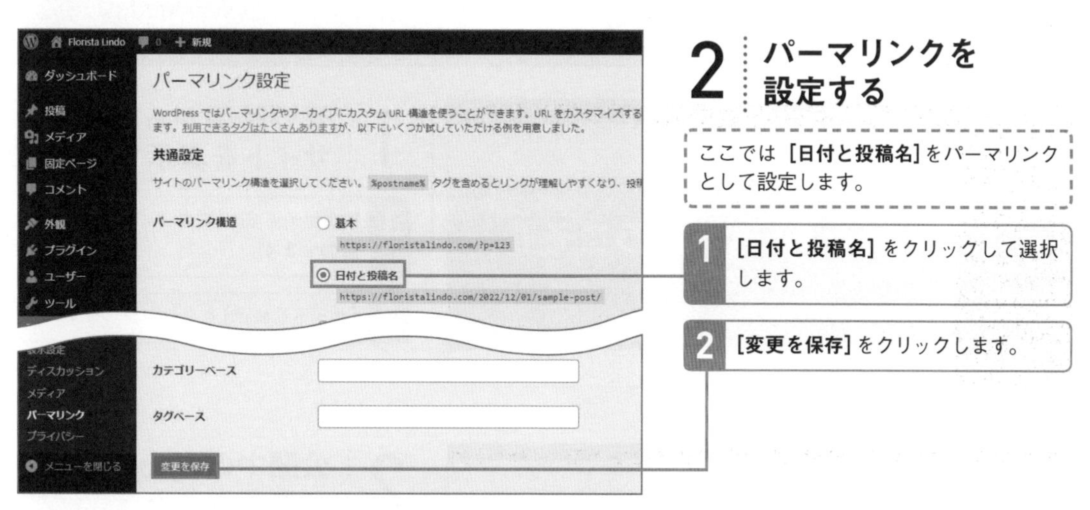

2 パーマリンクを設定する

ここでは **[日付と投稿名]** をパーマリンクとして設定します。

1 **[日付と投稿名]** をクリックして選択します。

2 **[変更を保存]** をクリックします。

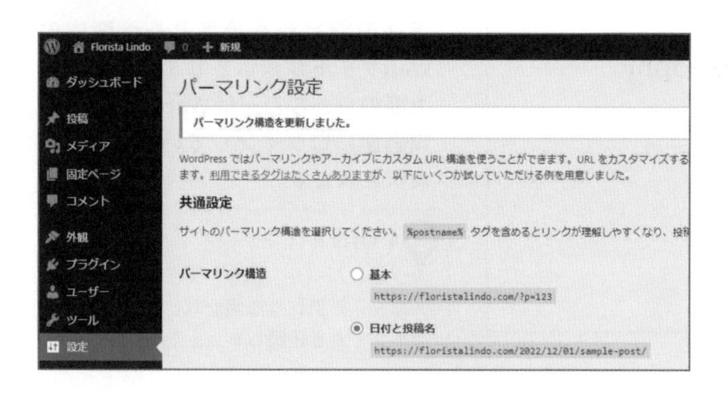

3 パーマリンクが設定された

パーマリンクが設定されました。これで投稿に日付と投稿名を組み合わせたパーマリンクが設定されるようになります。投稿の方法はLesson 27で解説します。

Lesson 16

[Webサイトの表示]

Webサイトを更新する流れを確認しましょう

このレッスンのポイント

設定変更後やサイト更新後にどのような状態で公開されているのかも管理画面から簡単に確認できます。ここでは管理画面とWebサイトの表示の切り替え方を覚えておきましょう。この「更新」と「確認」を繰り返すのが、更新作業の基本的な流れになります。

管理画面からWebサイトを表示する

1 管理画面からWebサイトを表示する

1 Webサイト名にマウスポインターを合わせます。

2 **[サイトを表示]** をクリックします。

Florista Lindo

Mindblown: a blog about philosophy.

Hello world!

WordPress へようこそ。こちらは最初の投稿です。編集または削除し、コンテンツ作成を始めてください。

2023年3月13日

2 公開中のWebサイトが表示された

現在の設定が反映された公開中のWebサイトが表示されました。なお、上部のツールバーはWordPressの管理画面にログインしている場合のみ表示されます。

POINT

ツールバーや［編集］などの管理用のメニューが気になる場合は、一度ログアウトしてから確認しましょう。

Webサイトから管理画面を表示する

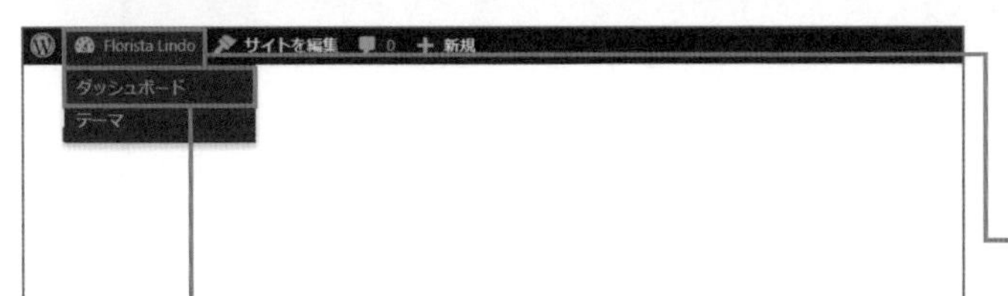

1 管理画面を表示する

1 Webサイト名にマウスポインターを合わせます。

2 [ダッシュボード]をクリックします。

2 管理画面が表示された

管理画面が表示されました。Webサイトを作成する間は頻繁に行う作業なので覚えておきましょう。

Point Webサイトはこまめに確認しよう

「更新→確認」のクセを付けましょう。自分の想像と違っていた！ ということはたくさんあります。

ワンポイント WordPressの設置先確認とアンインストール方法

さくらインターネットの場合、クイックインストールしたWordPressの情報はサーバーコントロールパネルの［インストール済みパッケージ］画面から下記の手順で確認できます。 また、WordPressをアンインストールしたい場合もこの画面から行えます。覚えておきましょう。

1. 41ページを参考に、サーバーコントロールパネルを表示します。
2. **［Webサイト/データ］**をクリックします。
3. **［インストール済み一覧］**をクリックします。

［インストール済みパッケージ］画面が表示されました。

ワンポイント 有料のSSLは何が違う？

SSLにはLesson 13で解説した、やりとりされるデータの暗号化と、もう1つWebサイトの「所有者の証明」という大切な役割があります。有料のSSL証明書は認証レベルにより「ドメイン認証（DV）」「企業認証（OV）」「EV認証」の3つに分けられ、最も信頼性が高いEV認証では電話での担当者確認や書類提出などによる厳格な手続きが必要になります。これにより、例えばオンラインショッピングを提供するWebサイトでは、訪問者は安心してサービスを利用できるというわけです。有料のSSL証明書は価格も提供する企業もさまざまなので、目的などに合わせて選ぶといいでしょう。

さくらのSSL
https://ssl.sakura.ad.jp/

Chapter

3

Webサイトのデザインを決めよう

初期設定が完了したら、続いてWebサイトの構成やデザインを設定していきましょう。WordPressでは「テーマ」というWebサイトのひな形を設定し、それをもとにデザインを決めていきます。

Lesson 17

[Webサイトのレイアウト]

Webサイトのレイアウトを決めましょう

このレッスンのポイント

いざWebサイトを作ろうと思っても、Webサイトにはさまざまな種類があり、その目的や用途によって構成が異なります。このLessonでは、どんな見せ方で情報を掲載するのか、Webサイトのレイアウトを考えてみましょう。

Webサイトで伝えたいことに優先順位を付ける

まずはWebサイトで伝えたい情報に、下図のように優先順位を付けましょう。花屋のサイトであれば、お店の詳細や地図は必要不可欠です。また、はじめてお店のことを知った人に向けて、お店のサービスや雰囲気も伝えたいですよね。お店からのお知らせやブログなどはそれらを伝えた後に知ってもらうイメージです。会社や施設、学校などのサイトも同じような優先順位になりますね。逆に、ニュースサイトやブログだと、最新の投稿を読んでもらうことの優先順位が高く、運営者の情報などは表示の優先度が低くなります。

	お店のWebサイト
1	お店の情報や地図
2	お店の雰囲気やサービス
3	お知らせやブログ

お店のWebサイトでは、お店の情報や雰囲気を伝えることが最優先になる。

	ニュースサイト
1	最新のニュース記事
2	人気記事やカテゴリー一覧
3	運営者の情報など

ニュースサイトでは最新の記事がすぐに目に入り、過去の記事が整理されていることが重要になる。

Webサイトの目的によって、伝えたい情報の優先順位は大きく変わります。

目的にあったレイアウトを考える

Webサイトの訪問者に伝えたい情報の優先順位を決めたら、それをもとにレイアウトのパターンを決めます。ここでは、お店や会社、個人の仕事や趣味のサイトなど、情報が整理されていることが重要なWebサイトと、最新の情報や記事を優先して読んでもらいたいニュースサイトやブログの大きく2つに分けてレイアウトを考えていきます。下図のように、お店タイプのWebサイトの場合は、訪問者が知りたいお店の情報や雰囲気、サービスがひと目で伝わることが重要です。そこで、グローバルナビゲーションからお店の情報やサービスをすぐに探せるように整理します。ニュースサイトやブログであれば、最新の投稿を伝えることが重要になるので最新の投稿を優先して配置するといった判断が必要です。

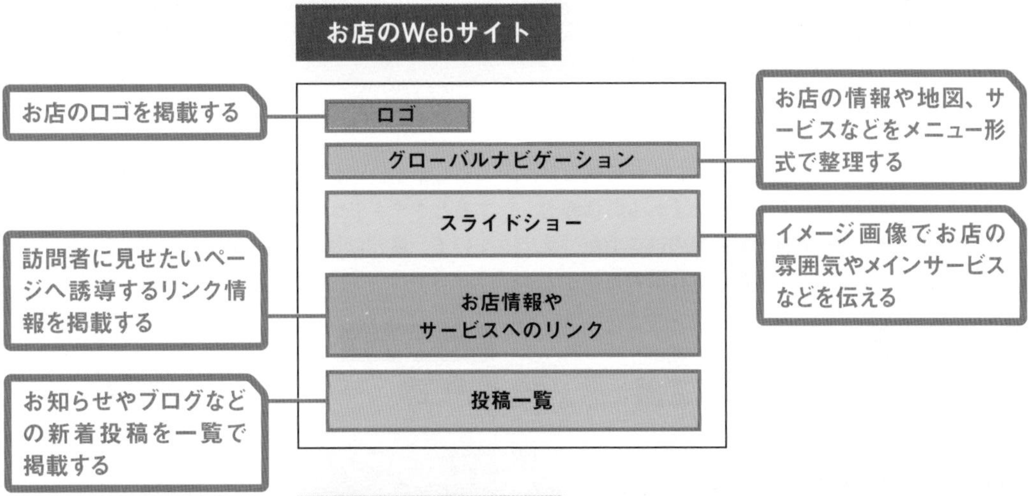

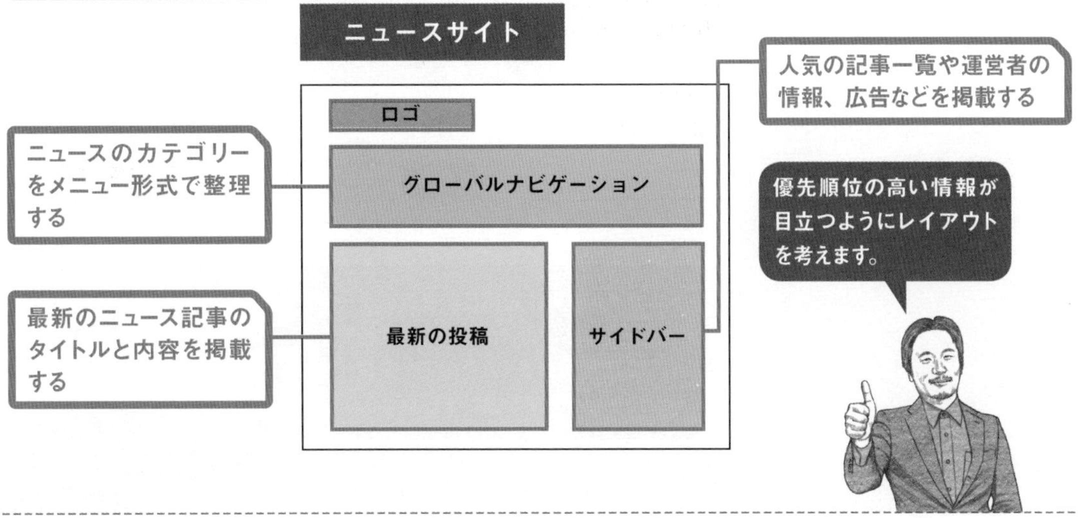

お店のWebサイト

ニュースサイト

Lesson 18 [テーマの設定]

デザインとレイアウトを決めるテーマを設定しましょう

このレッスンのポイント

次に「テーマ」という機能を使って、Webサイト全体のレイアウトやデザインがイメージ通りになるように設定していきます。本書では、お店や会社などの情報を柔軟に整理できる「X-T9」(エックスティーナイン)というテーマを用いて解説していきます。

完成イメージに近いテーマを選ぼう

WordPressはWebサイトに掲載する文章や画像などのさまざまな情報を管理しますが、それらの情報を実際のWebページとして表示する際のひな形が「テーマ」です。「テンプレート」という表現の方がイメージしやすいかもしれません。テーマは後から変更するとさまざまな設定がやり直しになってしまいますので、最初に目的にあったテーマを設定しましょう。

テーマ適用前

パソコン

Florista Lindo

Mindblown: a blog about philosophy.

Hello world!

何かおすすめの本はありますか？

スマホ

初期設定のテーマは英語を前提にデザインされているため、日本語に合わない場合が多い。

テーマ適用後

パソコン

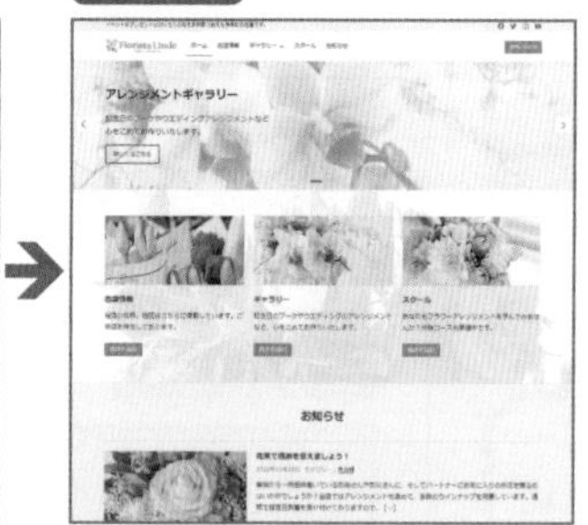

スマホ

テーマを変更するとWebサイトの印象ががらっと変わる。

フルサイト編集に対応した最近のテーマは後から幅広いカスタマイズが可能ですが、設定項目も多くなるので、完成イメージに近いテーマを選びましょう。

➔ 初心者でも設定がしやすい日本語対応テーマ「X-T9」

本書では、初心者でもお店や会社のWebサイトを簡単に作成できる「X-T9」(エックスティーナイン) というテーマを利用してWebサイトを作成していきます。X-T9は、情報を整理しやすいレイアウトです。上部に設置されるグローバルナビゲーションで情報を整理でき、ヘッダー画像でお店の雰囲気やサービスを伝えるのも簡単です。何より、設定のしやすさが魅力で初心者でも管理画面上のクリックや文章入力だけで本格的なWebサイトが作成できるようになっています。世界中の多くのWebサイトで、有志によって作られたテーマが配布されていますが、海外製のテーマは見た目は優れていても、全角文字の日本語で入力するとデザインの魅力が激減してしまうものがあります。その点、X-T9は国内企業によって制作されたテーマなので、日本語での表示に最適で、安心して使えるメリットがあります。

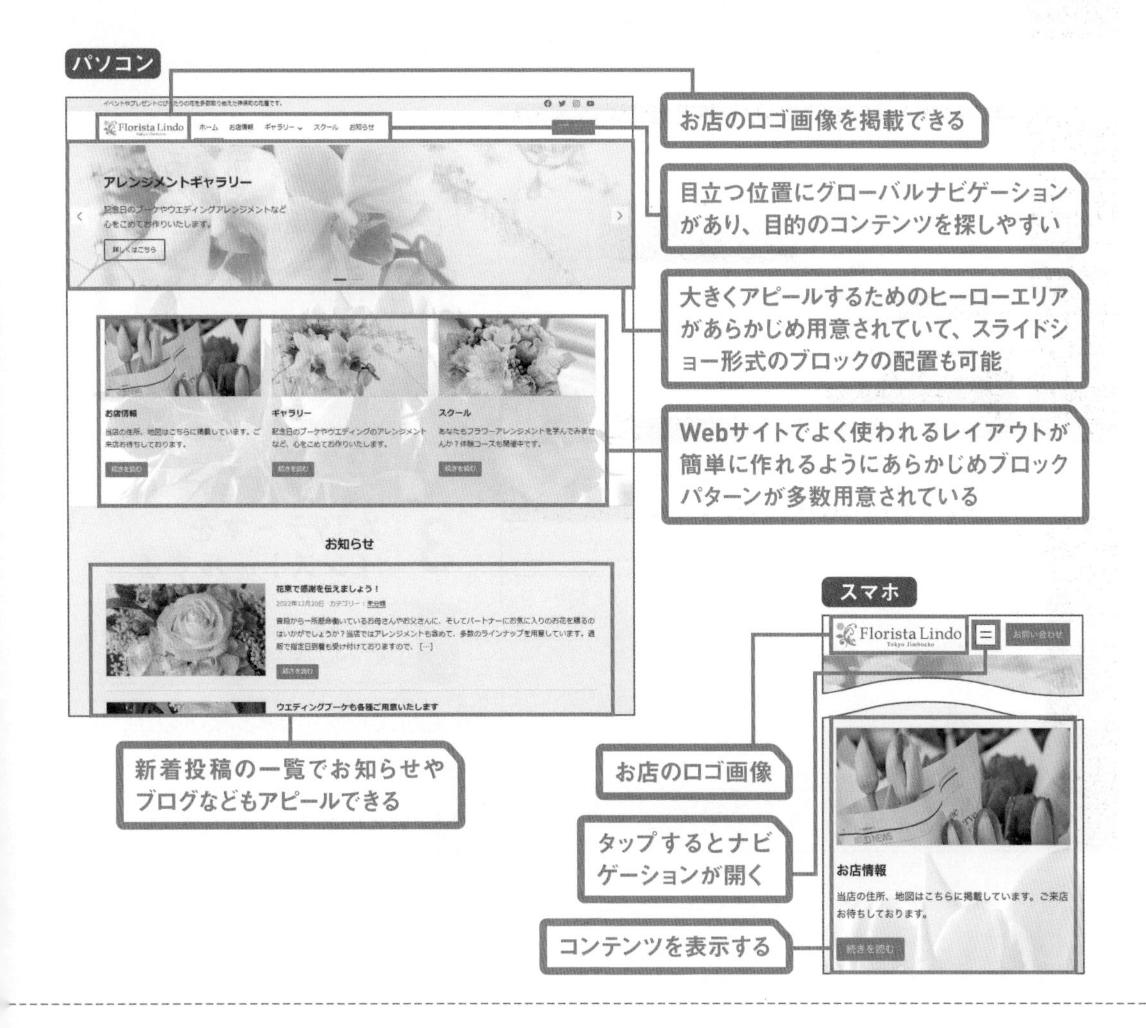

X-T9をインストールする

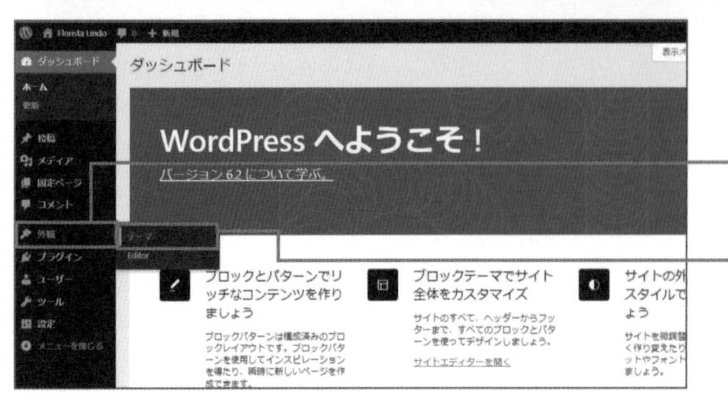

1 テーマの管理画面を表示する

1 管理画面の［**外観**］にマウスポインターを合わせます。

2 ［**テーマ**］をクリックします。

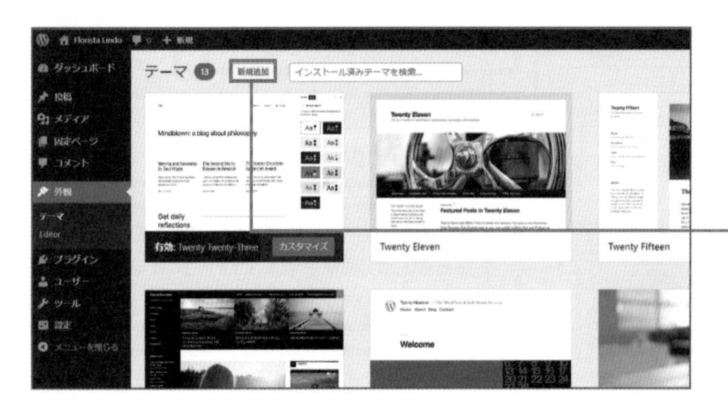

2 テーマのインストール画面を表示する

［**テーマ**］画面が表示されました。

1 ［**新規追加**］をクリックします。

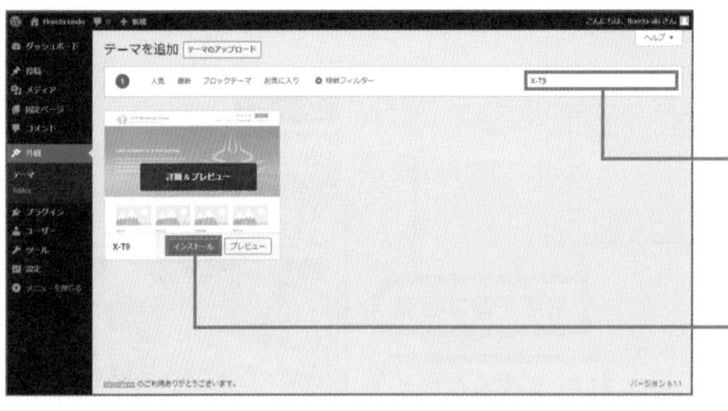

3 X-T9テーマをインストールする

1 右上の検索ボックスに「X-T9」と入力して Enter キーを押します。

画面にX-T9のテーマが表示されました。

2 X-T9のテーマにマウスポインターを合わせて、［**インストール**］をクリックします。

4 テーマを有効化する

1 **[有効化]** をクリックします。

[詳細＆プレビュー] をクリックするとデザインを確認できます。

5 Webサイトを表示する

「新しいテーマを有効化しました。」と表示されました。

1 70ページを参考に、管理画面の **[サイトを表示]** をクリックします。

以降、設定の変更を確認したいときは、この作業を行います。

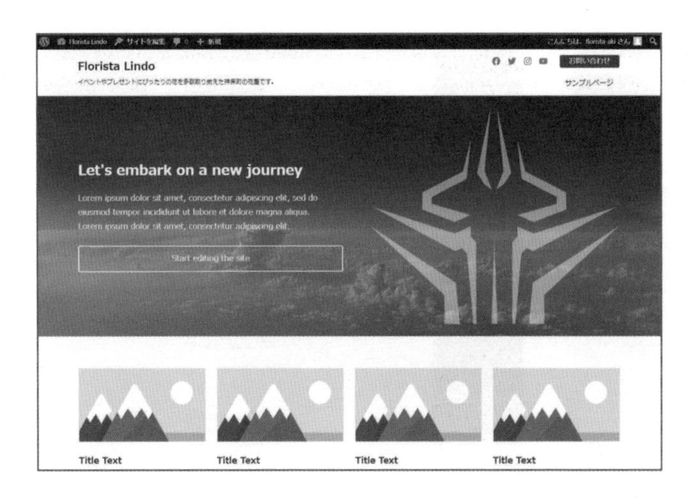

6 テーマが設定された

X-T9テーマを設定できました。

Lesson 19

[X-T9専用プラグインのインストール]

機能を拡張するプラグインを有効化しましょう

このレッスンのポイント

「X-T9」の機能を拡張するプラグインをインストールします。「X-T9」と同時開発されているプラグイン「VK All in One Expansion Unit」と「VK Block Patterns」、「VK Blocks」を利用すると、お店や会社などのビジネス向けWebサイトに必要な機能を追加できます。

プラグインで機能を強化する

SNSとの連携や外部のアクセス解析サービスの設定などに関する機能は、昨今のWebサイトを運用する上では必須ですが、WordPress公式のテーマディレクトリでは、それらの「機能」を含んだテーマは登録できないため、X-T9ではプラグインとして別途用意しています。

なお必須プラグインのほか、本書では書籍用のプラグインを特別にダウンロード提供しています。「Impress WordPress Plugin」というプラグインをインストールすると、Lesson 24で解説するトップページスライドショーの機能などが利用できるようになります。

▶ VK All in One Expansion Unit

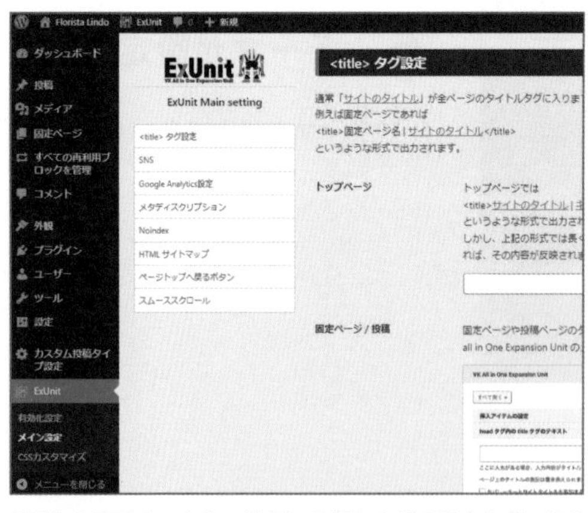

SNSとの連携やアクセス解析に必要なタグの設定など、Webサイトの機能を強化するための多機能プラグイン。

▶ VK Blocks

VK Blocksは「よくある質問」「申し込みの流れ」など、ビジネスサイトにありがちなコンテンツ作成に適したブロックや、画像や見出しなどの装飾を拡張するプラグイン。

必須プラグインを有効化する

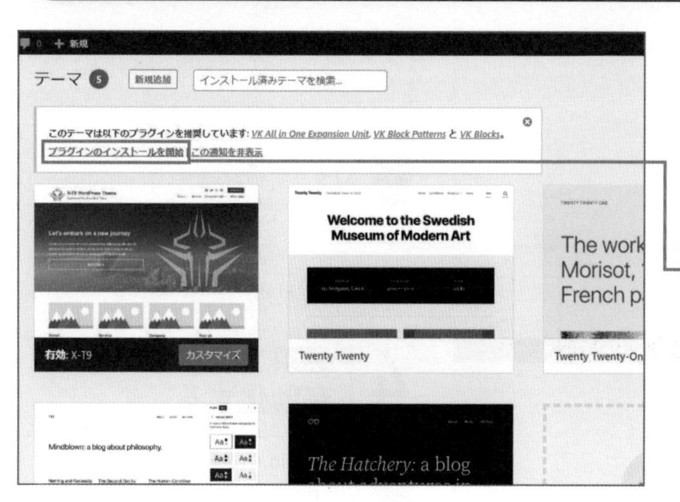

1 必須プラグインのインストールを開始する

78ページを参考にテーマの設定画面を表示します。

1 **[プラグインのインストールを開始]**をクリックします。

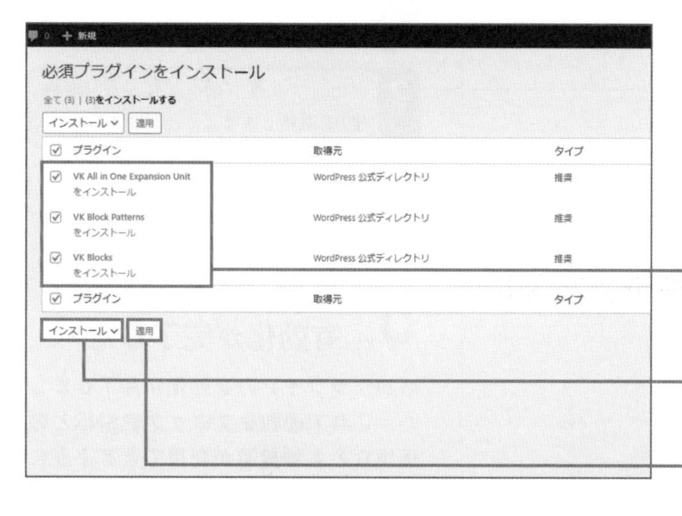

2 プラグインをインストールする

[必須プラグインをインストール]画面が表示されました。

1 [VK All in One Expansion Unit]と[VK Block Patterns]、[VK Blocks] をクリックしてチェックマークを付けます。

2 ドロップダウンボックスから **[インストール]** を選択します。

3 **[適用]** ボタンをクリックします。

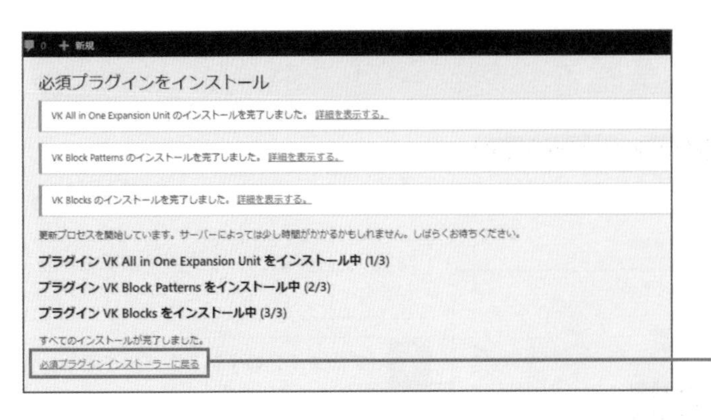

3 必須プラグインが インストールされた

必須プラグインのインストールが完了しました。

1 **[必須プラグインインストーラーに戻る]** をクリックします。

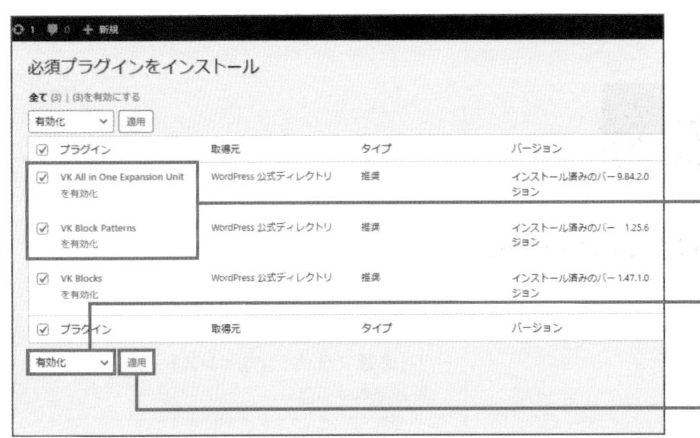

4 必須プラグインを 有効化する

1 [VK All in One Expansion Unit] と [VK Block Patterns]、[VK Blocks] をクリックしてチェックマークを付けます。

2 ドロップダウンボックスから **[有効化]** を選択します。

3 **[適用]** ボタンをクリックします。

5 必須プラグインの 有効化が完了した

必須プラグインの有効化が完了しました。これで便利なブロックやSNSとの連携など各種機能が利用できるようになりました。それらの設定方法は以降のページで説明します。

ダッシュボードに戻ると「VK Pattern Libraryのアカウント連携が設定されていません。」と表示されますが、本書ではアカウント連携は設定せず進めます。**[このメッセージを表示しない]** をクリックすると、通知を消去できます。

書籍用プラグインを有効化する

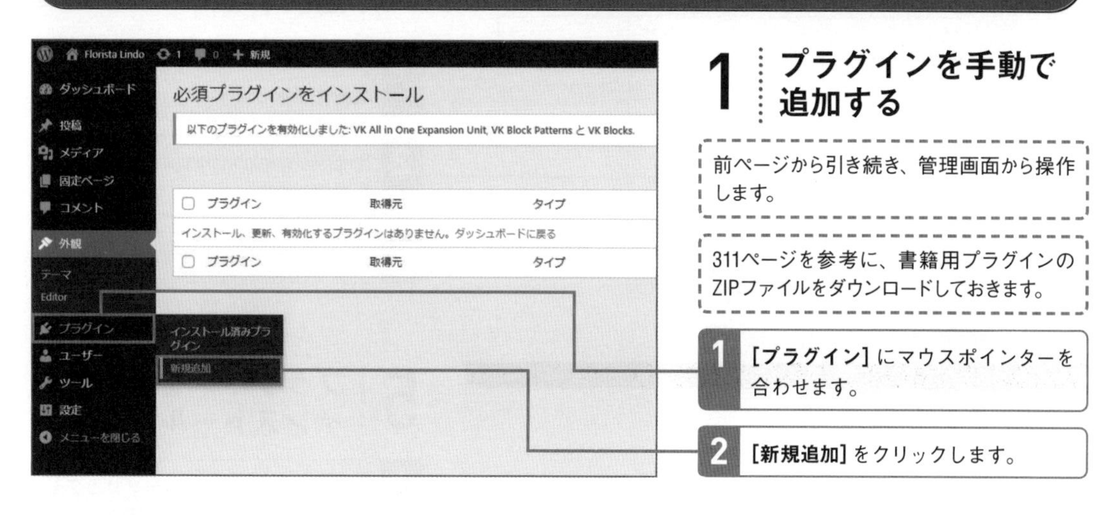

1 プラグインを手動で追加する

前ページから引き続き、管理画面から操作します。

311ページを参考に、書籍用プラグインのZIPファイルをダウンロードしておきます。

1 **[プラグイン]** にマウスポインターを合わせます。

2 **[新規追加]** をクリックします。

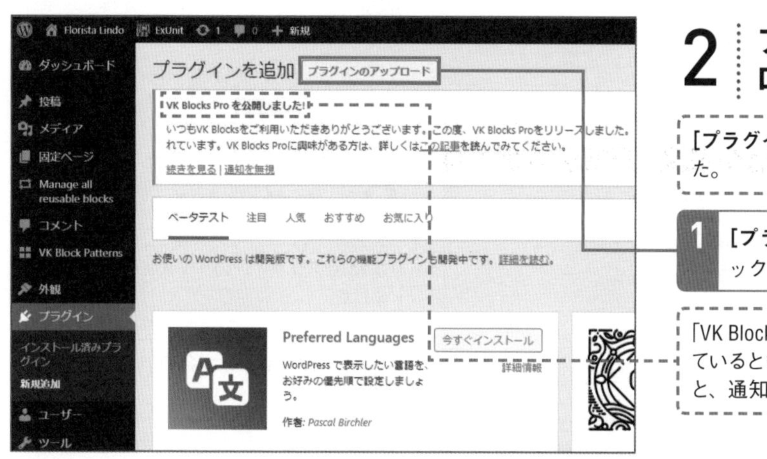

2 プラグインのアップロード画面を表示する

[プラグインを追加] 画面が表示されました。

1 **[プラグインのアップロード]** をクリックします。

「VK Blocks Proを公開しました!」と表示されているときは、**[通知を無視]**をクリックすると、通知を消去できます。

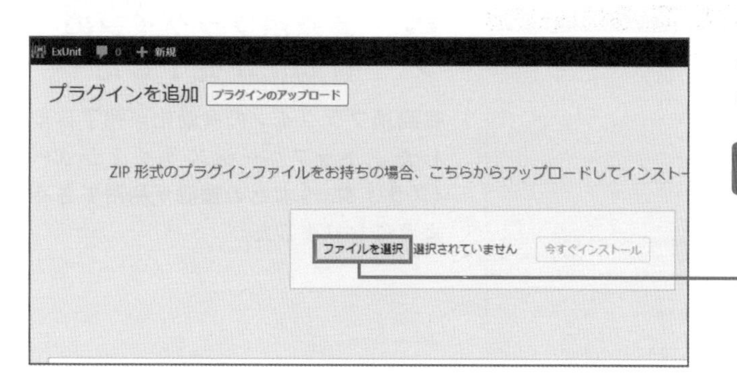

3 プラグインファイルの選択画面を表示する

1 **[ファイルを選択]** をクリックします。

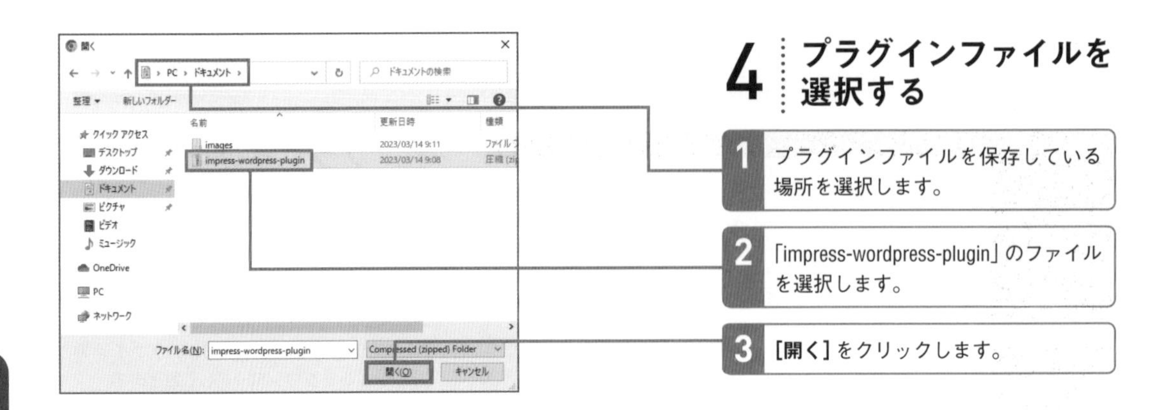

4 プラグインファイルを選択する

1 プラグインファイルを保存している場所を選択します。

2 「impress-wordpress-plugin」のファイルを選択します。

3 **[開く]** をクリックします。

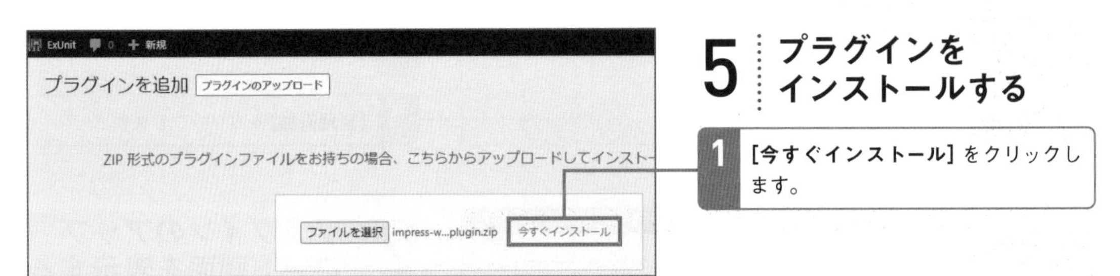

5 プラグインをインストールする

1 **[今すぐインストール]** をクリックします。

6 プラグインを有効化する

書籍用プラグインのインストールが完了しました。

1 **[プラグインを有効化]** をクリックします。

7 書籍用プラグインの有効化が完了した

書籍用プラグインの有効化が完了しました。トップページスライドショー（スライダー）などの機能が利用できるようになりました。

Lesson 20 [ロゴの設定]

Webサイトのロゴを設定しましょう

このレッスンのポイント

ヘッダーに表示するサイト名はテキストではなくロゴ画像を使用しましょう。ロゴはブランドイメージそのものです。固有のデザインを持つロゴを表示することで、ユーザーの印象に残りやすくなり、ブランドイメージを浸透させるのに大きく貢献します。

ロゴ画像のサイズ

X-T9のテーマの場合、ロゴ画像は縦に80〜120ピクセル程度で、横幅は480〜520ピクセル程度のサイズにすると見栄えがよくなります。すでにお店や会社などでロゴ画像を作っている場合は、これらのサイズに変更して利用しましょう。ただし、ロゴがない場合に、その場しのぎで適当に用意してしまうと、間違った印象や安っぽいイメージを持たれて逆効果になってしまいます。

パソコン

スマホ

Webサイトのタイトルをテキストからロゴ画像に変更できる

Webサイトにおいてロゴはあなたのお店や会社を印象付けるとても重要な要素です。

ロゴ画像を設定する

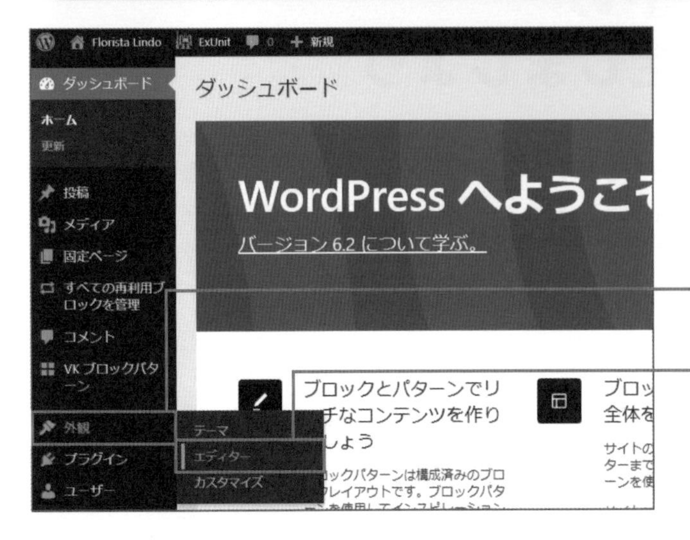

1 サイトエディターを表示する

ここでは、サイトエディターという、実際の画面を見ながらWebサイトを編集できる機能を利用します。

1 管理画面の［外観］にマウスポインターを合わせます。

2 ［エディター］をクリックします。

2 サイトエディターが表示される

サイトエディターのナビゲーションサイドバーが表示されました。

1 ［テンプレート］をクリックします。

左上のサイトアイコンをクリックすると、ダッシュボードに戻ります。

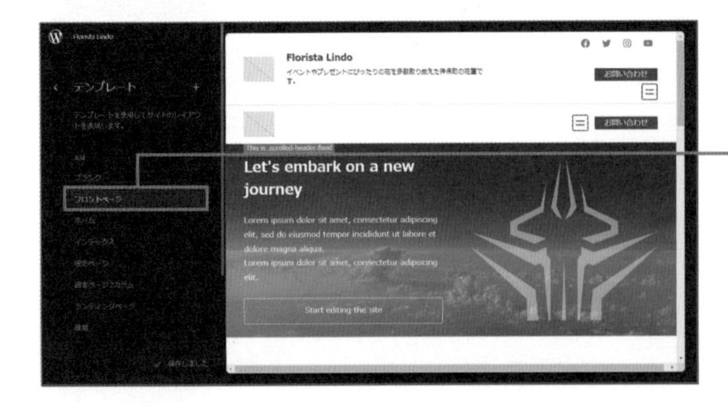

3 フロントページを表示する

1 ［フロントページ］をクリックします。

4 編集画面を表示する

1 **[編集]** をクリックします。

5 サイトロゴを追加する

サイトエディターが表示されました。左側にはメニューが表示され、右側にはページの編集画面が表示されます。

1 ヘッダー内のWebサイト名の横のアイコンを2回クリックして、**[サイトロゴを追加]** をクリックします。

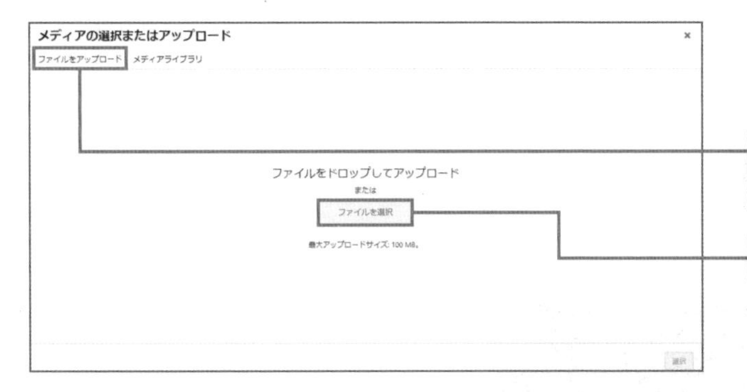

6 画像の選択画面を表示する

1 **[ファイルをアップロード]** をクリックします。

2 **[ファイルを選択]** をクリックします。

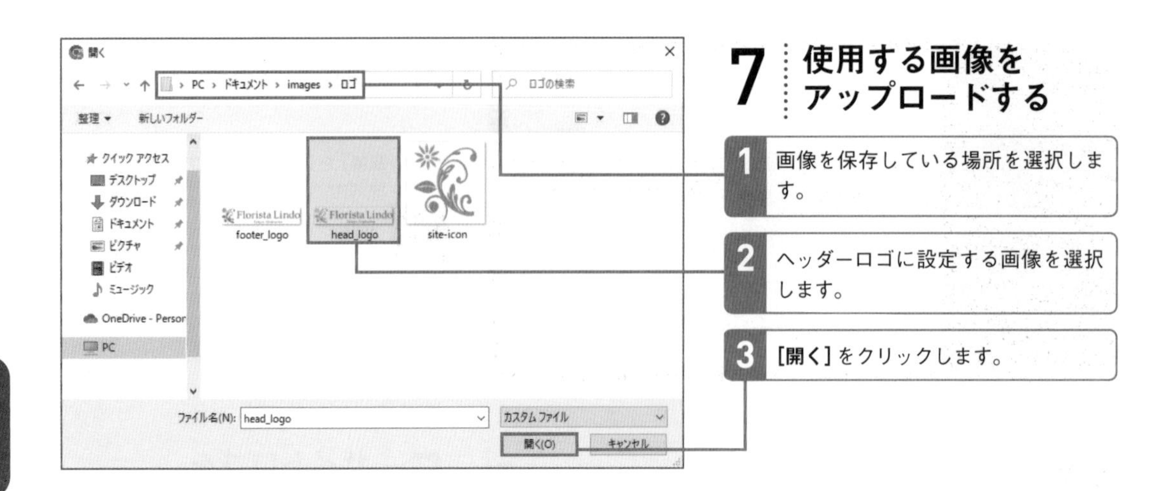

7 使用する画像をアップロードする

1 画像を保存している場所を選択します。

2 ヘッダーロゴに設定する画像を選択します。

3 [開く] をクリックします。

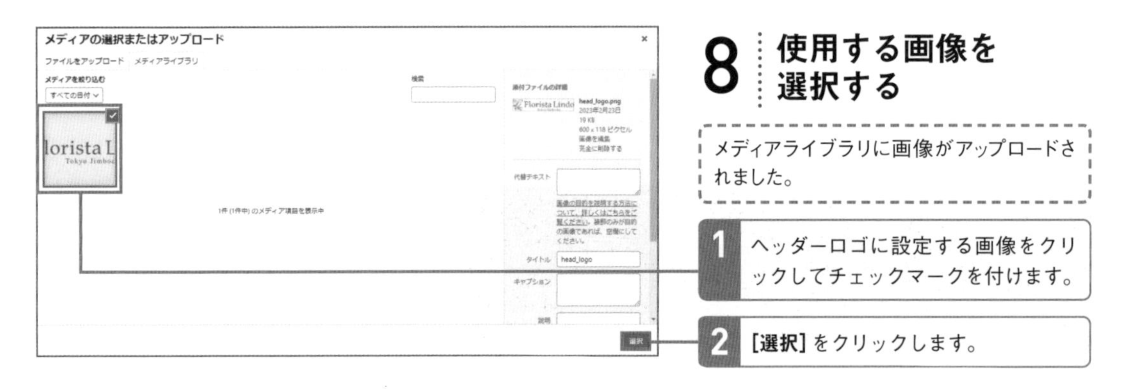

8 使用する画像を選択する

メディアライブラリに画像がアップロードされました。

1 ヘッダーロゴに設定する画像をクリックしてチェックマークを付けます。

2 [選択] をクリックします。

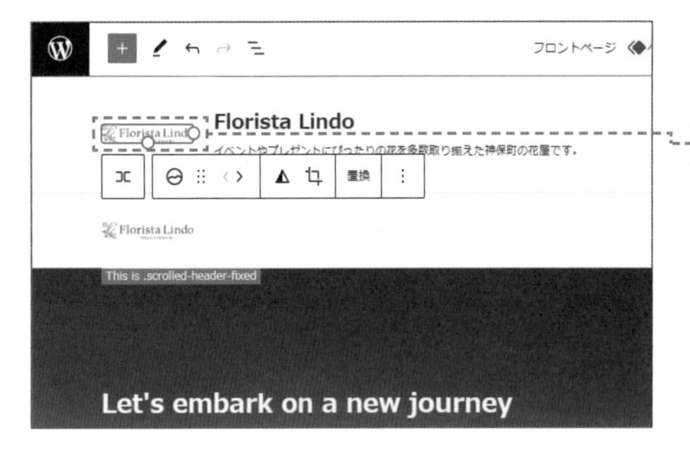

9 ロゴ画像が挿入された

設定したロゴが画面上に反映されました。

10 ロゴ画像の大きさを変更する

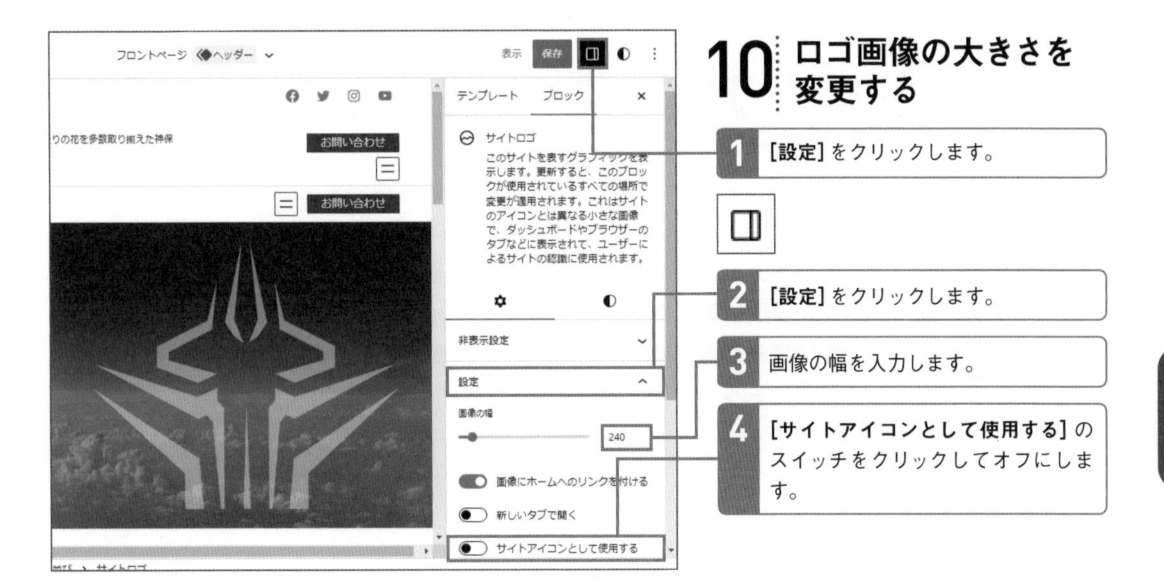

1 **[設定]** をクリックします。

2 **[設定]** をクリックします。

3 画像の幅を入力します。

4 **[サイトアイコンとして使用する]** のスイッチをクリックしてオフにします。

11 ロゴ画像の大きさが変更された

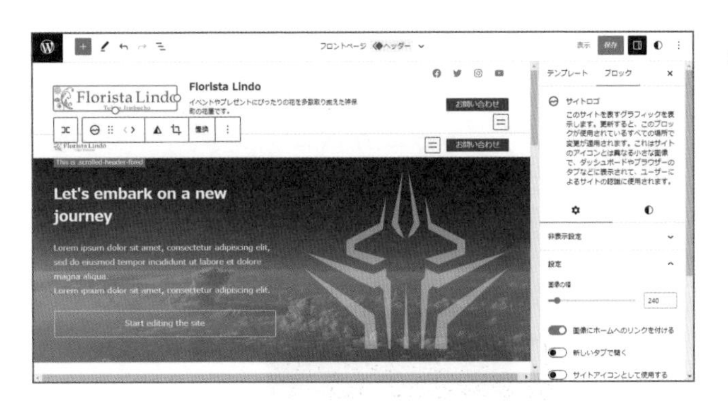

ロゴ画像が指定した大きさに変更されました。

続けてサイトアイコンを設定する場合は、91ページを参考に進めます。

すぐにサイトアイコンを設定しない場合や、作業を中断する場合は、**[保存]** をクリックしてWebサイトにロゴ画像の設定を保存します（93ページ参照）。

ワンポイント 無理して自分で作らずプロの力を借りる

ロゴが与える印象は非常に大きいので、ロゴデザインのクオリティーはとても重要です。ロゴ画像がまだなく、デザインやパソコンの操作に自信がない場合は、無理に自分で作ろうとしないで、プロに任せた方がいいでしょう。
最近は、プログラマやデザイナーと、彼らに仕事を依頼したい人を引き合わせる「クラウドソーシング」と呼ばれるWebサービスが盛んです。「クラウドワークス」（https://crowdworks.jp/）や「ランサーズ」（https://www.lancers.jp/）といった大手のクラウドソーシングを使って、プロに依頼してみるのもいいでしょう。2～4万円程度の予算で、クオリティーの高いプロの制作物を入手できます。ロゴはWebサイトだけでなくさまざまな場面で必要になるものなので、多少の出費はしてもクオリティーの高いロゴを用意しましょう。

Lesson 21 [サイトアイコンの設定]

サイトアイコンを設定しましょう

このレッスンのポイント

サイトアイコンは、ブラウザのタブやブックマークバーなど、さまざまな場所に表示されます。サイトアイコンが設定されていると、閲覧者は視覚的にWebサイトを区別しやすくなるので、必ず設定しておきましょう。

サイトアイコンが表示される場所

サイトアイコンはさまざまな場所に表示されます。ブランディングはもちろん、ユーザーが「また見たい」と思ったときに再訪問しやすくなるのでとても重要です。

▶ ブラウザのタブ

▶ ブックマークバー

floristalindo.com

Florista Lindo | イベ...

▶ ブラウザの履歴

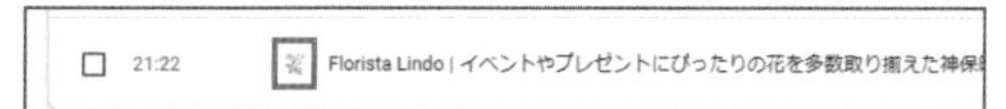

▶ サイトエディターの画面の左上

画像サイズとファイル形式

アイコンの画像サイズは 512 × 512ピクセル以上でアップしましょう。大きくても必要な大きさに加工されて使用されるので問題ありません。ファイル形式はPNG、GIF、JPEGなどが使用できます。背景を透過する画像を使用すると、ブラウザのシークレットウィンドウやダークモードなどの場合に、見えにくくなることがあるので注意しましょう。

サイトアイコンを設定する

1 サイトエディターを表示する

Lesson 20の手順1～4を参考にサイトエディターを表示し、ヘッダーのロゴ画像をクリックして手順10の画面を表示します。

1 ［サイトアイコン設定］をクリックします。

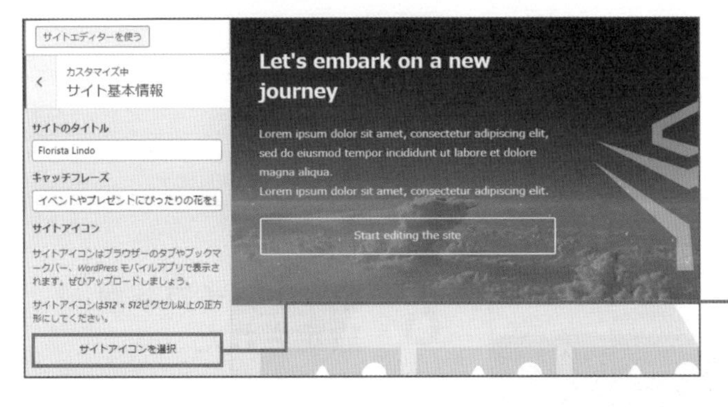

2 サイトアイコン設定を表示する

ここでは、テーマカスタマイザーという、実際の画面を見ながらデザインを設定できる機能を利用します。

1 ［サイトアイコンを選択］をクリックします。

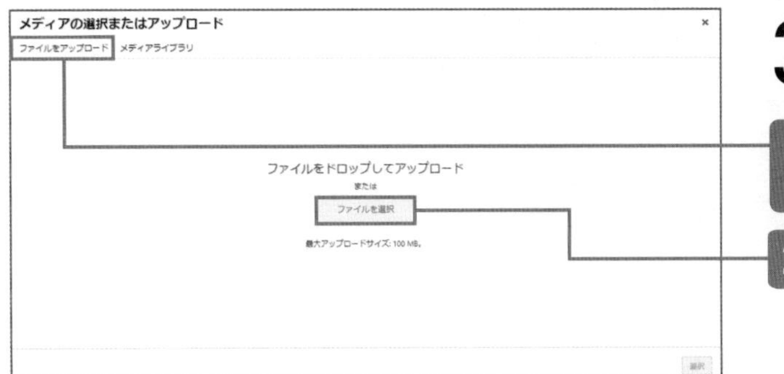

3 画像の選択画面を表示する

1 ［ファイルをアップロード］をクリックします。

2 ［ファイルを選択］をクリックします。

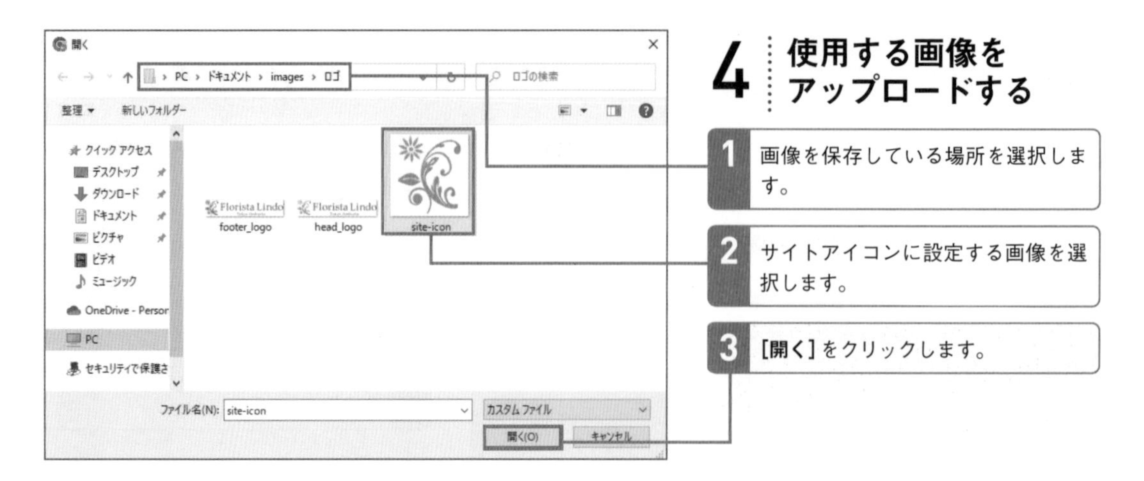

4 使用する画像をアップロードする

1 画像を保存している場所を選択します。

2 サイトアイコンに設定する画像を選択します。

3 [開く] をクリックします。

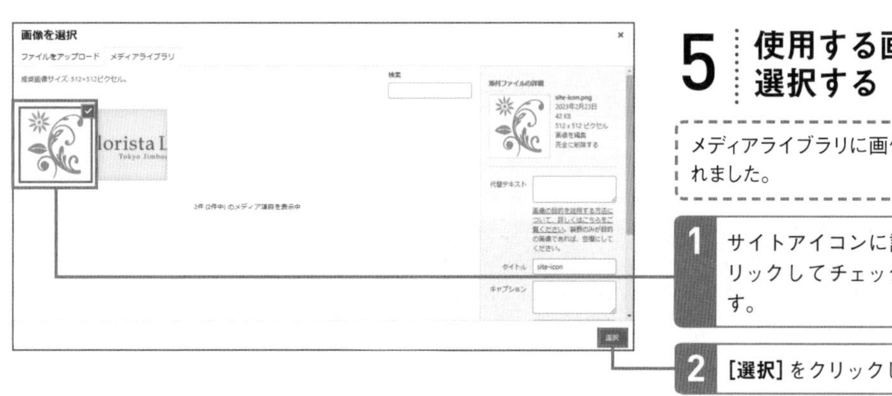

5 使用する画像を選択する

メディアライブラリに画像がアップロードされました。

1 サイトアイコンに設定する画像をクリックしてチェックマークを付けます。

2 [選択] をクリックします。

6 サイトアイコンが設定された

画面上に設定したサイトアイコンが反映されました。

1 [公開] をクリックします。

7 サイトアイコンが反映された

ブラウザのタブなどにサイトアイコンが反映されます。

1 [×] をクリックします。

2 ブラウザの **[フロントページ‹テンプレート‹エディター]** タブをクリックして、サイトエディターを表示します。

8 ロゴ画像の設定を保存する

Lesson 20でロゴ画像の設定を保存していない場合は、以降の手順で保存します。

1 **[保存]** をクリックします。

9 変更箇所を確認して保存する

1 **[保存]** をクリックします。

2 左上のサイトアイコンを2回クリックして、管理画面に戻ります。

3 70ページを参考に、Webサイトを表示します。

10 ロゴ画像が設定された

Webサイトのヘッダーに、印象的なロゴ画像が設定されました。

Lesson 22 [サイト全体の色の設定]

Webサイト全体の色合いを決めましょう

このレッスンのポイント

サイト全体の色合いやフォントなど、テーマがあらかじめ定義しているスタイルの組み合わせを簡単に切り替えることができるようになっています。まずはテーマに用意されているスタイルの中から、作りたいサイトのイメージに近いものを選びましょう。

いろいろなバリエーションを簡単に切り替えられる

WordPressのフルサイト編集機能によって色やフォントなど非常に多くの編集が可能ですが、例えば背景を黒にしたい場合、文字色などほかの設定もいろいろ変更しないといけません。
デザインの知識がないと見栄えの良い設定を組み合わせるのは難しいですし、知識があってもたくさんの項目を設定し直すのは面倒です。

そこで、WordPressにはテーマ開発者が推奨するデザイン設定がいくつか用意されています。まずは自分の作りたいWebサイトのイメージに近いものを選んで、そこからさらにカスタマイズができるようになっています。
なお、この機能は WordPress 6.0 から導入されたもので、テーマによっては対応していないものもあります。

表示スタイルを設定する

1 スタイルを表示する

Lesson 20の手順1〜4を参考に、サイトエディターでフロントページの編集画面を表示します。

1 [スタイル]をクリックします。

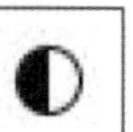

2 表示スタイルを表示する

[スタイル]画面が表示されました。

1 [スタイル一覧へ]をクリックします。

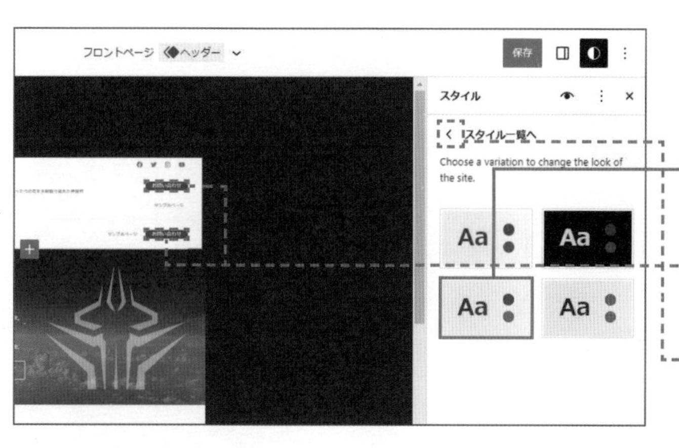

3 表示スタイルを選択する

1 設定したい表示スタイルをクリックします。

表示スタイルが変更され、ボタンの色などが変わりました。

[<]をクリックすると、手順2の画面に戻ります。

引き続き、Lesson 23の操作を行います。

Lesson 23 [色の設定]

Webサイトのイメージに合った色合いを決めましょう

このレッスンのポイント

Webサイトの色合いが訪問者に与える印象は非常に大きいので、あなたのお店やビジネスの内容に似合った色を選ぶことはとても重要です。すでにロゴマークやパンフレットなどで使用しているカラーが決まっているのであれば、同じ色にして統一感を出しましょう。

→ 使用する色を自由に変更できる

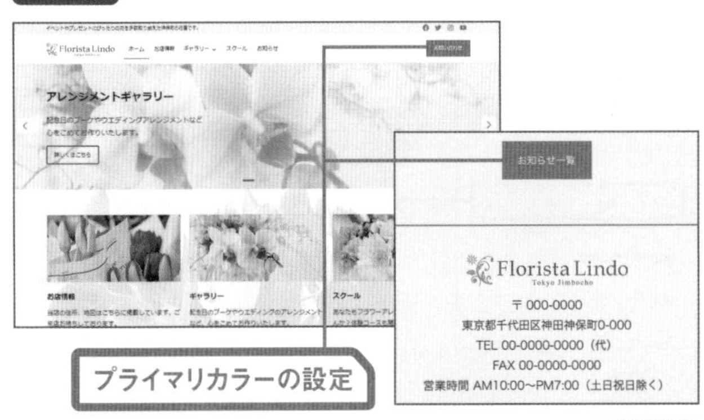

Webサイトで使用している色はサイトエディターから自由に変更することができます。

本書ではテーマ「X-T9」を適用した状態で解説を進めますが、X-T9ではサイトを印象付ける色である「プライマリカラー」や文字の色など、幅広く指定することができます。

プライマリカラーはナビゲーションやボタンなどで使用されます。プライマリカラーを設定することで、Webサイト全体の統一感が出せます。

ロゴは何色？

背景に合う色は？

暖色？寒色？

読みやすい色は？

すでにコーポレートカラーやロゴのカラーがある場合はそれに合わせるのが基本です。

彩度・明度が高すぎると読みにくい

プライマリカラーの彩度が高すぎると装飾部分が目立ってしまって内容よりも気をとられてしまう。

明度が高すぎると見えにくくなってしまう。特に色弱の閲覧者からは認識されづらくなってしまうので要注意。

色を選択する際に、彩度が高く原色に近い色にしてしまうと、画面がチカチカして読みにくくなり、全体的に素人っぽい雰囲気になってしまいます。また、明るくしすぎると背景や文字との色の差が少なくなるので見えにくくなってしまいます。特に視力の低下している年配の方が見づらいページとなってしまうので注意しましょう。

プライマリカラーの考え方

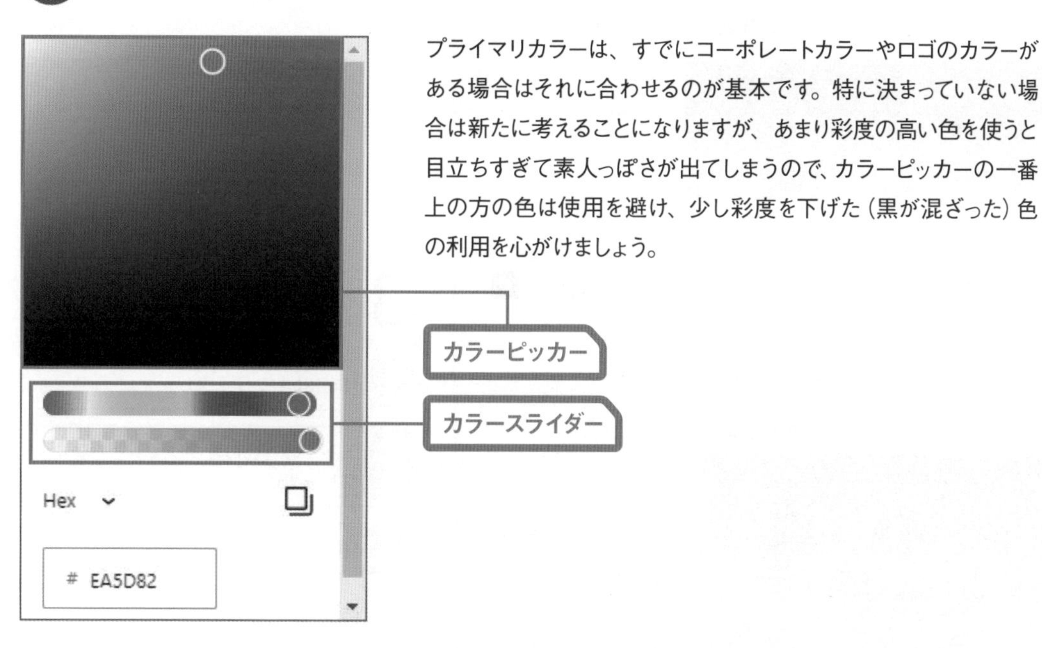

プライマリカラーは、すでにコーポレートカラーやロゴのカラーがある場合はそれに合わせるのが基本です。特に決まっていない場合は新たに考えることになりますが、あまり彩度の高い色を使うと目立ちすぎて素人っぽさが出てしまうので、カラーピッカーの一番上の方の色は使用を避け、少し彩度を下げた（黒が混ざった）色の利用を心がけましょう。

ボタンの色を変更する

1 色を変更する

Lesson 22を参考に、サイトエディターで **[スタイル画面]** を表示します。

1 **[色]** をクリックします。

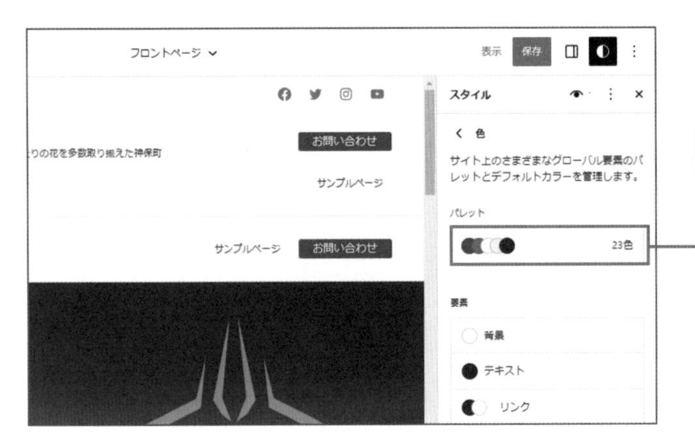

2 パレットを表示する

1 **[パレット]** をクリックします。

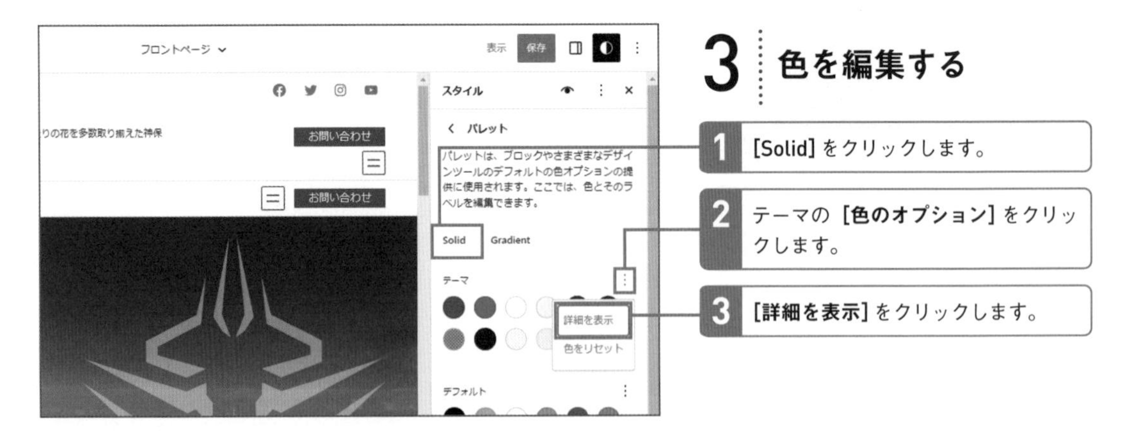

3 色を編集する

1 **[Solid]** をクリックします。

2 テーマの **[色のオプション]** をクリックします。

3 **[詳細を表示]** をクリックします。

4 プライマリーの色を変更する

1 **[プライマリー]** をクリックします。

2 色コード値を入力します。

色はカラーピッカーやスライダーから選択できますが、使いたい色コードがあらかじめわかっている場合は、直接入力した方が正確に指定できます。

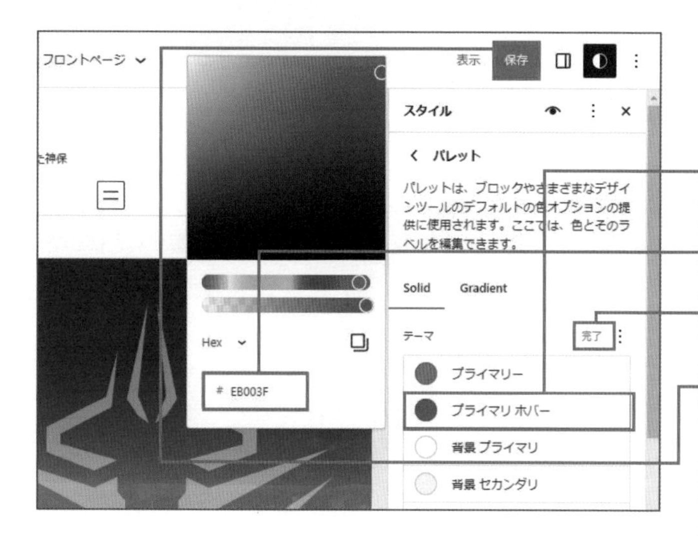

5 プライマリ ホバーの色を変更する

1 **[プライマリ ホバー]** をクリックします。

2 色コード値を入力します。

3 **[完了]** をクリックします。

4 **[保存]** をクリックし、もう一度 **[保存]** をクリックします。

5 93ページの手順9を参考に、管理画面を表示します。

6 70ページを参考に、Webサイトを表示します。

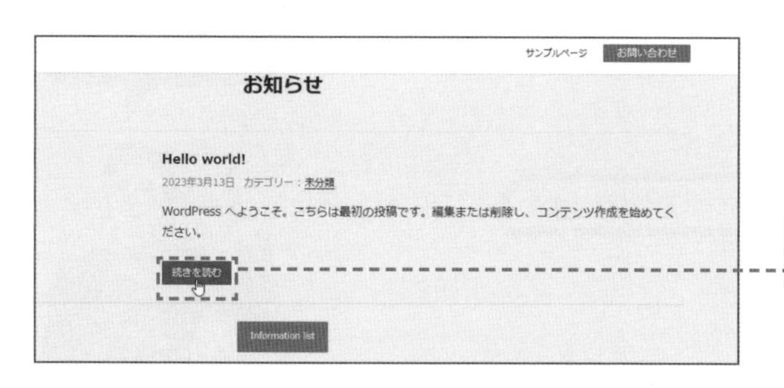

6 ボタンの色が変更された

ボタンの色が変更されました。

ボタンにマウスポインターを合わせると、**[プライマリ ホバー]**で設定した色に変わります。

Lesson 24

[トップページスライドショーの設定]

Webサイトの顔となるトップページスライドショーを設定しましょう

このレッスンのポイント

トップページスライドショーはその名の通りトップページの中で最も大きく目立つ位置にあり、訪問者に与えるWebサイトの印象に大きく影響します。スライド画像を見たときに、あなたのお店やビジネス、作品などがイメージできる画像を掲載しましょう。

トップページスライドショーはWebサイトの顔

Webサイトの一番上に表示されるトップページスライドショーが訪問者に与える影響は非常に大きいです。あなたのお店・ビジネス・作品がイメージできるような画像を掲載しましょう。

例えば、店構えに特徴がある飲食店であれば店内の雰囲気を伝える写真が最適ですし、扱う商品が特徴的な雑貨店では商品画像を掲載するといいでしょう。

画像サイズは縦に600ピクセル程度、横に1,900ピクセル程度がおすすめです。

トップページにスライドショーを設定する

1 リスト表示で表示する

Lesson 20の手順1～4を参考に、サイトエディターでフロントページの編集画面を表示します。

1 **[リスト表示]** をクリックします。

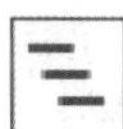

2 カバーを削除する

1 「グループ」の **[>]** をクリックします。

2 2つある「カバー」のうち、上の **[カバーブロックのオプション]** をクリックします。

3 **[カバーを削除]** をクリックします。

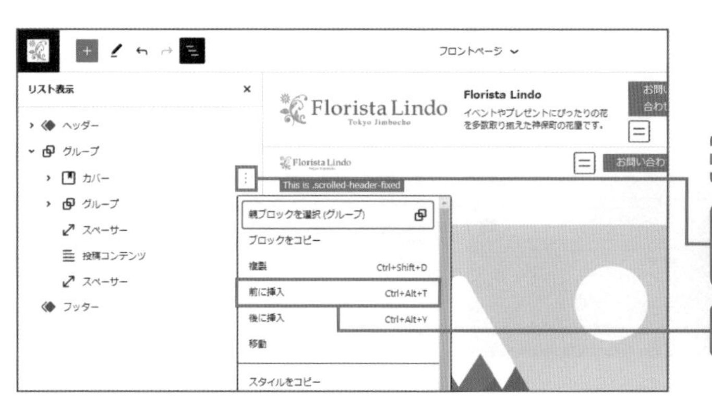

3 段落を追加する

選択したカバーが削除されました。

1 残っている「カバー」の **[カバーブロックのオプション]** をクリックします。

2 **[前に挿入]** をクリックします。

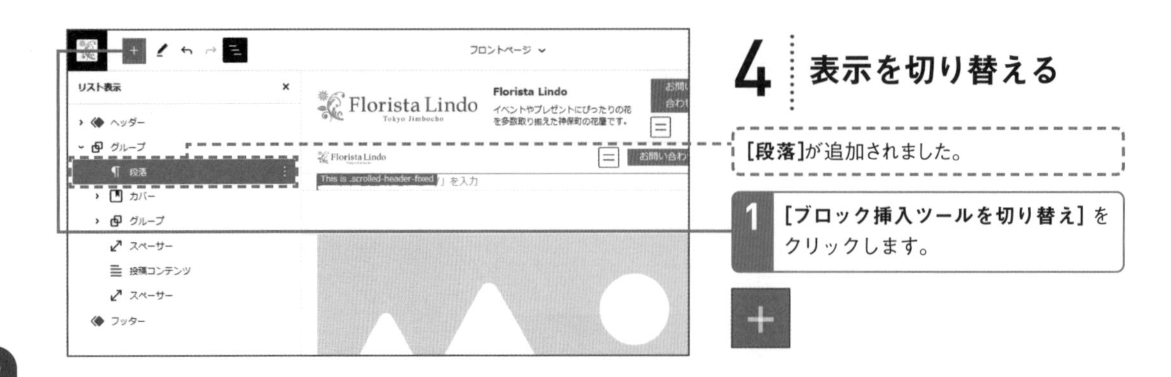

4 表示を切り替える

[段落]が追加されました。

1 **[ブロック挿入ツールを切り替え]**をクリックします。

5 パターンを表示する

1 **[パターン]**をクリックします。

2 **[WordPressの教本 素材]**を選択します。

3 **[スライダー 素材]**をクリックします。

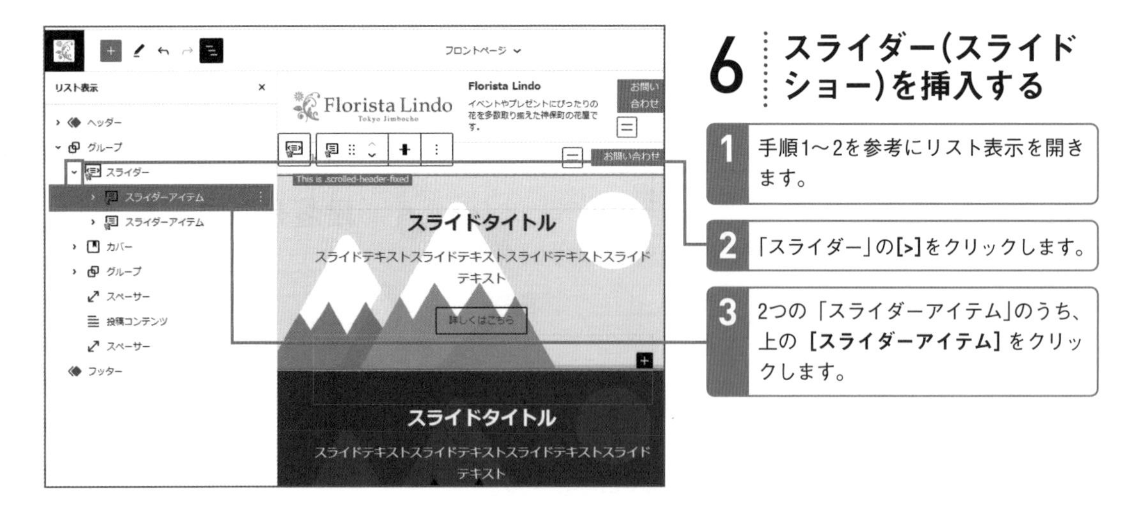

6 スライダー(スライドショー)を挿入する

1 手順1〜2を参考にリスト表示を開きます。

2 「スライダー」の**[>]**をクリックします。

3 2つの「スライダーアイテム」のうち、上の**[スライダーアイテム]**をクリックします。

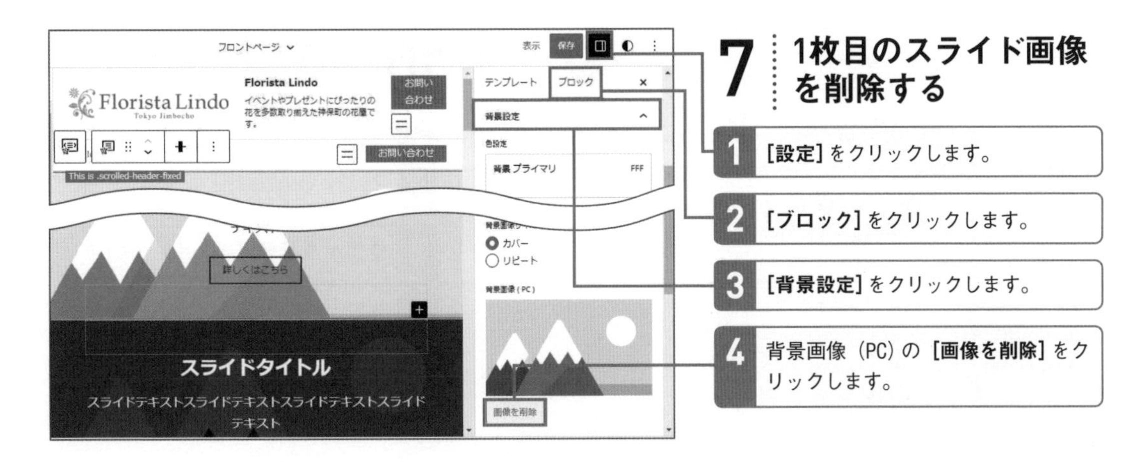

7 1枚目のスライド画像を削除する

1 **[設定]** をクリックします。

2 **[ブロック]** をクリックします。

3 **[背景設定]** をクリックします。

4 背景画像（PC）の **[画像を削除]** をクリックします。

8 1枚目のスライド画像を設定する

1枚目のスライドの画像が削除されました。

1 **[画像を選択]** をクリックします。

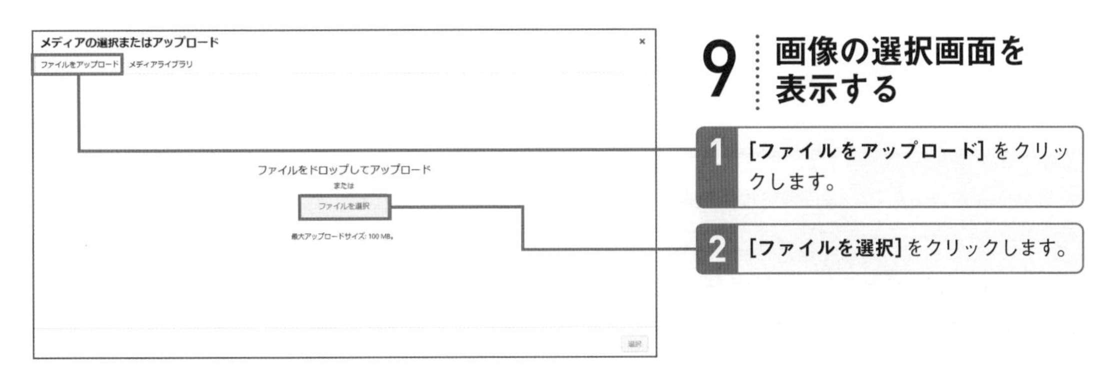

9 画像の選択画面を表示する

1 **[ファイルをアップロード]** をクリックします。

2 **[ファイルを選択]** をクリックします。

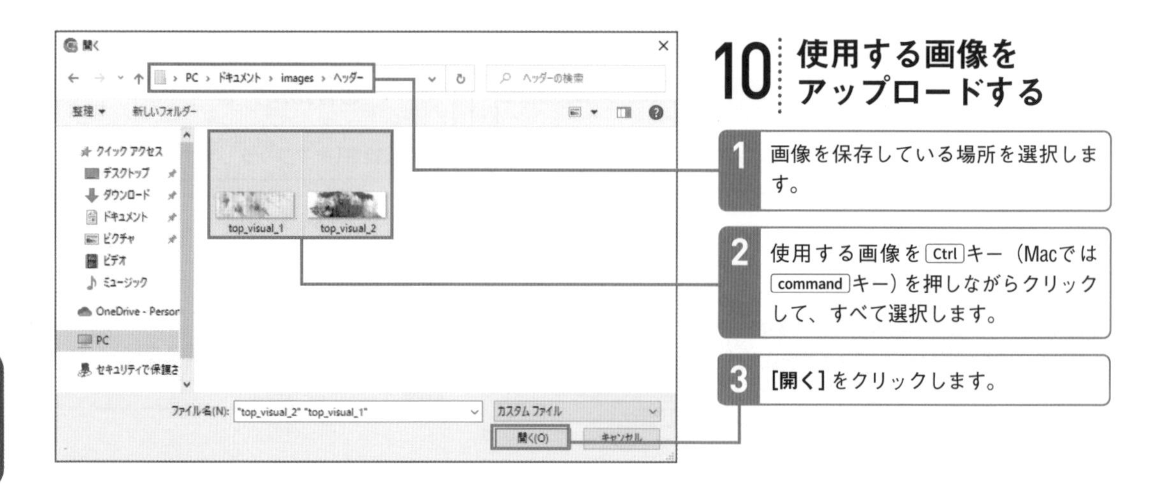

10 使用する画像をアップロードする

1 画像を保存している場所を選択します。

2 使用する画像を Ctrl キー（Macでは command キー）を押しながらクリックして、すべて選択します。

3 ［開く］をクリックします。

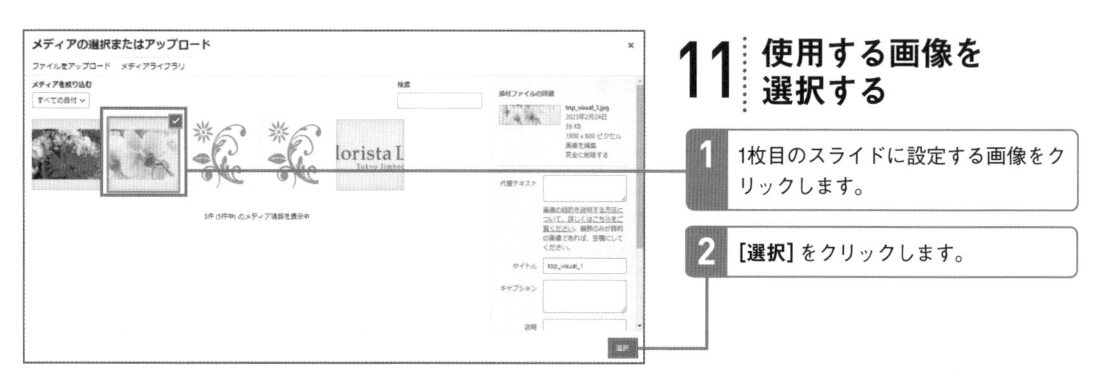

11 使用する画像を選択する

1 1枚目のスライドに設定する画像をクリックします。

2 ［選択］をクリックします。

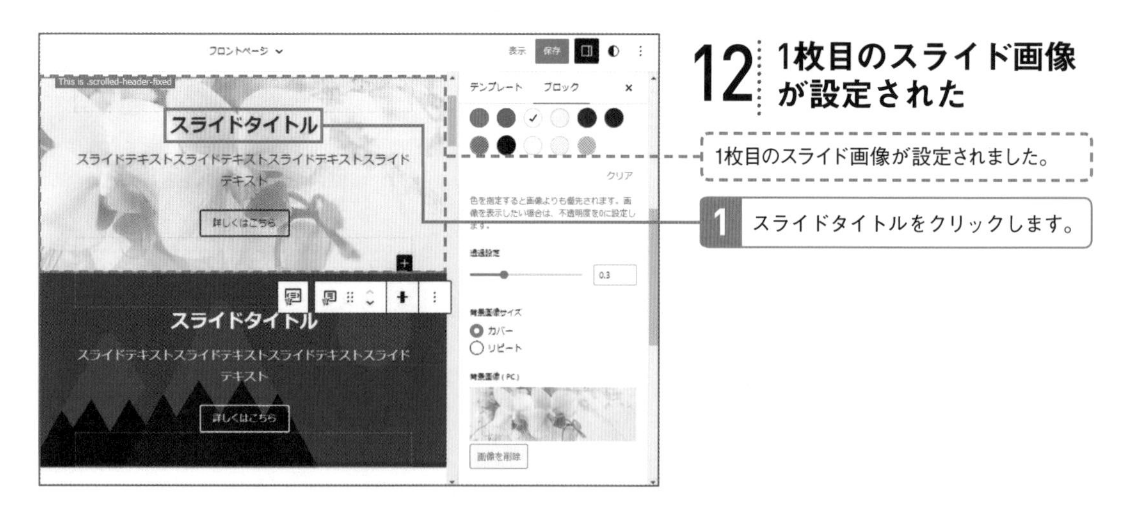

12 1枚目のスライド画像が設定された

1枚目のスライド画像が設定されました。

1 スライドタイトルをクリックします。

13 1枚目のスライドタイトルを入力する

文字が入力できる状態になりました。

1 スライドタイトルを入力します。

14 1枚目のスライドタイトルの配置を変更する

1 [テキストの配置]をクリックします。

2 [テキスト左寄せ]をクリックします。

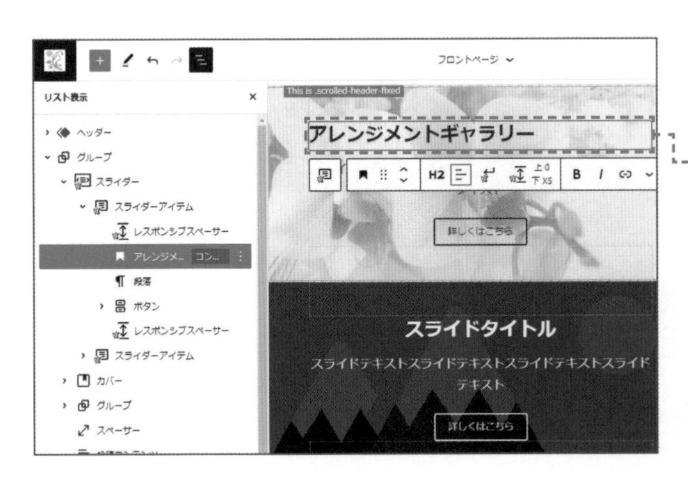

15 1枚目のスライドタイトルが設定された

スライドタイトルが左寄せに配置されました。

16 1枚目の段落の内容を入力する

1 段落をクリックして、テキストを入力します。

1つの段落内で改行を入れたいときは、Shift キーを押しながら Enter キーを押します。

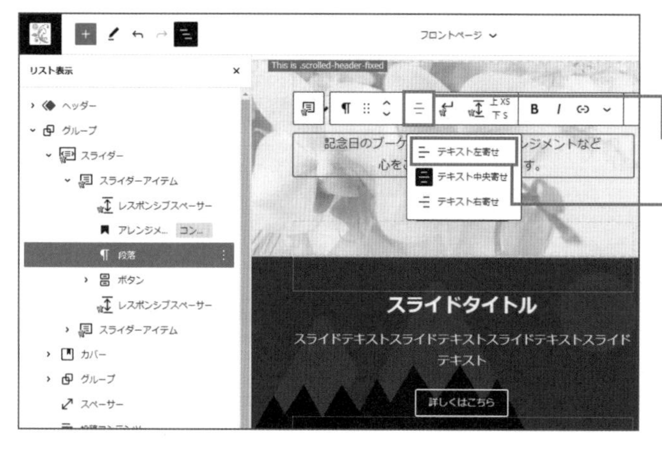

17 1枚目の段落の配置を変更する

1 **[テキストの配置]** をクリックします。

2 **[テキスト左寄せ]** をクリックします。

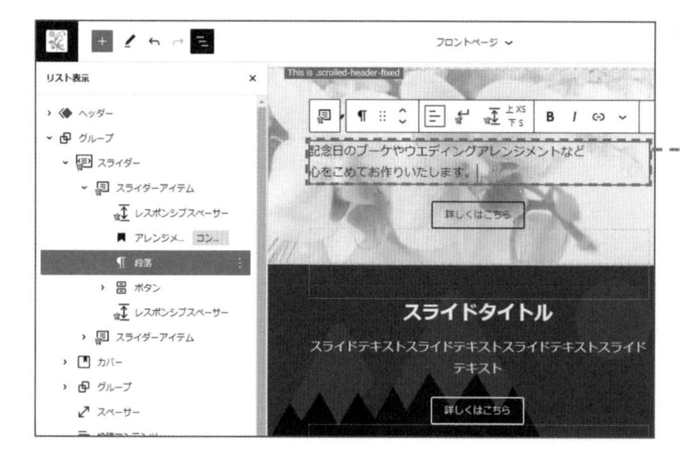

18 1枚目のスライドの段落が設定された

段落が左寄せに配置されました。

19 1枚目のスライドのボタンを編集する

1 ボタンをクリックします。

ボタンのテキストを変更する場合は、テキスト部分をクリックして直接編集できます。

2 [編集] をクリックします。

20 1枚目のボタンのリンク先を変更する

1 リンク先のURLを入力します。

2 [送信] をクリックします。

21 1枚目のボタンのリンク先が変更された

ボタンのリンク先が変更されました。

22 ボタンの配置を変更する

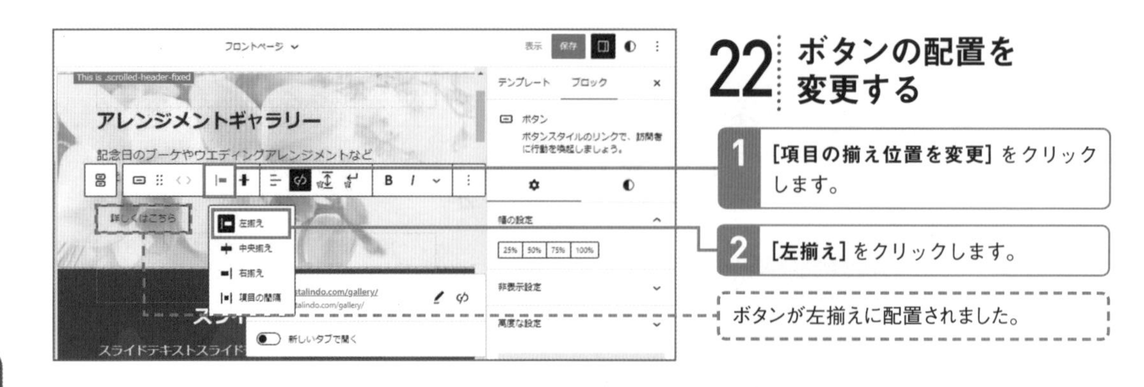

1 **[項目の揃え位置を変更]** をクリックします。

2 **[左揃え]** をクリックします。

ボタンが左揃えに配置されました。

23 2枚目のスライドの設定を行う

1 手順7～22を参考に、2枚目のスライド画像と情報を設定します。

ボタンのリンク先には、スクールのページのURL（https://www.floristalindo.com/school）を入力しています。

2 **[保存]** をクリックし、続けて **[保存]** をクリックします。

3 93ページの手順9を参考に、管理画面を表示します。

4 70ページを参考に、Webサイトを表示します。

24 トップページスライドショーが設定された

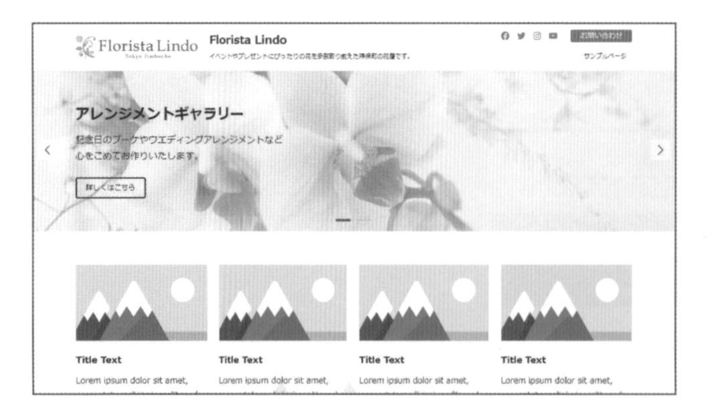

Webサイトのトップページスライドショーが設定されました。スライド画像の左右に表示される [<] [>] をクリックするか、数秒待つとスライド画像が切り替わります。

Chapter

4

掲載する コンテンツを 作成しよう

Webサイトは情報を発信するためのものなので、コンテンツ（情報の中身）が充実していることはとても重要です。WordPressでは「投稿」と「固定ページ」の2種類を使い分けてコンテンツを作成していきます。

Lesson 25 [コンテンツの作成]

どんなコンテンツを作っていくのか整理しましょう

このレッスンのポイント

今度はWebサイトのコンテンツ(文章や画像といった「情報の中身」)を作っていきましょう。1つのWebサイトは通常、たくさんのページを持ちます。訪問者が迷わず情報にたどり着けるようにコンテンツを整理していくことが最も重要になります。

必要なページをリストアップする

さて、次はWebサイトの中身作りですね。いろんなコンテンツを作ってページを増やしていきましょう。

お店の情報は絶対に入れないといけないですね。それから、商品情報を掲載するギャラリーとか、フラワーアレンジメントの教室もしているので、その紹介ページもほしいです。

ページがたくさんあるのはいいことです。まずは作りたいページをリストアップしていきましょう。

まずは、どのような情報を掲載したページが必要なのかを書き出していきましょう。例えば、お店のWebサイトであれば、どんなお店なのかや、営業時間や所在地がわかるページが必要でしょう。また、特別なサービスを行っているのであれば、その紹介ページもほしいところです。お店からのお知らせや店長のブログなどを掲載したいといった希望もあるでしょう。それらをリストアップしていきます。

ツリー構造でWebサイトの構成を考える

作りたいページをリストアップできました！ 早速ページを作っていけばいいんでしょうか？

いきなりページを作り始めると後で大変なことになりますよ。Webサイトは Webページの集合体なんです。まずは全体の構成を考えていきましょう。

Webサイトの構成ですか？ でも、レイアウトと違って、地図みたいには書き出せないですよね？

Webサイト全体を大きな木だとすると、Webページは葉のような存在になります。コンテンツの種類によってちゃんと枝分かれしていないと、訪問者は目的のページにたどり着けません。Webサイトの構成はこの「ツリー構造」で考えていきます。

- トップページ
  - お知らせ
    - 新着投稿①
    - 新着投稿②
  - お店情報
    - アクセス（地図など）
  - ギャラリー
    - ウエディング
    - ギフト
    - ホール・エントランス他
  - スクール
  - お問い合わせ

Webサイトは平面ではなく階層の構造になっています。大きな木のように階層ごとに枝分かれしていくこのような構造を「ツリー構造」と言います。先ほどリストアップした掲載したいページをこのツリー構造に当てはめていきましょう。同じ系統の情報は同じ枝にまとめます。また、お知らせやブログなど、日々更新されて増えていくページも同じ枝にまとめます。これで、Webサイトにどんなページが必要なのかが整理できます。

Webサイトの構成が整理できたら、続いて具体的にどのようにページを作成していくか学びましょう。

Lesson 26 [「投稿」と「固定ページ」]
「投稿」と「固定ページ」の違いを覚えましょう

このレッスンのポイント

WordPressでは「投稿」と「固定ページ」という2種類のページを作成できます。ページを作成していく前に、まずは、この2つの違いを理解した上で、Lesson 25でリストアップしたページをそれぞれどちらの機能を利用して作成するべきかを考えていきます。

ページが時系列で整理される「投稿」機能

「投稿」機能は、簡単にいうとブログのことです。新しく投稿を作成すると、最新の投稿として一番上に表示されます。また、過去の投稿もすべて自動的に時系列で整理されます。「投稿」機能で作成するのは、頻繁に情報の更新があるページです。お知らせやブログは投稿で作成しましょう。

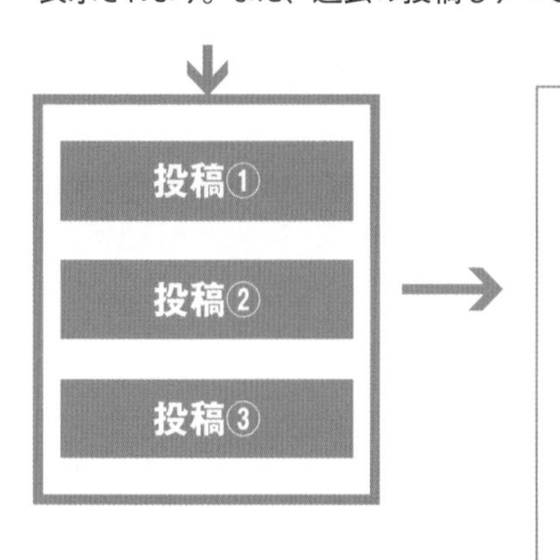

花束で感謝を伝えましょう！
2022年12月20日　カテゴリー：未分類
普段から一所懸命働いているお母さんやお父さんに、そしてパートナーにお気に入りのお花を贈るのはいかがでしょうか？当店ではアレンジメントも含めて、多数のラインナップを用意しています。通販で指定日到着も受け付けておりますので、［…］
続きを読む

ウエディングブーケも各種ご用意いたします
2022年12月19日　カテゴリー：未分類
華やかな結婚式に欠かせないウエディングブーケ。当店ではご予算に合わせてさまざまなブーケを取り揃えております。サンプルを動画にまとめました。
続きを読む

花を長持ちさせるコツ
2022年12月14日　カテゴリー：未分類

「投稿」機能で作成したページは時系列で積み上げられるように整理されていく。

頻繁に更新があり、時系列で整理したいページは「投稿」として作成します。

常に決まった位置で情報を掲載する「固定ページ」

会社やお店の情報など、めったに内容が変更されず、常にWebサイトの決まった場所に情報を表示しておきたい情報は「固定ページ」を利用してページを作成します。「投稿」と違い時系列で自動的に整理されませんが、ナビゲーションを設定することで（Lesson 43）好きな位置にページを配置できます。

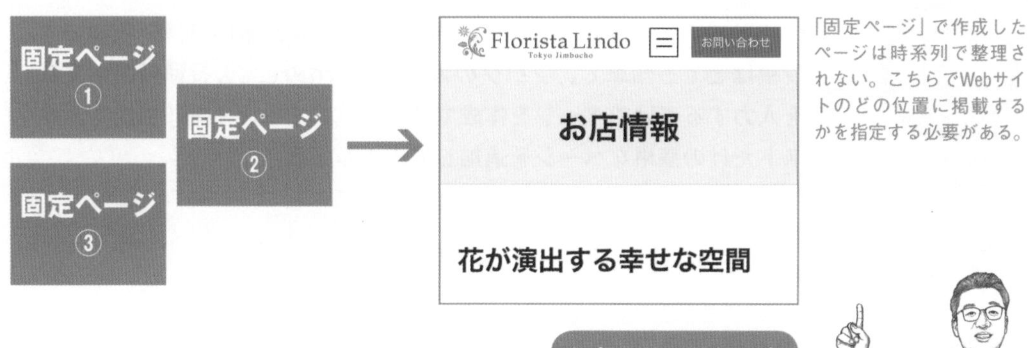

「固定ページ」で作成したページは時系列で整理されない。こちらでWebサイトのどの位置に掲載するかを指定する必要がある。

どちらの機能を使ってページを作成するか考える

「投稿」と「固定ページ」の違いを理解できたら、Lesson 25で作成したツリー構造から、それぞれどちらの機能でページを作成するか考えてみましょう。投稿機能で作成するべきは「お知らせ」などを告知するページです。逆に、それ以外の情報はすべて固定ページで作成します。WordPressでブログではなく、お店や会社のWebサイトを作成するときは、固定ページで作成する項目が多くなります。まず、投稿機能を通してページ作成の方法を学び、その上で固定ページの作成について解説します。

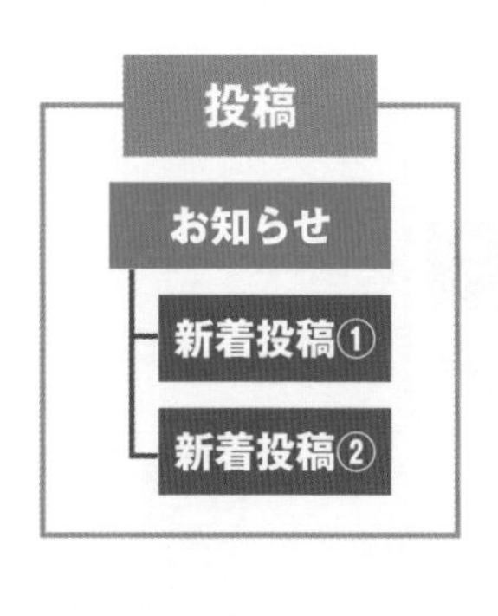

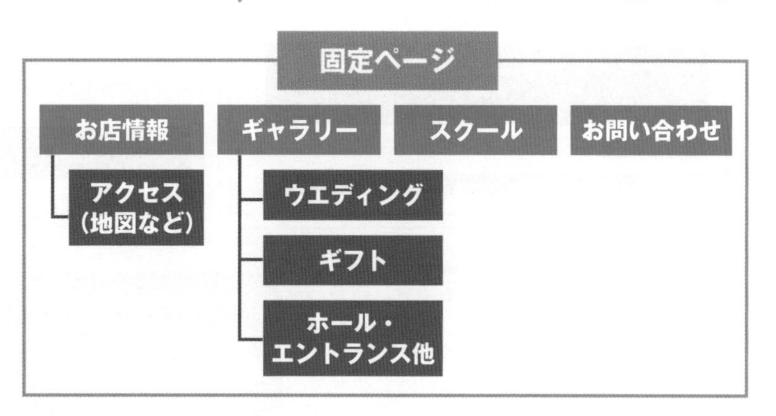

Lesson 27 [投稿の公開]

「投稿」機能で新規ページやブログ記事を作成しましょう

このレッスンのポイント

Webサイトを運用する際、最も頻繁に使うのが記事の「投稿」機能です。投稿はとても簡単で、ブログのようにWordPressの投稿画面に文章を入力するだけでページを作成できます。まずは、「投稿」機能でテキストだけの簡単なページを追加してみましょう。

WordPressなら投稿の管理も自由自在

WordPressの投稿画面には投稿を作るのに便利な機能がたくさん搭載されています。下書き保存や、公開前のプレビュー、さらに公開した投稿をワンクリックで非表示にしたり、削除したりすることもできます（152ページ）。それぞれの使い方をマスターして、簡単に効率よく、クオリティーの高いページを作っていきましょう。

パソコン

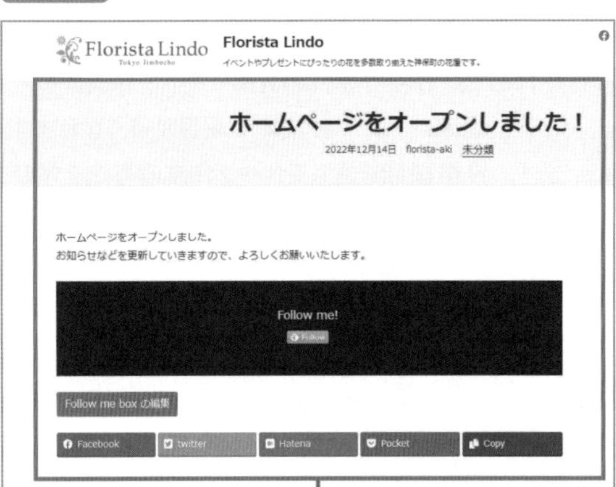

スマホ

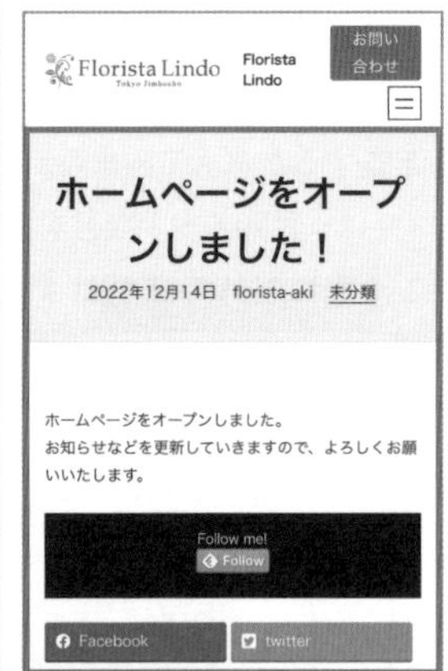

投稿は新着情報や商品・作品紹介、店長のブログなどさまざまな用途に利用できる

後から修正したり、非表示にすることもできるので、どんどん投稿してページを増やしましょう。

ブロックを組み合わせてページを作成する

2018年12月にリリースされたWordPressのバージョン5.0から、「ブロックエディター」と呼ばれるページ作成機能が提供されました。ブロックエディターは「見出し」「段落」「画像」などといった、さまざまな役割を持つブロックを組み合わせていくことで、誰でも直感的にページの作成ができます。

画面の構成は大きく分けて、入力・編集を行う「エディター」エリア、作成したページの状態やURL、カテゴリーなどの確認・設定を行う「投稿」パネル、選択しているブロックの設定を行う「ブロック」パネルの3つです。まずは画面の構成や名称を確認していきましょう。

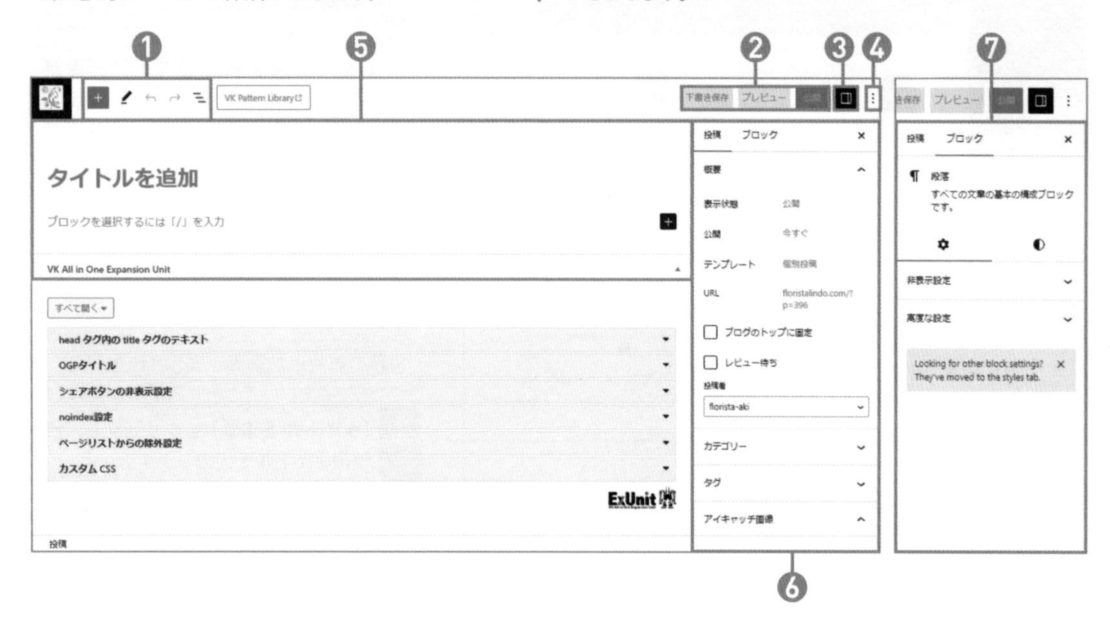

❶	ブロックの追加や編集内容の取り消し／やり直しを行う
❷	投稿の下書き保存／プレビュー／公開を行う
❸	「投稿／ブロック」パネルの表示／非表示を切り替える
❹	表示モードの切り替えやオプションなどの設定を行う
❺	「エディター」エリア タイトルや投稿の内容の入力、ブロックの選択などを行う
❻	「投稿」パネル 投稿の公開の状態の確認・設定やURLの設定、カテゴリー／タグの追加・設定などを行う
❼	「ブロック」パネル 選択したブロックの種類の表示、テキストや色などの入力・設定を行う

投稿を公開する

1 新規投稿の追加画面を表示する

1 管理画面の［**投稿**］にマウスポインターを合わせます。

2 ［**新規追加**］をクリックします。

［**ブロックエディターにようこそ**］の画面が表示されたときは、［**×**］をクリックして閉じます。内容を確認する場合は［**次へ**］をクリックします。

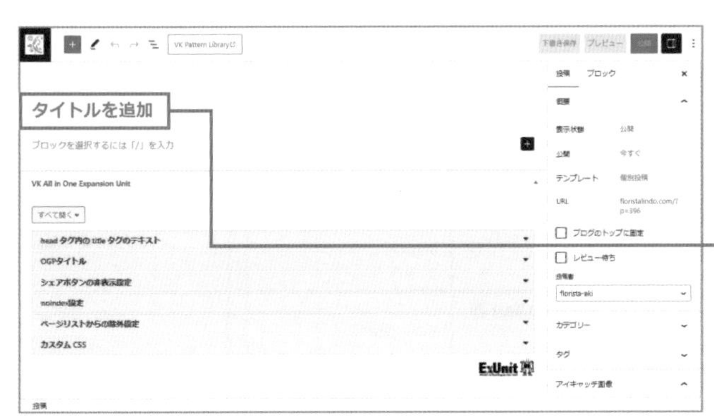

2 投稿のタイトルを入力する

投稿の新規追加画面が表示されました。

1 ［**タイトルを追加**］をクリックし、投稿のタイトルを入力します。

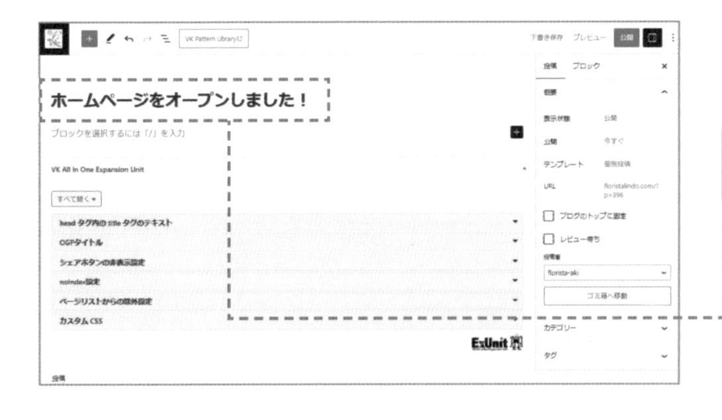

3 タイトルを確定する

1 タイトル入力欄外の何もないところをクリックします。

タイトルを入力できました。

タイトルは改行できません。パソコンやスマートフォンなど、表示サイズに合わせて自動的に改行されます。

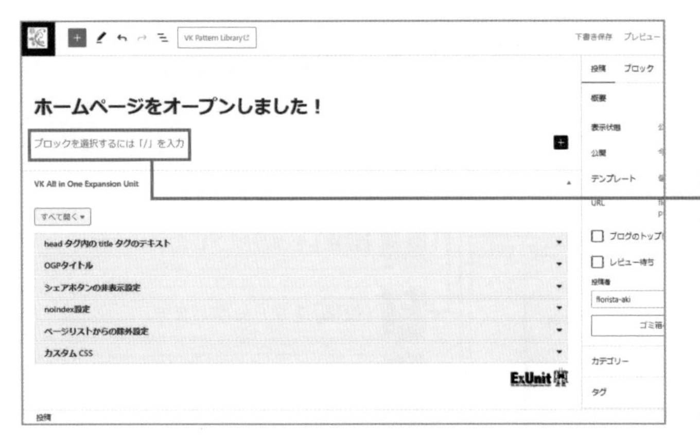

4 本文を入力する

1 **[ブロックを選択するには「/」を入力]**をクリックして、段落ブロックに本文を入力します。

Enter キーを押すと新規ブロックが追加されます。ブロックを分けずに改行だけをしたい場合は Shift キーを押しながら Enter キーを押します。

2 段落ブロック外の何もないところをクリックします。

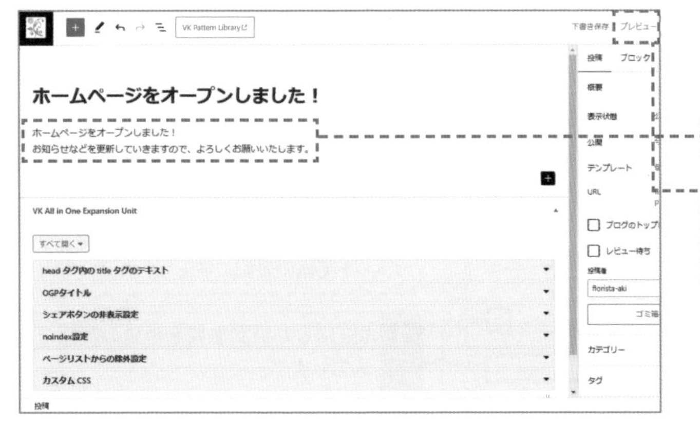

5 本文を入力できた

段落ブロックに本文が入力されました。

[プレビュー]をクリックし、**[新しいタブでプレビュー]**をクリックすると、Webサイト上での表示を確認できます。

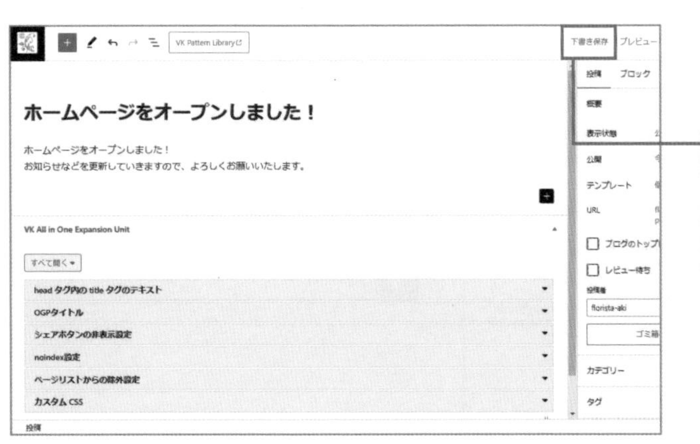

6 投稿を保存する

1 **[下書き保存]**をクリックします。

[下書き保存]をクリックすると作成した記事を公開せずに保存できます。

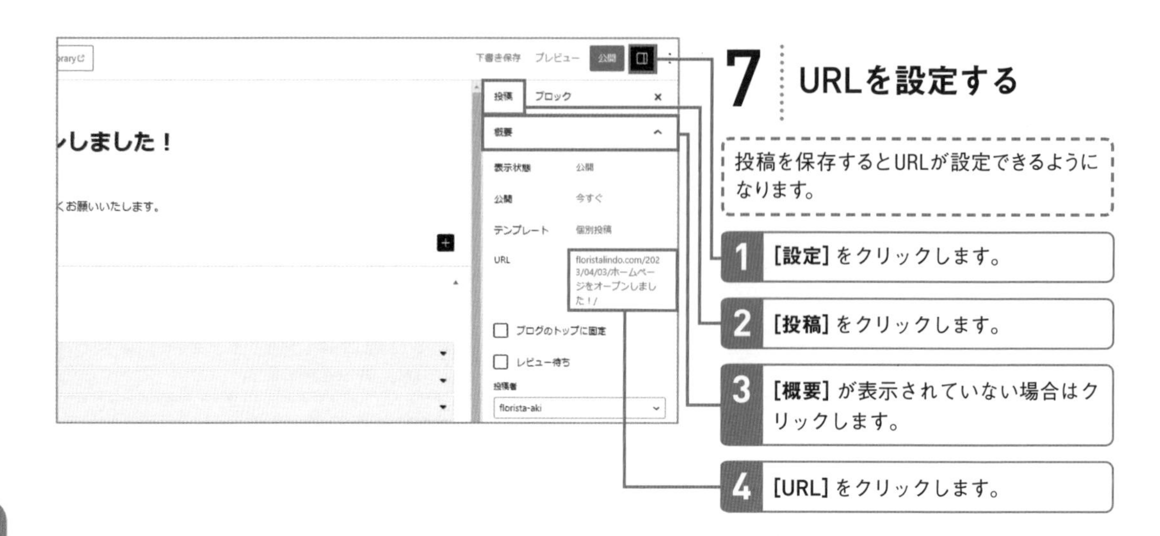

7 URLを設定する

投稿を保存するとURLが設定できるようになります。

1 **[設定]** をクリックします。

2 **[投稿]** をクリックします。

3 **[概要]** が表示されていない場合はクリックします。

4 **[URL]** をクリックします。

8 URLを英語に変更する

Lesson 15でパーマリンクに **[投稿名]** が含まれる設定にした場合、投稿のタイトルが自動的にURLに追加されます。そのままでは日本語を含んだURLになってしまうので、タイトルを英語の表記に修正します。

1 URLにしたい文字列を半角の英語で入力します。

2 **[閉じる]** をクリックします。

9 投稿を公開する

URLが変更されました。

1 **[公開]** をクリックします。

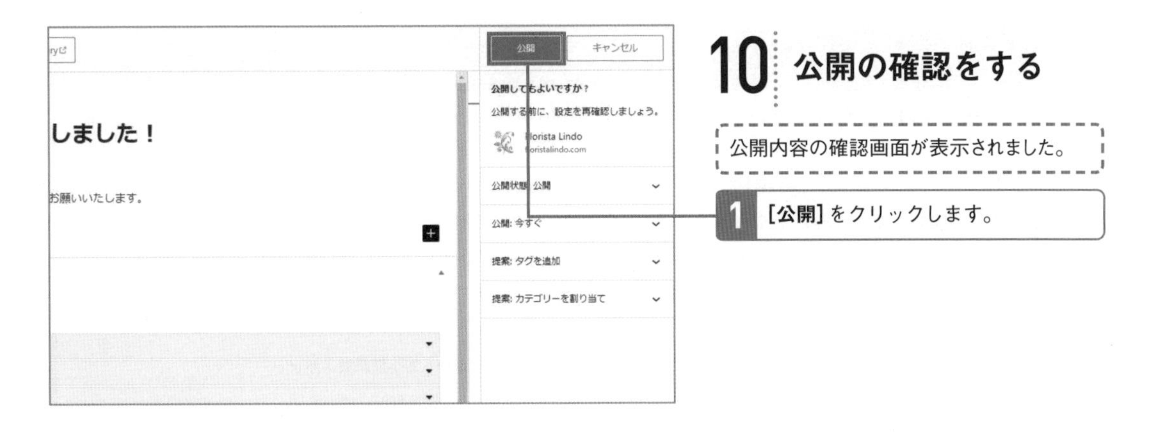

10 公開の確認をする

公開内容の確認画面が表示されました。

1 **[公開]** をクリックします。

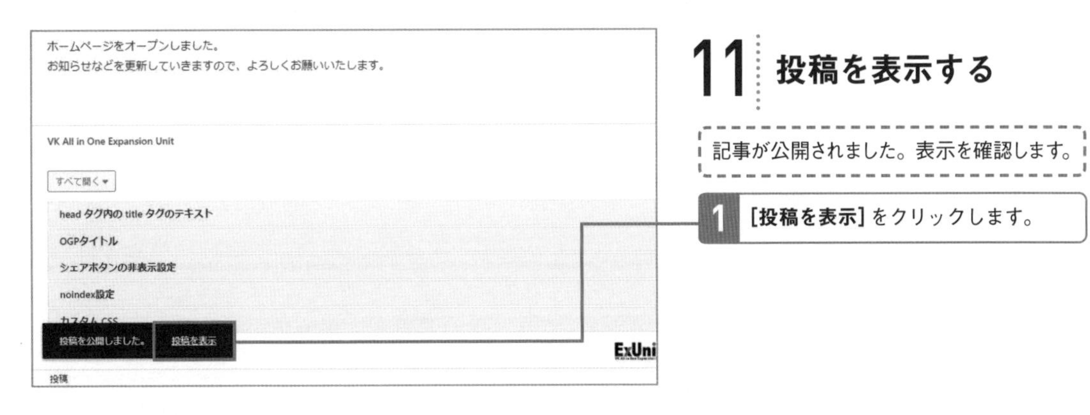

11 投稿を表示する

記事が公開されました。表示を確認します。

1 **[投稿を表示]** をクリックします。

12 投稿が公開された

作成した投稿が公開されました。

[投稿を編集]をクリックすると、投稿を再編集できます。

「Follow me!」の表示／非表示の方法については、Lesson 58で解説しています。

ワンポイント パスワード付きの限定公開で投稿もできる

投稿は全員に公開するだけでなく、パスワードを知っている人のみに公開することも可能です。118ページの手順7の「投稿」パネルで、[表示状態]の隣にある[公開]をクリックすると、「非公開」と「パスワード保護」が選択できます。「非公開」を選択すると、投稿は残してサイト管理者だけに見える状態になります。「パスワード保護」を選択してパスワードを入力し、[公開]をクリックすると、パスワードを知っているユーザーだけに投稿を公開できます。ただし、URLとパスワードを知っていれば誰でも閲覧できてしまうので、あくまで簡易的な限定公開と考えましょう。

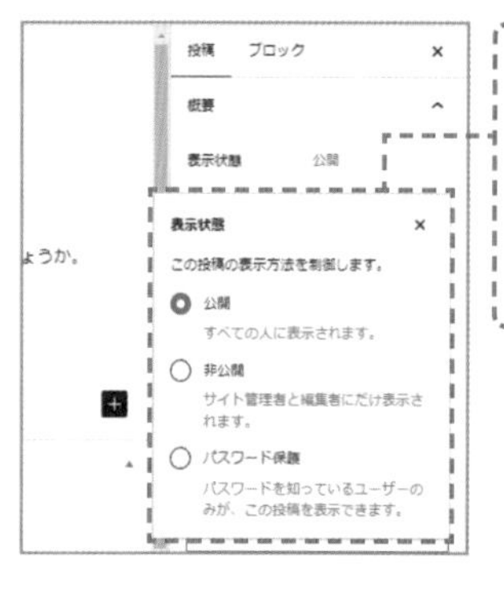

「投稿」パネルの**[表示状態]**で、「非公開」と「パスワード保護」が選択できます。

保護中: お花見穴場スポット

2023年2月24日 florista-aki 未分類

このコンテンツはパスワードで保護されています。閲覧するには以下にパスワードを入力してください。

パスワード: 確定

パスワード保護付きの記事は、タイトルの左に「保護中」と表示され、記事本文にパスワード入力欄が表示されます。

ワンポイント 変更履歴をすぐに呼び出せる「リビジョン」

WordPressには、編集履歴を自動的に保存する「リビジョン」という機能があります。内容を変更して保存した投稿(153ページ)は、右側に[(数字)件のリビジョン]と表示されます。隣の[表示]をクリックすると、これまでに保存した変更履歴を確認できます。

追加した部分は緑色、削除した部分は赤色で表示されるので、そのときにどこを変更したのかもひと目でわかります。また、[2つのリビジョンを比較]をクリックしてチェックマークを付けると、比較元のリビジョンと比較先のリビジョンをそれぞれ指定し、並べて変更箇所を確認できます。また、[このリビジョンを復元]をクリックすると変更前の内容に簡単に復元できます。

1 153ページを参考に一度編集した投稿を表示します。

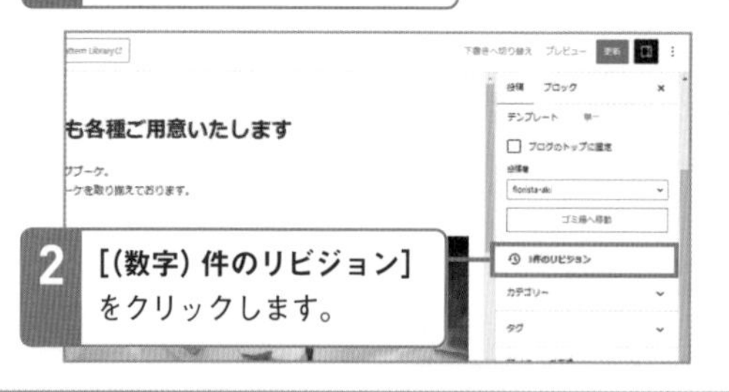

2 **[(数字)件のリビジョン]**をクリックします。

リビジョン画面が表示されます。ここで、変更履歴の確認や、過去の内容への復元が可能です。

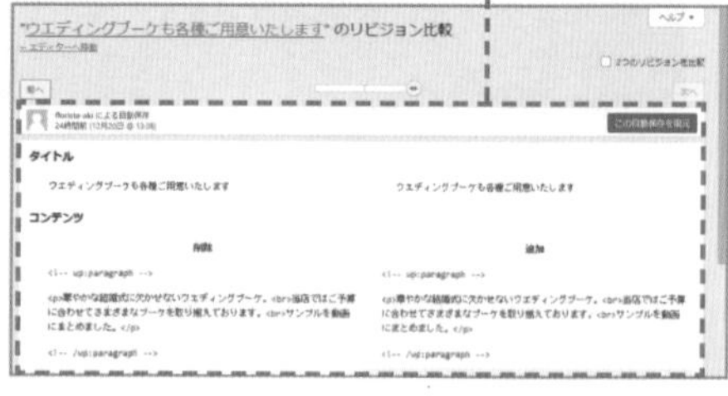

Lesson 28

[画像付きの投稿]

投稿に画像を付けて内容を伝わりやすくしましょう

このレッスンのポイント

投稿には、文章だけでなく画像も追加できます。新商品の案内やイベントの告知であれば、写真が1枚入っているだけでもぐんと内容が伝わりやすくなります。画像の大きさや配置も設定できるので、投稿の内容に合わせて掲載しましょう。

画像サイズと配置の考え方

画像は、左右のどこに配置するかを設定できます。[左] または [右] を選択すると、空いたスペースにテキストが回り込みます。左右に配置するときは、回り込んだテキストが読みやすくなる幅を残せるよう、画像は小さめのサイズがおすすめです。逆に [中央] を選択すると、画像の両側にテキストは入らず、その行は画像のみが配置されます。作品や商品の紹介など画像が重要な場合は、中央に配置しましょう。小さな画像では両側にスペースが空いてしまうので、横長の画像を大きめのサイズで配置しましょう。絵文字のように、改行せず文中に小さな画像を入れたいときは [なし] を選択します。

配置や大きさを決めて画像を掲載できる

パソコン

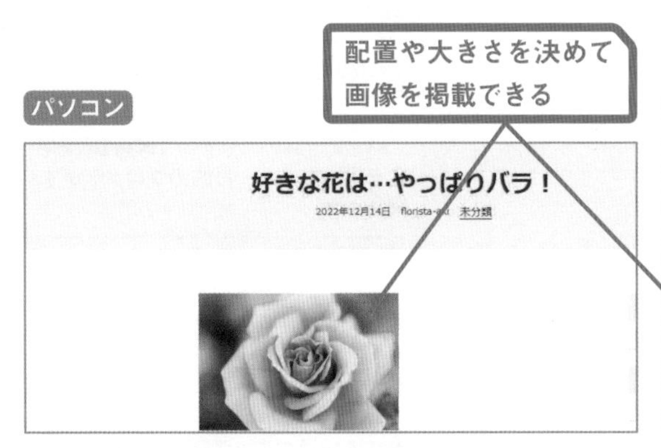

スマホ

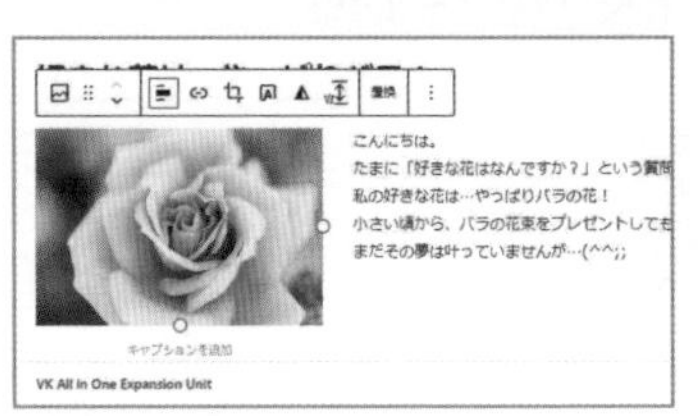

[左]や[右]を選択すると、画像の横に文字が回り込む形で表示されるようになる。

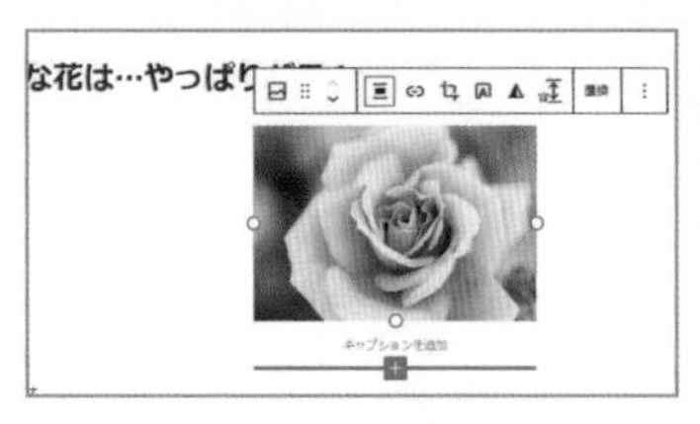

[中央]を選択すると、画像の横に文字が回り込まなくなり、横幅がない画像だと大きなスペースが空いてしまうので注意が必要。

画像を付けて投稿を公開する

1 投稿の新規追加画面を表示する

1 116～118ページを参考に、**[新規投稿を追加]** 画面を表示してタイトルと文章を入力し、パーマリンクを設定します。

2 画像ブロックを選択する

1 **[ブロック挿入ツールを切り替え]** をクリックします。

2 ブロック一覧をスクロールして、**[画像]** をクリックします。

ブロック一覧の上にある **[検索]** にブロック名を入力すると、目的のブロックがすぐに探せます。

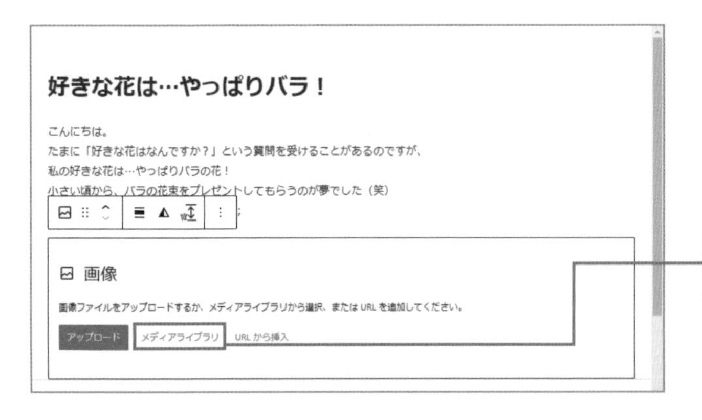

3 画像の選択画面を表示する

本文の段落ブロックの下に、画像ブロックが追加されました。

1 **[メディアライブラリ]** をクリックします。

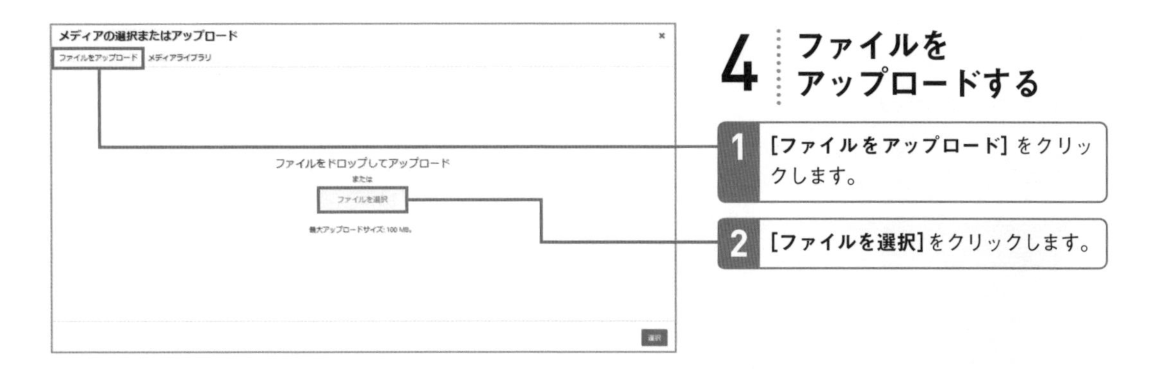

4 ファイルをアップロードする

1 **[ファイルをアップロード]**をクリックします。

2 **[ファイルを選択]**をクリックします。

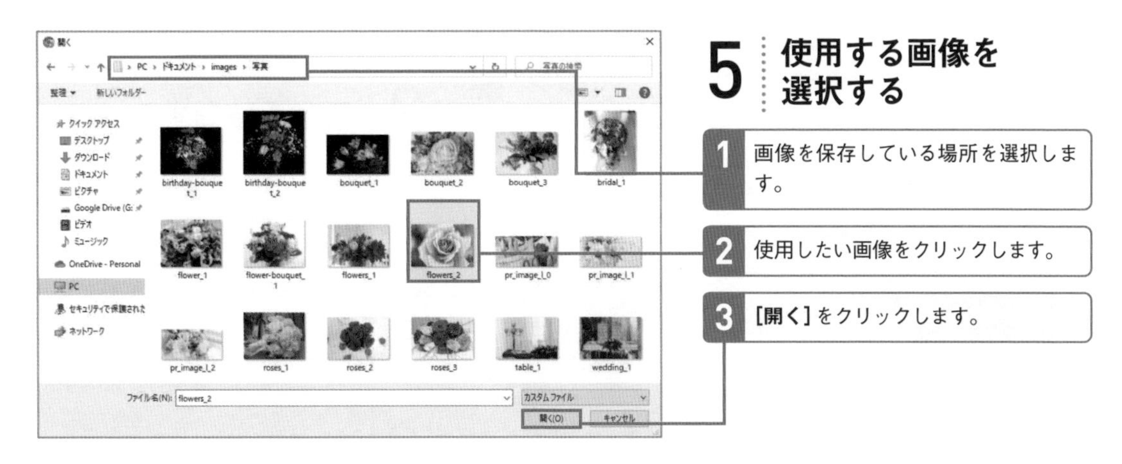

5 使用する画像を選択する

1 画像を保存している場所を選択します。

2 使用したい画像をクリックします。

3 **[開く]**をクリックします。

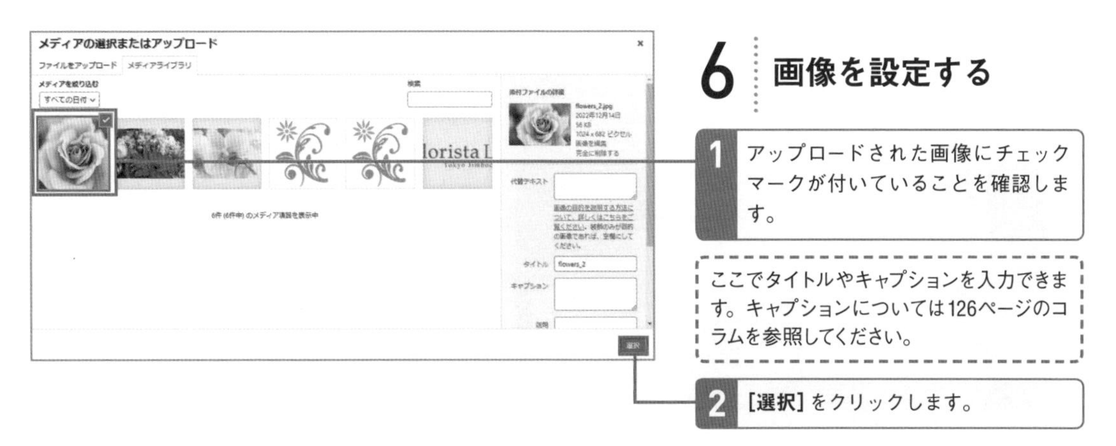

6 画像を設定する

1 アップロードされた画像にチェックマークが付いていることを確認します。

ここでタイトルやキャプションを入力できます。キャプションについては126ページのコラムを参照してください。

2 **[選択]**をクリックします。

7 画像が表示された

画像ブロックに画像が挿入されました。

8 画像を移動する

ブロックの位置は自由に変更ができます。ここではタイトルの下に画像を配置します。

1 画像ブロックをクリックします。

2 **[上に移動]** をクリックします。

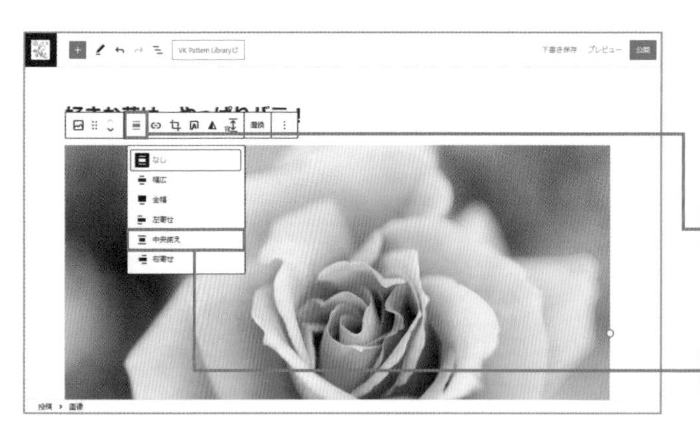

9 画像の配置場所を決める

画像ブロックの位置が変わりました。

1 **[配置]** をクリックします。

2 **[中央揃え]** をクリックします。

Chapter 4 掲載するコンテンツを作成しよう

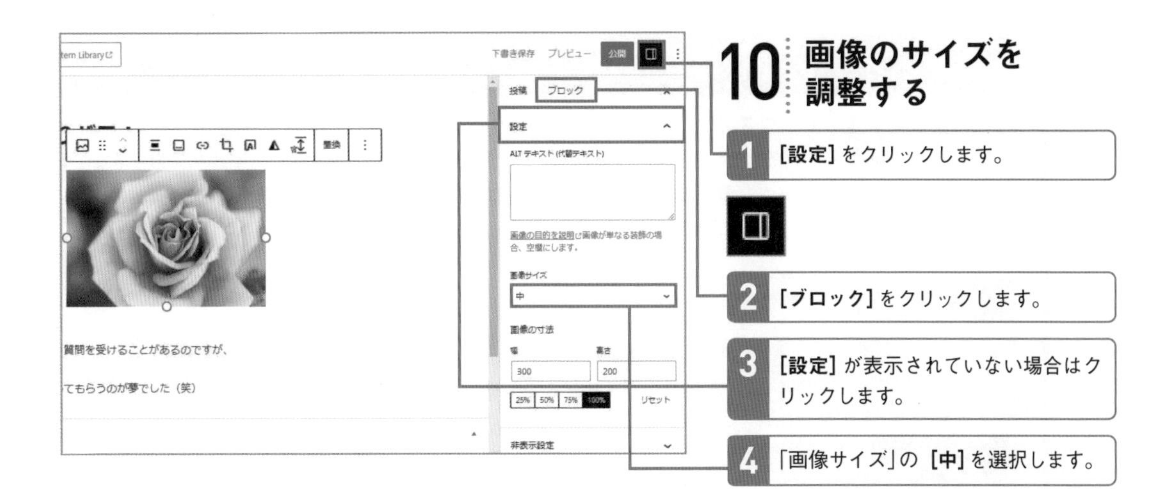

10 画像のサイズを調整する

1 **[設定]** をクリックします。

2 **[ブロック]** をクリックします。

3 **[設定]** が表示されていない場合はクリックします。

4 「画像サイズ」の **[中]** を選択します。

11 投稿を公開する

Lesson 27の手順9〜10を参考に投稿を公開し、表示します。

1 **[投稿を表示]** をクリックします。

12 投稿が公開された

文中に画像が挿入された状態で投稿が公開されました。

ワンポイント 画像の表示サイズをマウスで変更する

投稿に画像を設定してマウスでクリックすると上にアイコンが表示されるほか、選択された状態になり、画像の回りに小さな●が表示されます。この●をマウスでドラッグ&ドロップすると、画像のサイズを変更できます。商品カットなど大きく見せたいものなら大きく、イメージカットなどその画像自体に大きな意味がないなら小さくするといいでしょう。

1 画像を選択し、白い●をドラッグします。

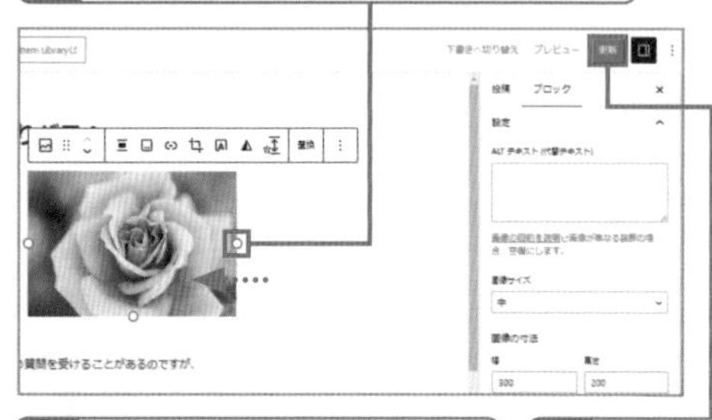

2 適切なサイズになったらマウスボタンから指を離します。

3 **[更新]** をクリックします。

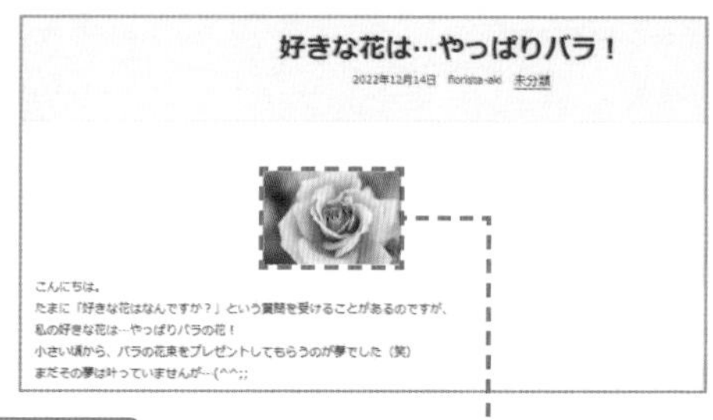

左の画面と比べると画像のサイズはかなり小さくなりました。

ワンポイント「代替テキスト」「タイトル」「キャプション」「説明」って何？

画像を選択すると、「代替テキスト」「タイトル」「キャプション」「説明」という4つの項目が表示されます。中でも特に重要なのは「代替テキスト」で、ここに入力した内容は、何らかの理由で画像が表示されなかった場合に画像の代わりに表示されます。検索エンジンも代替テキストを参考に「何の画像か」を判断するので、端的にどんな画像かを表す言葉を入力しておきましょう。
「タイトル」はテーマによっては画像の上にマウスポインターを合わせたときに表示される内容で、標準では画像のファイル名が入力されています。「キャプション」は、画像のすぐ下に簡単な補足説明を追加できます。「説明」は訪問者からは見えない、管理用のメモ書きです。撮影場所やキーワードを入力しておくと、後から画像を探すときに便利です。

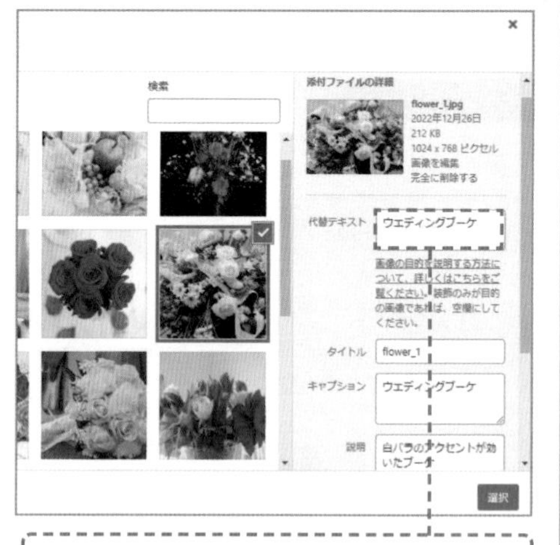

「代替テキスト」は特に重要です。画像の内容が伝わる文章を入力しておくようにしましょう。

Lesson 29 ［文字の装飾］

文字の装飾やリンクの設定で投稿を読みやすくしましょう

このレッスンのポイント

投稿や固定ページの文章はワープロソフトを使う感覚でさまざまな装飾が可能です。ここでは、太字やリンク、見出し、文字色の変更など、よく使用する機能の使い方を学んでいきます。装飾機能を駆使して読みやすい投稿を心がけましょう。

メリハリを付けて読みやすくレイアウトする

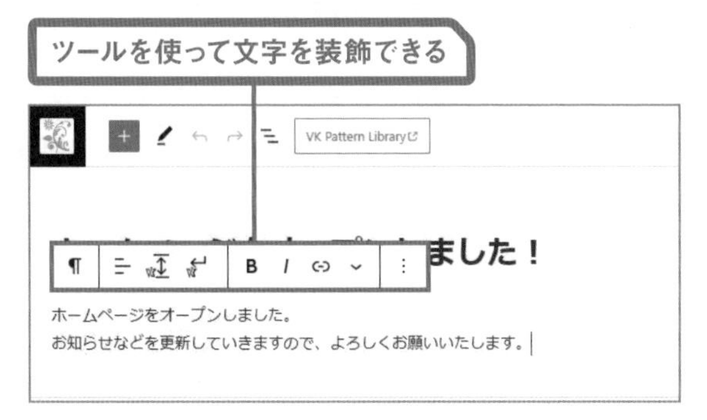

適度な装飾は文章を読みやすくしますが、やり過ぎは禁物です。

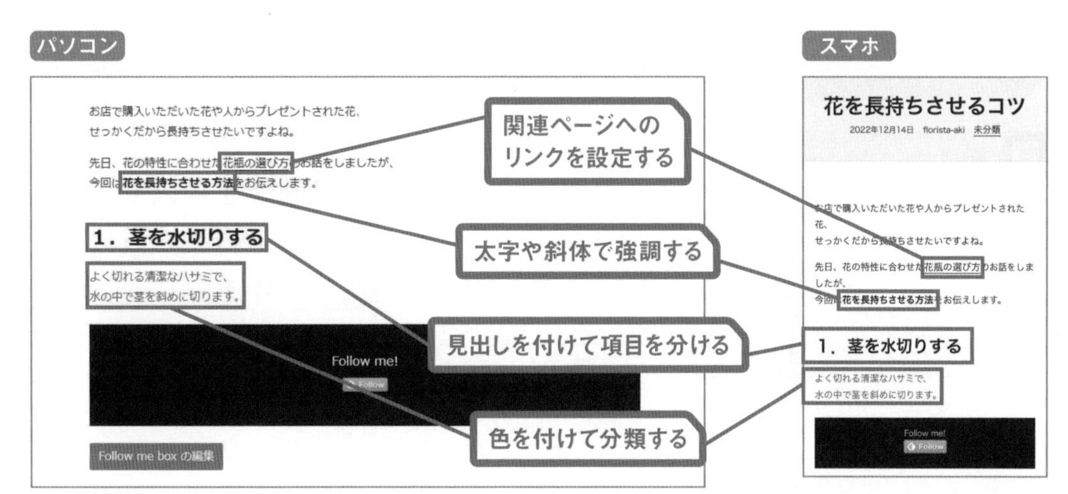

文字を太字にする

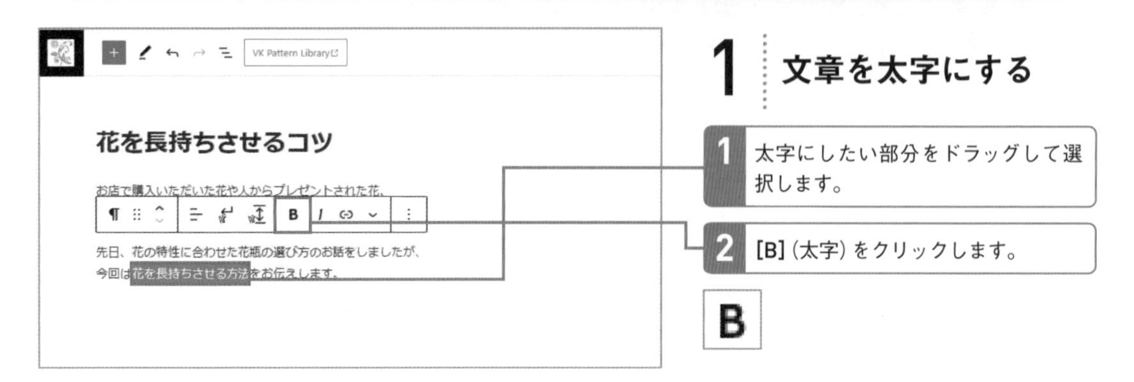

1 文章を太字にする

1 太字にしたい部分をドラッグして選択します。

2 [B]（太字）をクリックします。

B

2 選択箇所が太字になった

選択した箇所が太字になりました。もう一度同じ操作をすると、元に戻ります。

リンクを作成する

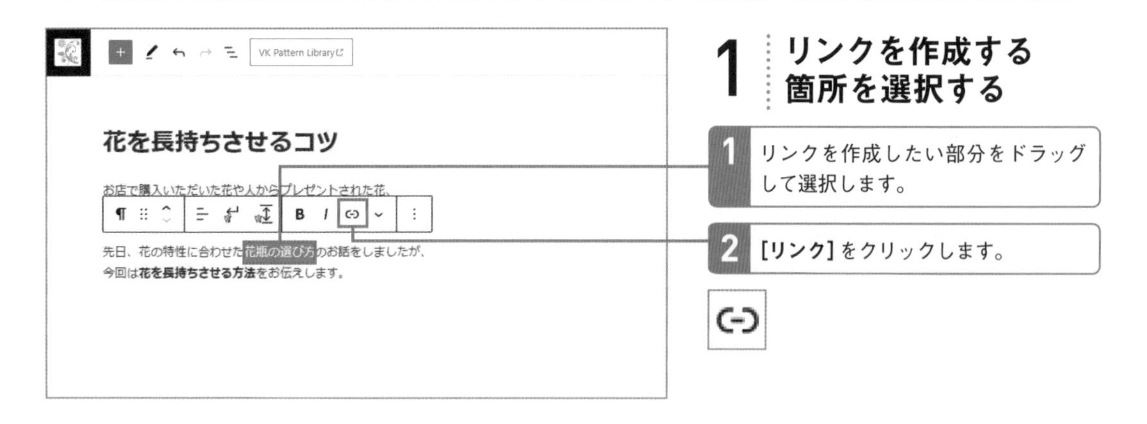

1 リンクを作成する箇所を選択する

1 リンクを作成したい部分をドラッグして選択します。

2 [リンク] をクリックします。

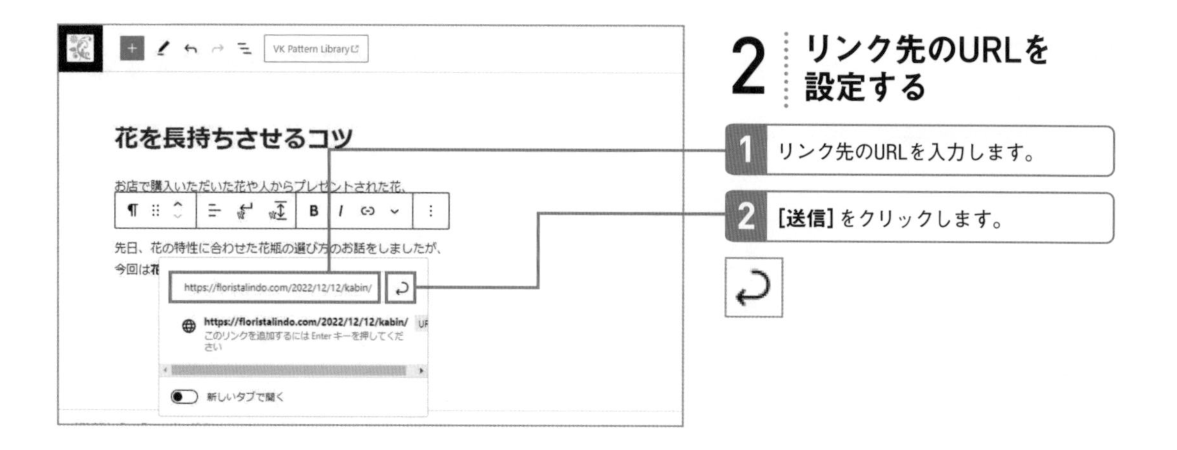

2 リンク先のURLを設定する

1 リンク先のURLを入力します。

2 **[送信]** をクリックします。

3 リンクが作成された

選択した箇所にリンクが作成されました。リンクをクリックすると設定したページを表示できます。

文字の色を変更する

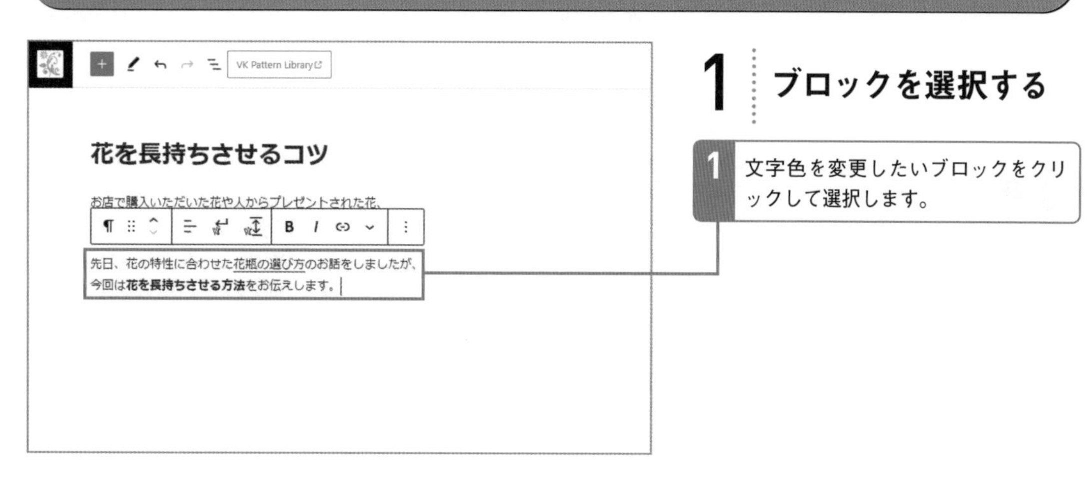

1 ブロックを選択する

1 文字色を変更したいブロックをクリックして選択します。

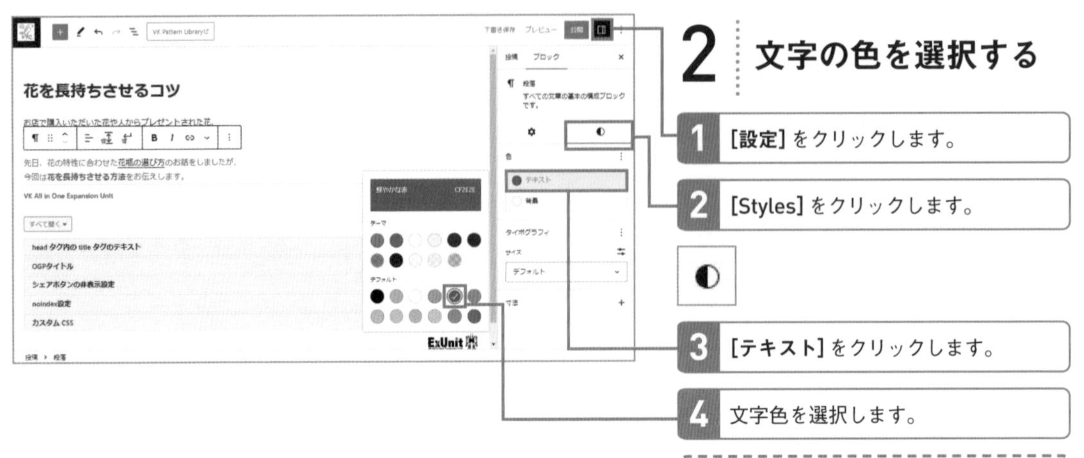

2 文字の色を選択する

1 [設定] をクリックします。

2 [Styles] をクリックします。

3 [テキスト] をクリックします。

4 文字色を選択します。

色のサムネイルをクリックし、カラーピッカーで色を選択することもできます。

5 選択した段落ブロック以外の、何もないところをクリックします。

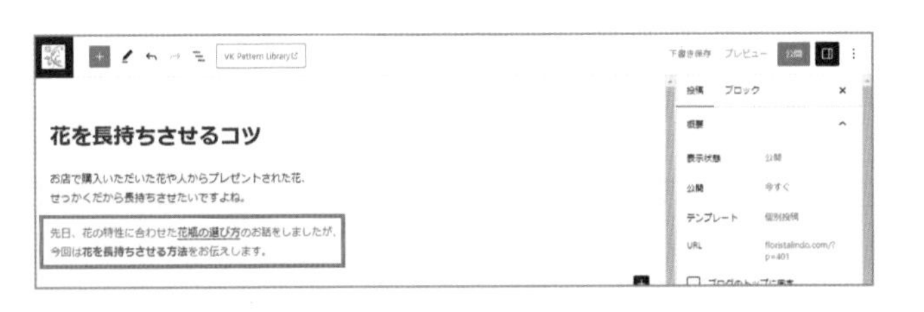

3 文字の色が変更された

文字の色が手順2で選択した色に変更されました。

投稿内に見出しを設定する

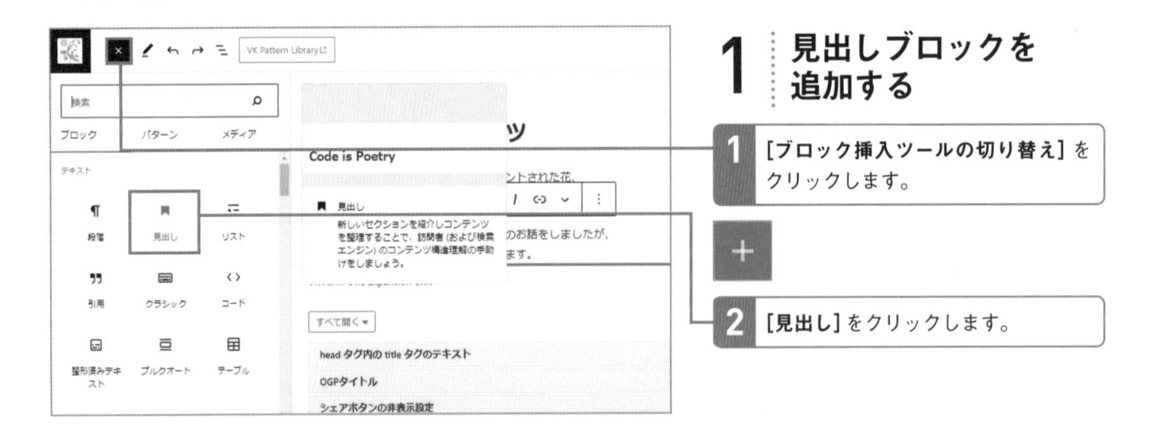

1 見出しブロックを追加する

1 **[ブロック挿入ツールの切り替え]** をクリックします。

2 **[見出し]** をクリックします。

2 見出しを入力する

見出しブロックが追加されました。

1 見出しを入力します。

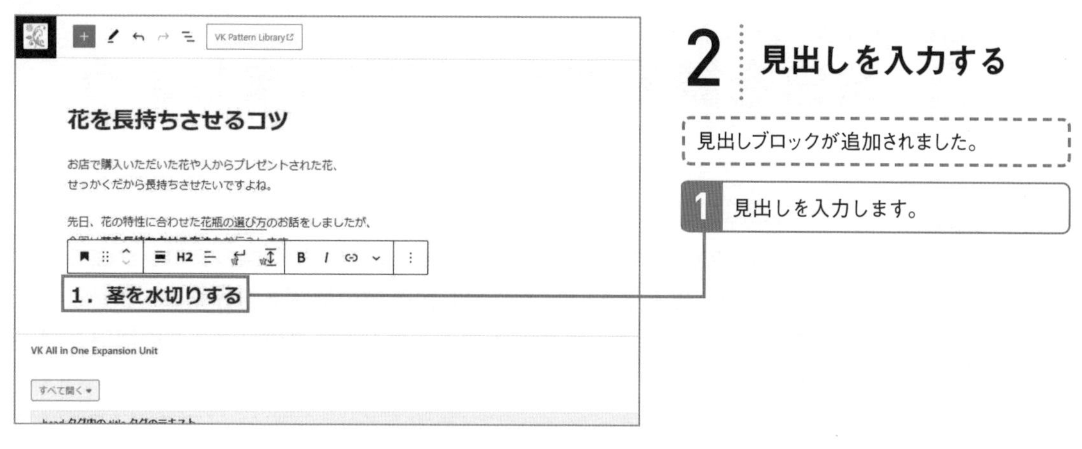

3 見出しのレベルを設定する

1 [H3] をクリックして選択します。

2 [プレビュー] をクリックします。

3 [新しいタブでプレビュー] をクリックします。

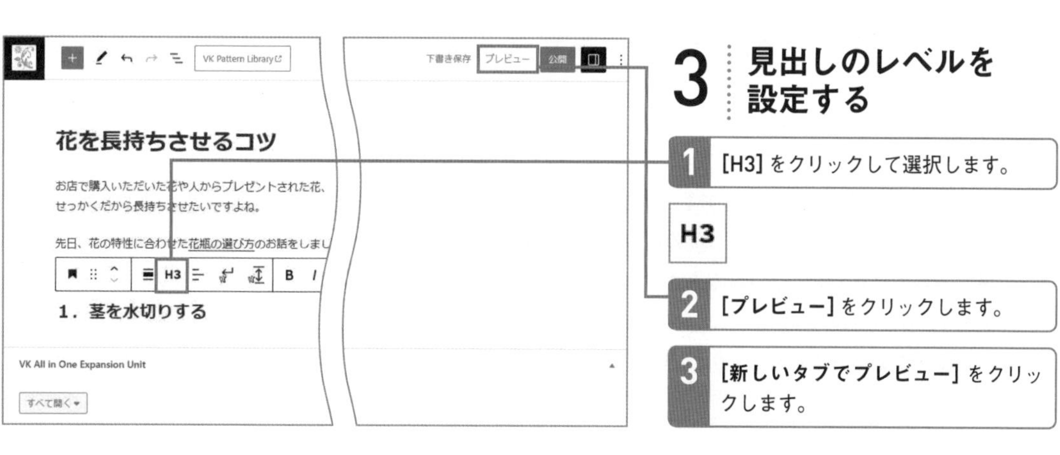

4 プレビューで表示を確認する

見出しのレベルが設定されました。見出しのレベルは、テーマによって大きさや表示が異なります。また、投稿画面と実際の表示は異なるので、プレビューで確認をするようにしましょう。

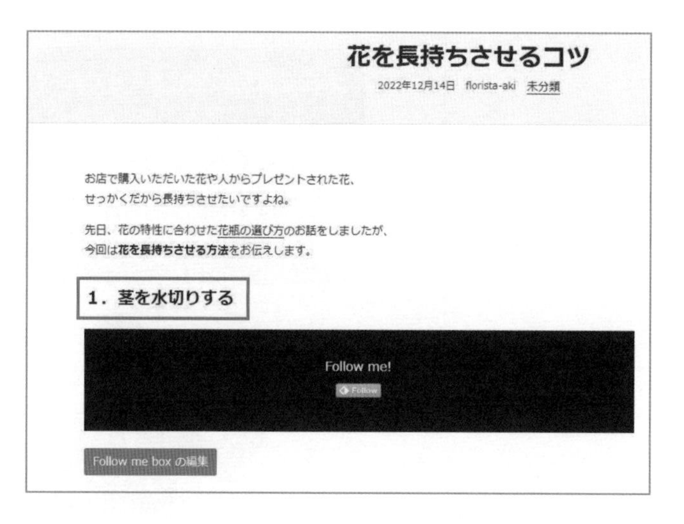

Lesson 30

［スペーサーの設定］

余白を読みやすく設定しましょう

このレッスンのポイント

投稿機能で記事を作成して確認すると、段落や画像のブロック間の間隔が狭く「読みづらい」「もう少し段落間の間隔を空けたい」と感じることもあるかと思います。そのようなときにブロックごとの間隔を調整することができます。

段落間に余白のブロックを入れる

「スペーサー」ブロックとは、投稿記事のコンテンツの中に余白を作るブロックのことです。
単に新しい段落ブロックを作成するだけでも2つのブロック間に余白ができますが、その広さは一定で、記事の内容や見る人によっては「なんとなく詰まった」印象を与えることもあります。
また、段落間の余白を広くしようと、段落と段落の間に複数の段落ブロックを作成しても、投稿編集画面では行間が広がったように見えますが、実際にプレビューすると編集画面のような行間は開きません。
そのようなとき、ブロックとブロックの間に「スペーサー」ブロックを挿入することで、ブロック間に余白を持たせることができます。

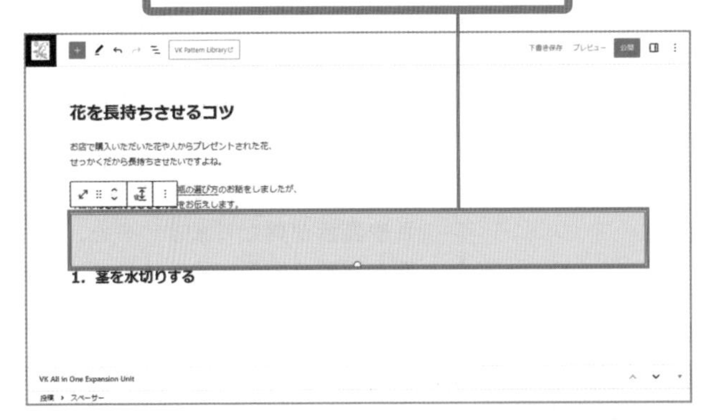

余白を適切に空けることでユーザーにとって読みやすい記事になり、ページの滞在時間が延びたり、同サイト内のほかの記事を読んでもらうきっかけにもつながります。

余白のサイズの設定

「スペーサー」ブロックで挿入する余白は任意の大きさに変更することができます。
追加した「スペーサー」ブロックにカーソルを合わせた状態で、「ブロック」パネルの［余白の設定］から設定しましょう。数字が大きいほど広い余白になります。もしくは、「スペーサー」ブロック下部に表示される青丸をドラッグしても余白のサイズの変更が可能です。

共通の大きさの余白で揃えやすい「レスポンシブスペーサー」ブロック

WordPress標準の「スペーサー」ブロックは、配置するたびに高さを手動で調整する必要があります。このため、見出しと段落の間など、サイト全体で共通の高さに揃えたい場合には不向きな面もあります。X-T9のテーマでは、「スペーサー」ブロックのスタイルで「S」「M」「L」といったサイズを指定できるようになっていますが、これもテーマ固有の機能のため、テーマを変更すると崩れてしまうというデメリットがあります。そこで、Lesson 19で有効化したプラグイン「VK Blocks」の機能である「レスポンシブスペーサー」ブロックを利用することをおすすめします。
「レスポンシブスペーサー」ブロックも、「S」「M」「L」などの共通したサイズ指定が可能ですが、こちらはプラグインの機能なのでテーマ変更の影響を受けません。また、それぞれの余白サイズをユーザーが好みに応じて変更することも可能です。

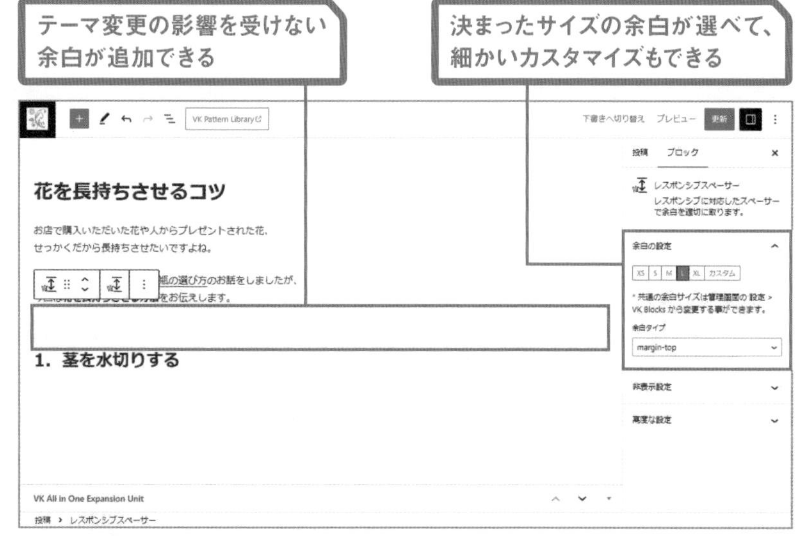

本書では「レスポンシブスペーサー」の利用をおすすめしています。

「スペーサー」ブロックで余白を調整する

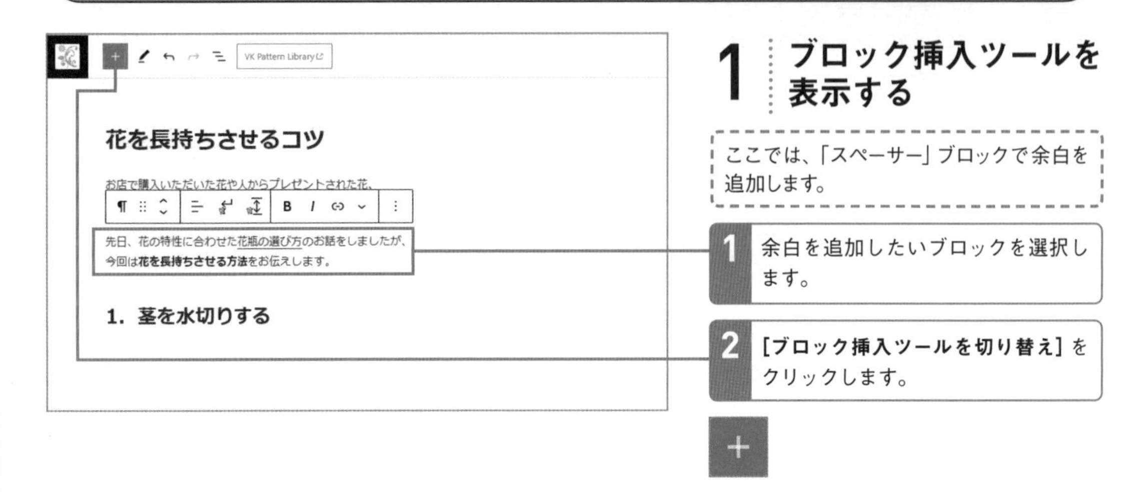

1 ブロック挿入ツールを表示する

ここでは、「スペーサー」ブロックで余白を追加します。

1 余白を追加したいブロックを選択します。

2 **[ブロック挿入ツールを切り替え]** をクリックします。

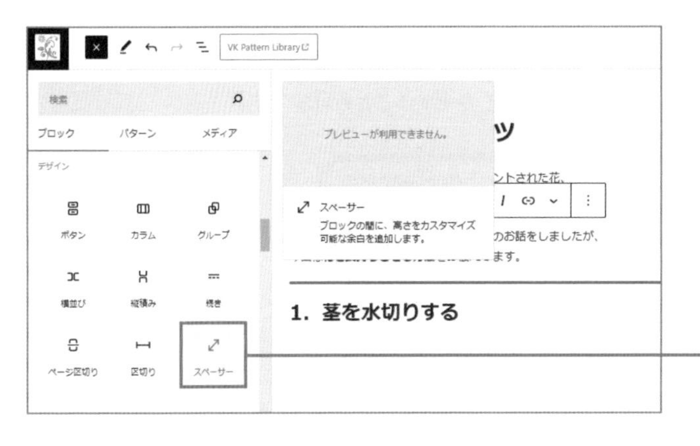

2 スペーサーブロックを挿入する

1 **[スペーサー]** をクリックします。

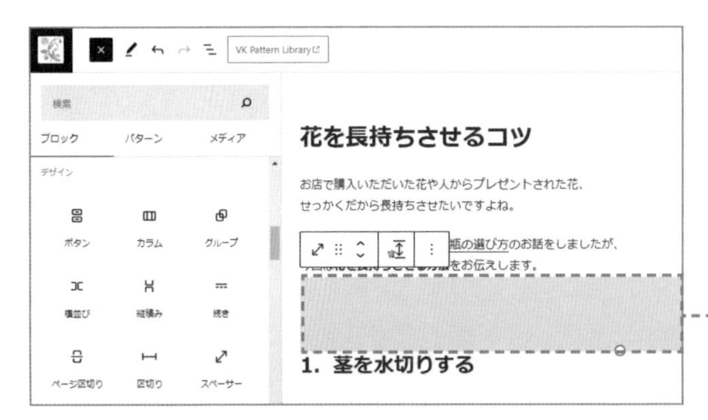

3 スペーサーブロックが追加された

ブロックの間にスペーサーブロックが挿入され、余白ができました。

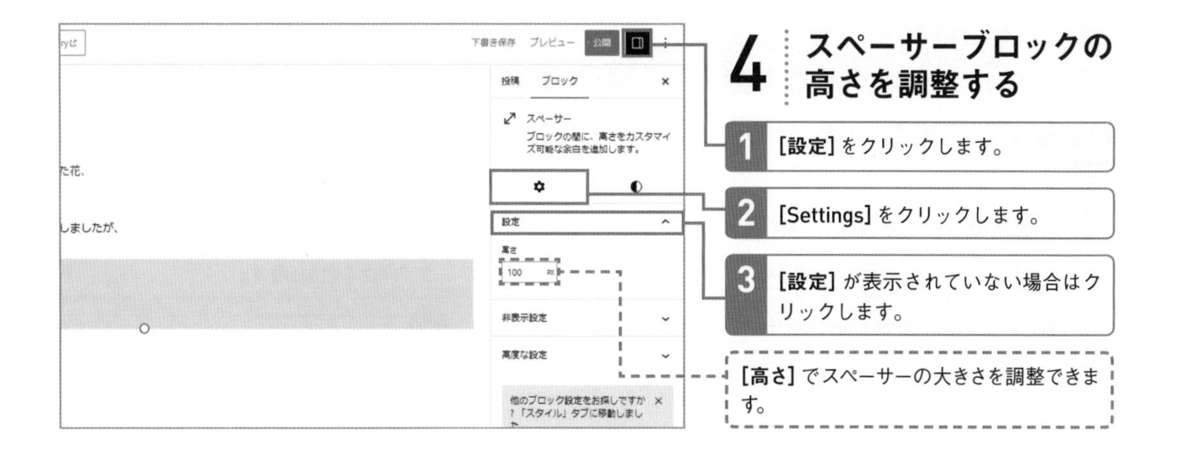

4 スペーサーブロックの高さを調整する

1 **[設定]** をクリックします。

2 [Settings] をクリックします。

3 **[設定]** が表示されていない場合はクリックします。

[高さ] でスペーサーの大きさを調整できます。

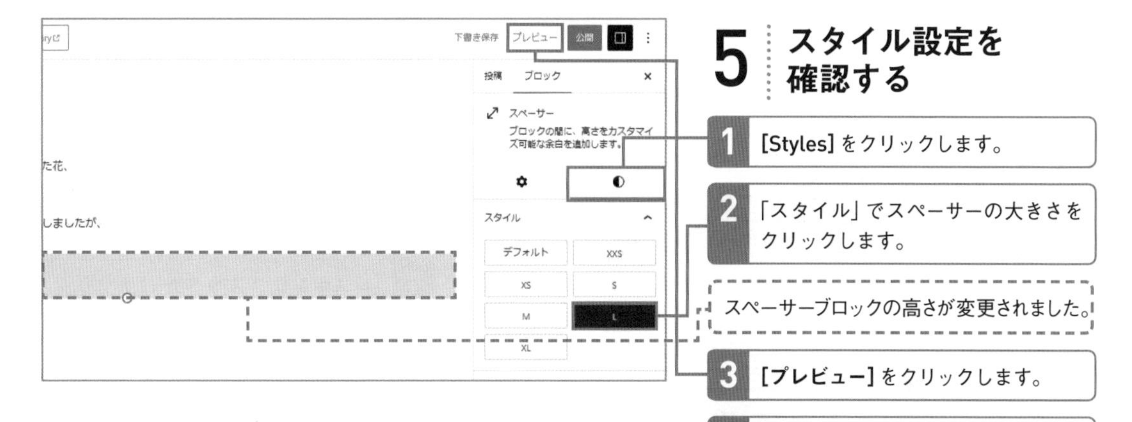

5 スタイル設定を確認する

1 [Styles] をクリックします。

2 「スタイル」でスペーサーの大きさをクリックします。

スペーサーブロックの高さが変更されました。

3 **[プレビュー]** をクリックします。

4 **[新しいタブでプレビュー]** をクリックします。

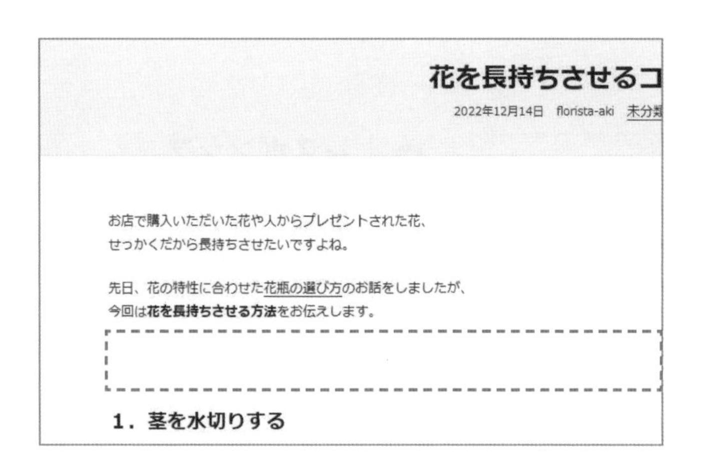

6 余白が追加された

スペーサーブロックが投稿に反映され、ブロックの間に余白が追加されました。

「レスポンシブスペーサー」ブロックで余白を調整する

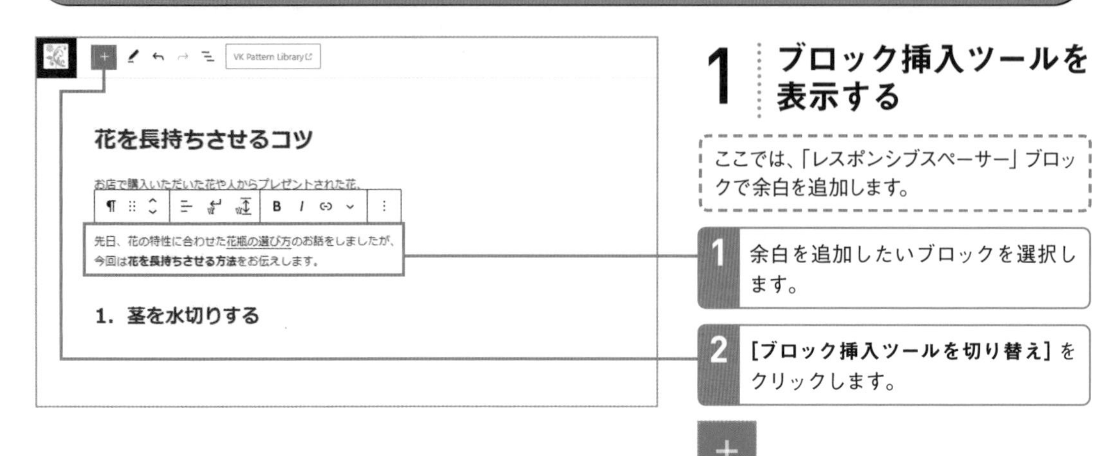

1 ブロック挿入ツールを表示する

ここでは、「レスポンシブスペーサー」ブロックで余白を追加します。

1 余白を追加したいブロックを選択します。

2 ［ブロック挿入ツールを切り替え］をクリックします。

＋

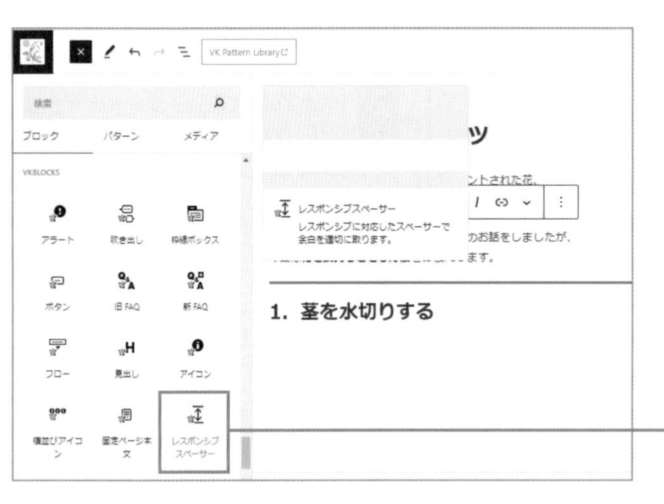

2 レスポンシブスペーサーを挿入する

1 ［レスポンシブスペーサー］をクリックします。

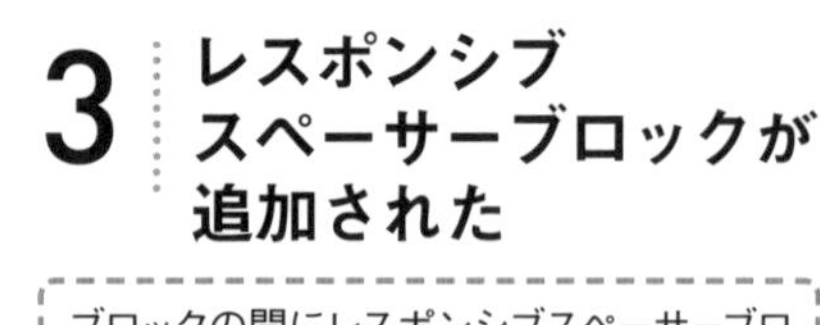

3 レスポンシブスペーサーブロックが追加された

ブロックの間にレスポンシブスペーサーブロックが挿入され、余白ができました。

花を長持ちさせるコツ

お店で購入いただいた花や人からプレゼントされた花、
せっかくだから長持ちさせたいですよね。

先日、花の特性に合わせた花瓶の選び方のお話をしましたが、
今回は花を長持ちさせる方法をお伝えします。

1. 茎を水切りする

4 レスポンシブスペーサーブロックの設定を表示する

1 **[設定]** をクリックします。

2 **[余白の設定]** が表示されていない場合はクリックします。

3 余白の大きさをクリックします。

5 余白の設定を変更する

スペーサーブロックの高さが変更されました。

[カスタム] をクリックすると、XS～XL以外の任意のサイズを、画面サイズ別に指定できます。

1 **[プレビュー]** をクリックします。

2 **[新しいタブでプレビュー]** をクリックします。

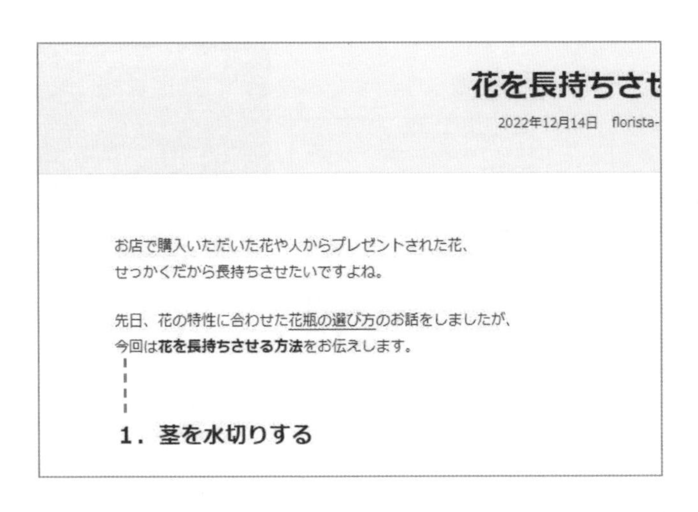

6 余白が追加された

レスポンシブスペーサーブロックが投稿に反映され、ブロックの間に余白が追加されました。

Lesson 31 [動画付きの投稿]

YouTubeの動画を掲載した投稿を公開しましょう

このレッスンのポイント

文章や画像だけでは説明が不十分だと感じたときには、動画を利用すると効果的でしょう。WordPressにはあらかじめ「YouTube」ブロックが用意されているので、YouTubeの動画のURLを埋め込むだけで簡単に投稿に動画を掲載できます。

YouTubeの動画を共有するURLを埋め込む

YouTubeの動画ページでは、SNSなどで動画を共有するためのURLが提供されています。WordPressでは「YouTube」ブロックにこのURLを埋め込むだけで、投稿内に再生できる形でYouTubeの動画を掲載できます。動画の表示サイズは指定できませんが、左寄せ、中央揃え、右寄せの設定は可能です。動画を掲載したら、思い通りに表示されているか確認してみましょう。

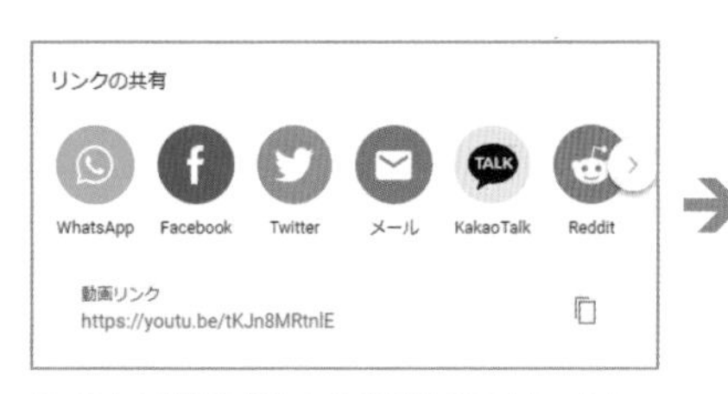

YouTubeで共有するためのURLをコピーする。

コピーしたURLを「YouTube」ブロックに埋め込む。

PC

スマホ

投稿に再生できる形でYouTubeの動画を掲載できる

ほかの人の動画を掲載するときは、使っていいものなのか、著作権は問題ないか、必ず事前に確認しましょう。

YouTubeに動画をアップロードする

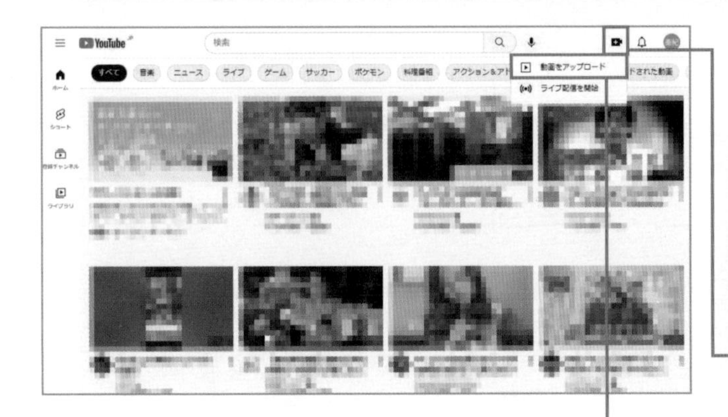

1 チャンネルの作成画面を表示する

1 YouTube（https://www.youtube.com）を表示します。

2 あらかじめGoogleのアカウントでログインしておきます。

3 **［作成］**をクリックします。

4 **［動画をアップロード］**をクリックします。

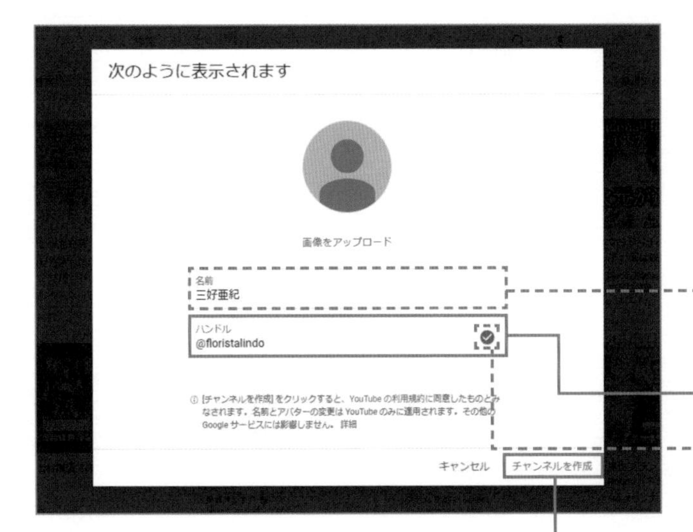

2 チャンネルを作成する

すでにYouTubeでチャンネルを作成済みの場合は、この作業は必要ありません。

この名前がチャンネル名になります。初期状態ではGoogleアカウントの名前が表示されますが、別の名前を入力して変更することもできます。

1 希望するハンドルを入力します。

入力したハンドルが使用できる場合は、チェックマークのアイコンが表示されます。

2 **［チャンネルを作成］**をクリックします。

POINT
ハンドルとは、チャンネル名とは異なるユーザー固有の識別子で、頭に必ず「@」が付きます。

3 チャンネルが作成された

チャンネルが作成されました。

1 **[動画をアップロード]** をクリックします。

4 動画をアップロードする

この画面は初回のみ表示されます。

1 **[続行]** をクリックします。

5 動画の選択画面を表示する

1 **[ファイルを選択]** をクリックします。

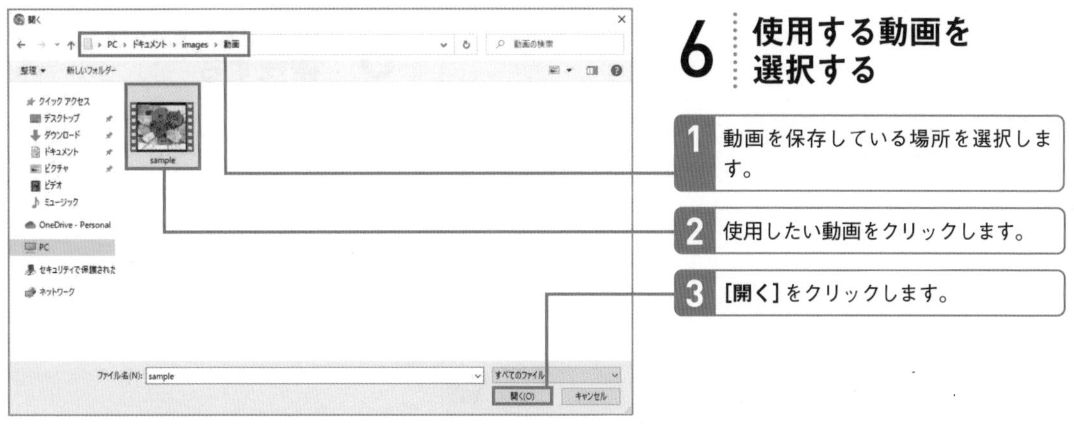

6 使用する動画を選択する

1 動画を保存している場所を選択します。

2 使用したい動画をクリックします。

3 [開く]をクリックします。

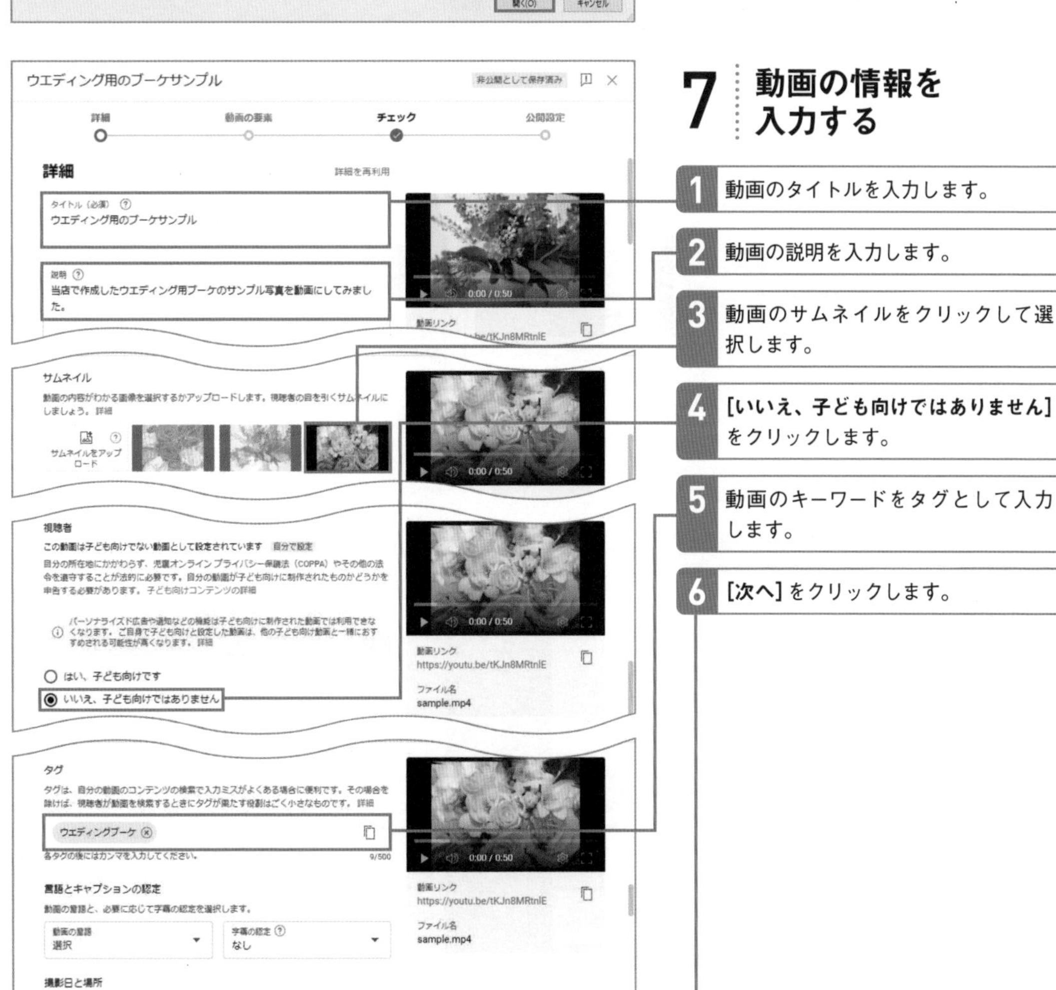

7 動画の情報を入力する

1 動画のタイトルを入力します。

2 動画の説明を入力します。

3 動画のサムネイルをクリックして選択します。

4 [いいえ、子ども向けではありません]をクリックします。

5 動画のキーワードをタグとして入力します。

6 [次へ]をクリックします。

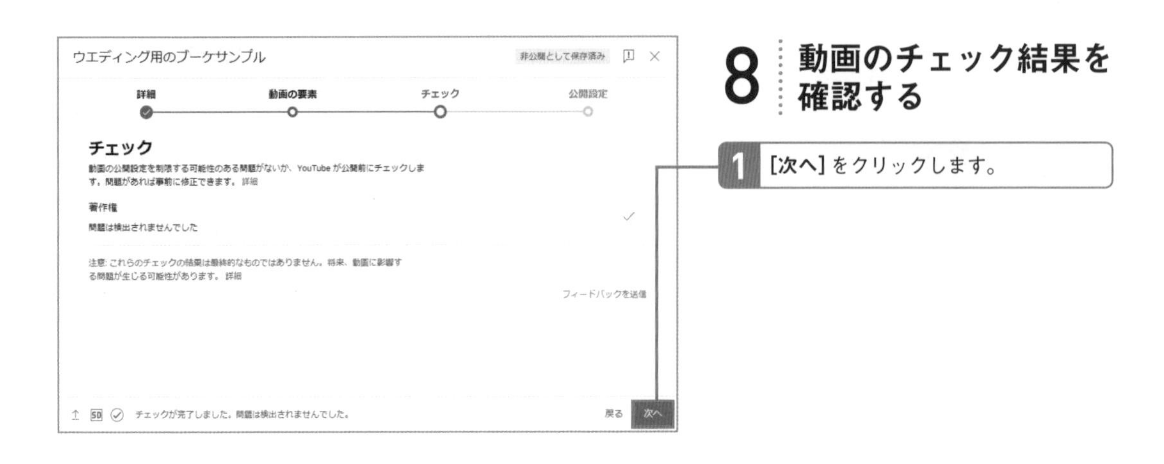

8 動画のチェック結果を確認する

1 [次へ]をクリックします。

9 動画の公開設定を選択する

1 [公開]をクリックします。

2 [公開]をクリックします。

10 アップロードした動画を表示する

1 動画のリンクをクリックします。

11 動画がアップロードされた

YouTubeに動画がアップロードされました。続いて、動画を投稿に掲載する方法を解説します。

YouTubeの動画を投稿に掲載する

1 動画の共有メニューを表示する

1 YouTubeにアップロードした動画のページを表示します。

2 **[共有]** をクリックします。

2 URLをコピーする

[リンクの共有] 画面が表示されます。

1 **[コピー]** をクリックします。

動画のリンク先URLがコピーされます。

3 投稿画面を表示する

1 114～116ページを参考に **[新規投稿を追加]** 画面を表示してタイトルと文章を入力し、パーマリンクを設定します。

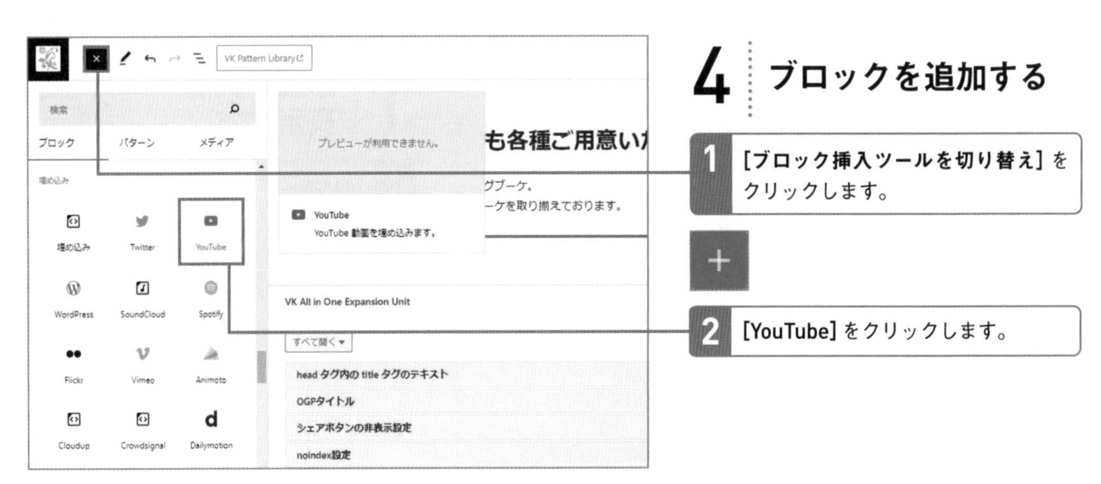

4 ブロックを追加する

1 **[ブロック挿入ツールを切り替え]** をクリックします。

2 **[YouTube]** をクリックします。

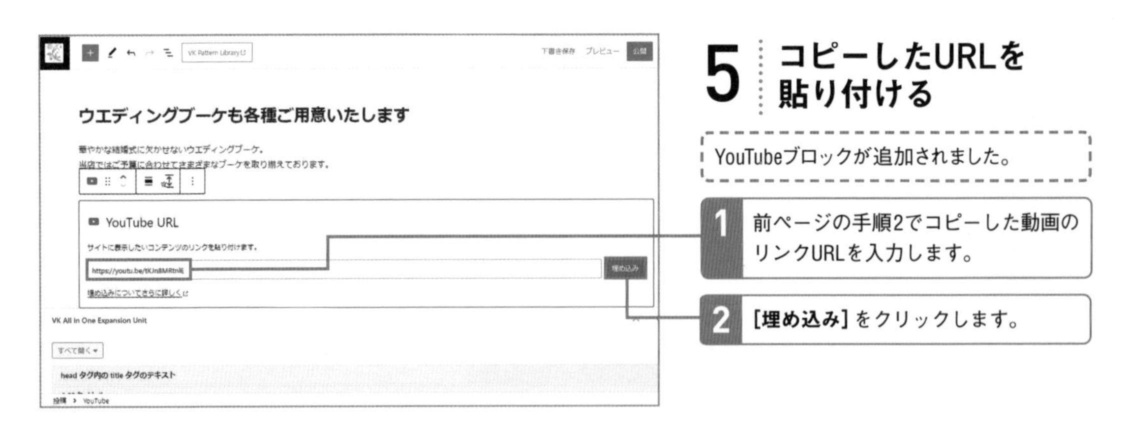

5 コピーしたURLを貼り付ける

YouTubeブロックが追加されました。

1 前ページの手順2でコピーした動画のリンクURLを入力します。

2 **[埋め込み]** をクリックします。

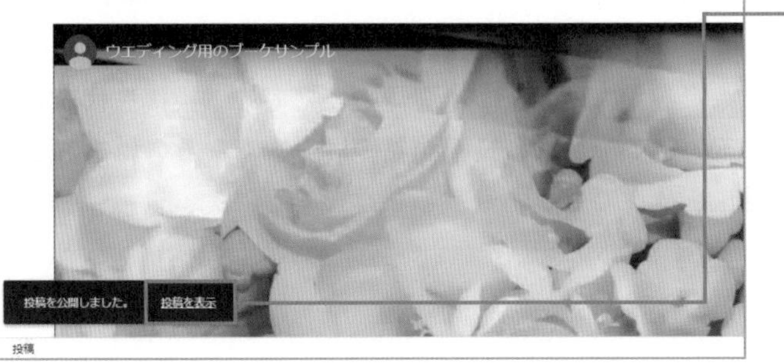

6 公開した記事を確認する

Lesson 27の手順9～10を参考に投稿を公開し、表示します。

1 **[投稿を表示]** をクリックします。

7 動画を掲載した投稿が作成された

YouTubeの動画を埋め込んだ投稿を作成できました。クリックすると動画を再生できます。

ワンポイント「カスタムHTML」ブロックで動画を埋め込む

「YouTube」ブロックでの動画の埋め込みがうまくいかないときは、「カスタムHTML」ブロックでも埋め込むことができます。143ページの手順2で[埋め込む]をクリックし、<iframe>タグをコピーします。前ページの手順4で[カスタムHTML]のブロックを追加し、[HTMLを入力…]をクリックしてコピーしたコードを貼り付けて投稿を公開すると、動画を掲載した投稿を作成できます。

Lesson 32 [アイキャッチ画像]

アイキャッチ画像を設定して投稿に興味を持ってもらいましょう

このレッスンのポイント

アイキャッチ画像とはその名の通り、訪問者の目を引いたり、目に留まったりしやすくするために設定する画像のことです。投稿を代表する画像を設定することで、目的の投稿が見つけやすくなるのはもちろん、訪問者に興味を持ってもらいやすくなります。

アイキャッチ画像で興味を引く

アイキャッチ画像は、Lesson 28の画像と違い投稿内には掲載されません。表示される場所はテーマによって異なります。X-T9では、下の画面のようにアイキャッチ画像はカテゴリー（Lesson 34）ごとに投稿を一覧で表示した場合などに表示されます。投稿のタイトルがずらりと並んでいるだけの状態に、投稿の内容が伝わるアイキャッチ画像を加えることで、訪問者にどんな内容の投稿なのかが伝わりやすくなり、投稿を読んでもらえる可能性が高くなります。

投稿内容を象徴する画像をタイトルの横に表示できる

パソコン

スマホ

花束で感謝を伝えましょう！
2022年12月20日 カテゴリー：未分類
普段から一所懸命働いているお母さんやお父さんに、そしてパートナーにお気に入りのお花を贈るのはいかがでしょうか？当店ではアレンジメントも含めて、多数のラインナップを用意しています。通販で指定日到着も受け付けておりますので、[…]
続きを読む

複数の画像を貼り付けている場合は、最もアピールしたい画像のサムネイルを作成し、アイキャッチ画像とすると効果的です。

アイキャッチ画像を設定する

1 アイキャッチ画像の管理画面を表示する

1. 116～118ページを参考に **[投稿の新規追加]** 画面を表示してタイトルと文章を入力し、パーマリンクを設定します。
2. **[投稿]** をクリックします。
3. **[アイキャッチ画像]** をクリックします。
4. **[アイキャッチ画像を設定]** をクリックします。

2 画像のアップロード画面を表示する

1. **[ファイルをアップロード]** をクリックします。
2. **[ファイルを選択]** をクリックします。

ワンポイント デフォルトのアイキャッチ画像を設定するには

「デフォルトサムネイル」を設定しておくと、アイキャッチ画像が未設定の場合でも、決まったアイキャッチ画像を表示することができます。デフォルトサムネイルは、Lesson 19で有効化した「VK All in One Expansion Unit」(ExUnit) プラグインの機能です。設定方法は150ページで解説します。

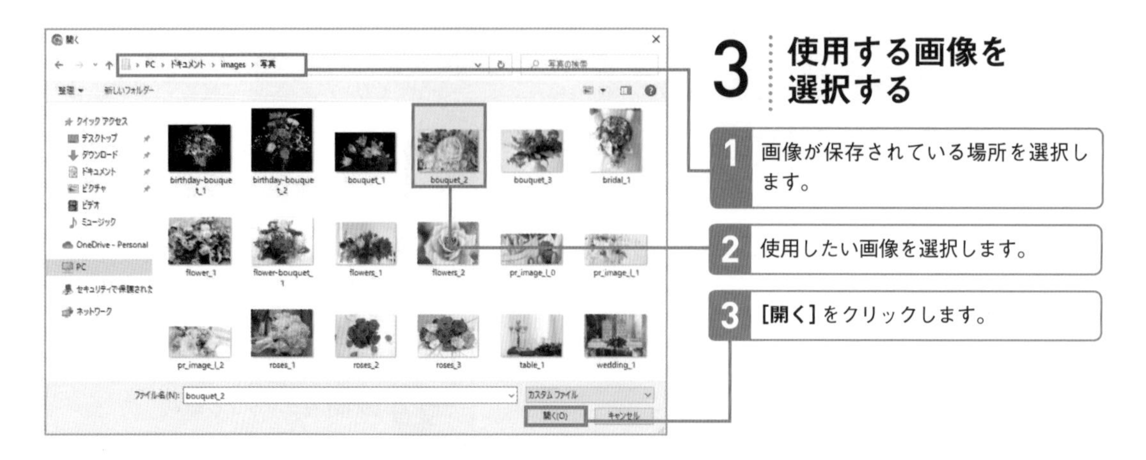

3 使用する画像を選択する

1 画像が保存されている場所を選択します。

2 使用したい画像を選択します。

3 **[開く]** をクリックします。

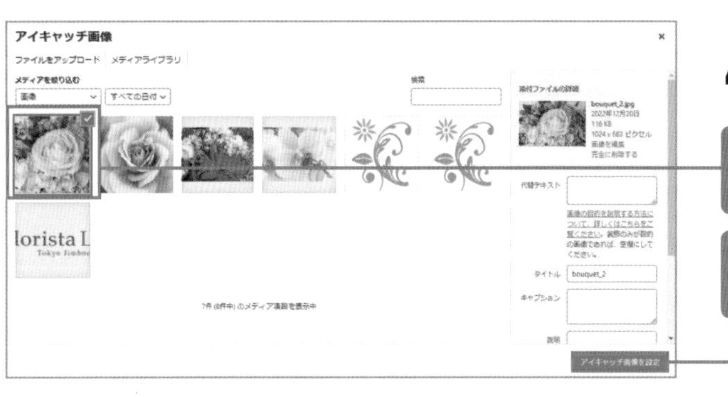

4 アップロードした画像を選択する

1 アップロードした画像にチェックマークが付いていることを確認します。

2 **[アイキャッチ画像を設定]** をクリックします。

5 画像が設定された

アイキャッチ画像が設定されていることを確認します。

1 Lesson 27の手順9～10を参考に投稿を公開し、表示します。

花束で感謝を伝えましょう！

普段から一所懸命働いているお母さんやお父さんに、そしてパートナーにお気に入りのお花を贈るのはいかがでしょうか？
当店ではアレンジメントも含めて、多数のラインナップを用意しています。
通販で指定日到着も受け付けておりますので、ぜひご相談ください。

VK All in One Expansion Unit

すべて開く

head タグ内の title タグのテキスト

OGPタイトル

シェアボタンの非表示設定

noindex設定

投稿を公開しました。 投稿を表示

投稿

6 公開された投稿を表示する

1 ［投稿を表示］をクリックします。

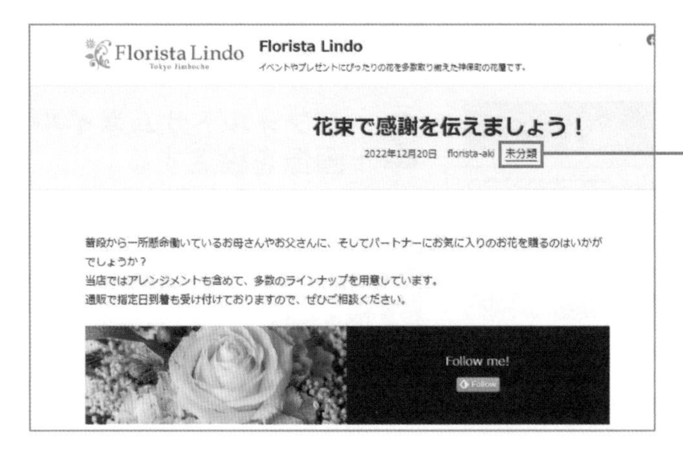

7 投稿の一覧ページを表示する

1 カテゴリー名をクリックします。

アイキャッチ画像が表示される位置は、テーマやプラグインの設定などで異なります。

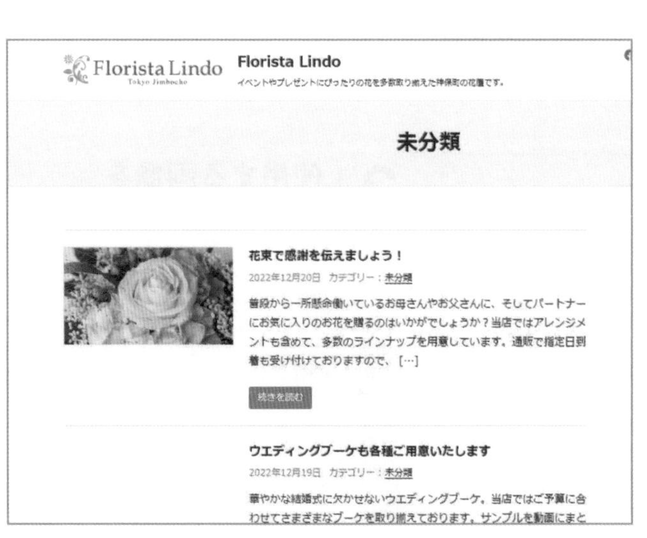

8 アイキャッチ画像が設定された

設定したアイキャッチ画像が、選択したカテゴリーの投稿の一覧上で表示されます。アイキャッチ画像を設定していないときよりも、投稿の内容が伝わりやすくなります。同様の手順でほかの投稿にも設定しておきましょう。

デフォルトサムネイル画像を設定する

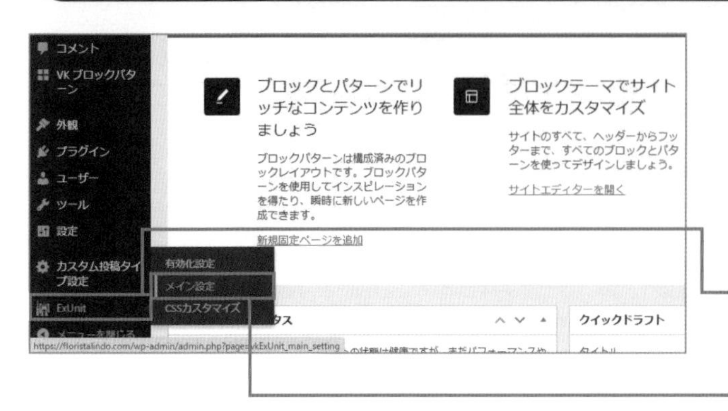

1 ExUnitの設定を表示する

ここでは、アイキャッチ画像が未設定の場合に表示されるデフォルトサムネイル画像を設定します。

1 管理画面の［ExUnit］にマウスポインターを合わせます。

2 ［メイン設定］をクリックします。

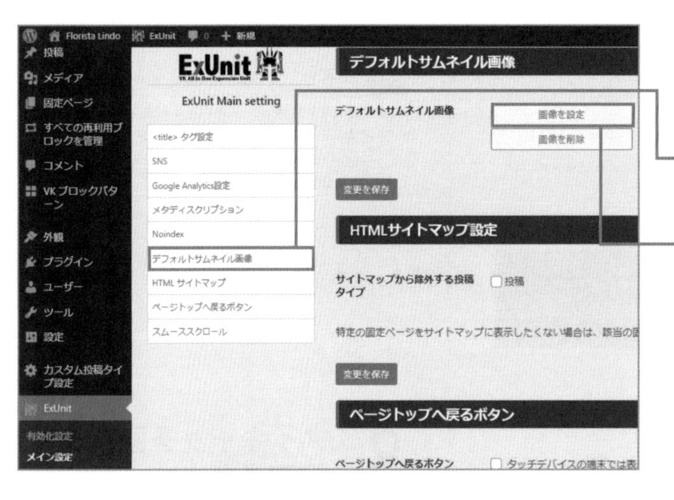

2 デフォルトサムネイル画像を設定する

1 ［デフォルトサムネイル画像］をクリックします。

2 ［画像を設定］をクリックします。

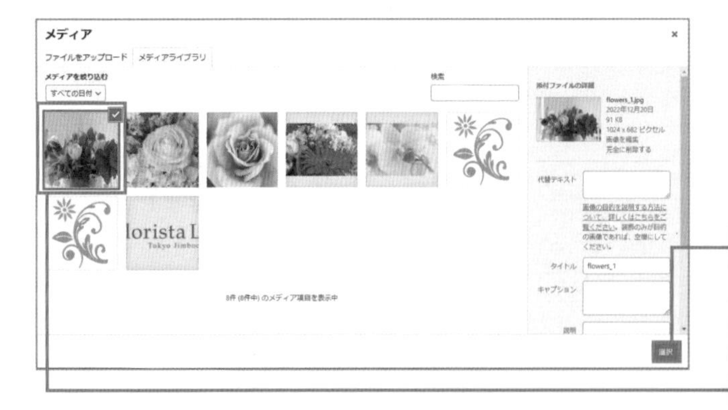

3 使用する画像を選択する

122～123ページを参考に、メディアライブラリに画像をアップロードします。

1 ［選択］をクリックします。

2 デフォルトサムネイル画像に設定する画像をクリックして、チェックマークを付けます。

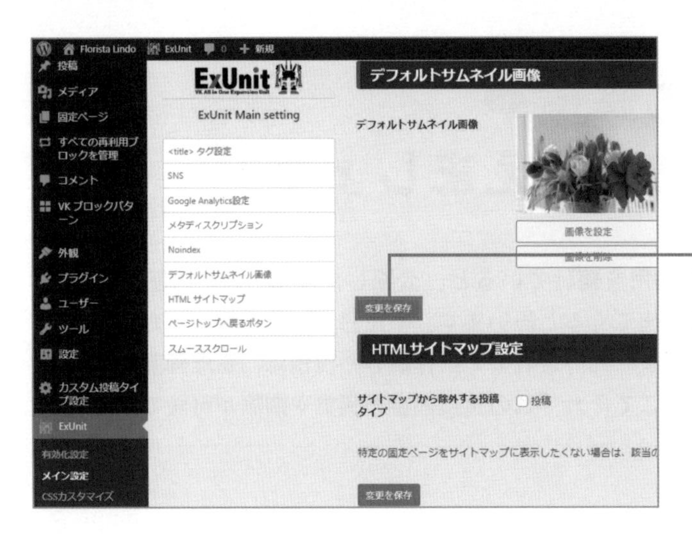

4 画像が設定された

デフォルトサムネイル画像が設定されていることを確認します。

1 **[変更を保存]** をクリックします。

2 70ページを参考にWebサイトを表示し、投稿の一覧を表示します。

5 デフォルトサムネイル画像が反映された

設定したデフォルトサムネイル画像が、投稿の一覧上で表示されました。投稿ごとのアイキャッチ画像が未設定の場合でも、決まった画像が表示されるようになります。

147～149ページでアイキャッチ画像が設定されている投稿には、デフォルトサムネイル画像は表示されていません。

Lesson 33

[投稿の編集や削除]

投稿内容の修正や削除の方法を覚えましょう

このレッスンのポイント

Webサイトの運用を続けていると、公開した後に内容の修正や追記をしたい場合も出てくると思います。不用意な投稿を削除したい場合もあるかもしれません。これまでに作成した投稿は、管理画面から一覧表示でき、そこでそれぞれの投稿内容の編集や削除が可能です。

不用意な編集や削除は誤解を招く

一度公開した投稿の編集や削除をする場合は、すでにその投稿を読んだ訪問者に配慮しましょう。誤字脱字を修正する程度であれば問題ありませんが、例えば、イベントの日時や商品の価格を誤って掲載した場合などに、もとの文章を何事もなかったように修正してしまうと、すでに読んだ後の人には伝わりません。その際は、投稿を修正した上で、誤った情報を掲載していたことを伝える投稿を新たに公開しておくと親切です。

また、投稿の不用意な削除にも注意が必要です。すでに別のWebサイトやソーシャルメディアでその投稿をURLとともに紹介してもらった場合などにリンクがつながらなくなってしまいます。どうしても削除が必要な場合を除き、できれば投稿の内容を修正して対応する方が賢明です。さらに、追記や修正をする際は投稿のタイトルや文中の該当する箇所に「○月○日追記」などの表記を書き加えておくと親切になります。

普段から一所懸命働いているお母さんやお父さんに、そしてパートナーにお気に入りのお花を贈るのはいかがでしょうか？
当店ではアレンジメントも含めて、多数のラインナップを用意しています。
通販で指定日到着も受け付けておりますので、ぜひご相談ください。

【12月21日追記】
大変好評につき、新春アレンジメントの予約を終了いたしました。
申し訳ございません。

日付と一緒に追記しておくことで混乱を避けられる。

投稿を間違って削除しても、ゴミ箱からすぐにもとに戻せます。

一度公開した投稿を編集する

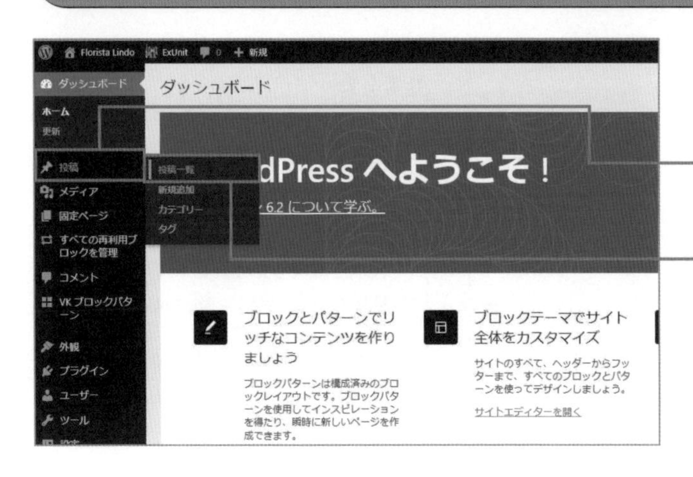

1 投稿の一覧を表示する

1 管理画面の［投稿］にマウスポインターを合わせます。

2 ［投稿一覧］をクリックします。

2 編集画面を表示する

［投稿］画面が表示されました。

1 編集したい投稿にマウスポインターを合わせます。

2 ［編集］をクリックします。

3 編集した内容を更新する

1 投稿の内容などを編集します。

2 ［更新］をクリックします。

4 投稿が編集された

編集した内容がWebサイト上で反映されました。

[投稿を表示]をクリックすると、Webサイト上で確認できます。

POINT

投稿を編集したことはすでに読んだ人には伝わらないので、誤った情報を掲載してしまった場合などは、投稿を修正した旨を新たな投稿などで告知するようにしましょう。

投稿を削除する

1 削除したい投稿をゴミ箱に移動する

1 前ページを参考に **[投稿]** 画面を表示します。

2 投稿の一覧から削除したい投稿にマウスポインターを合わせます。

3 **[ゴミ箱へ移動]** をクリックします。

2 ゴミ箱を確認する

投稿が削除されました。

1 **[ゴミ箱]** をクリックします。

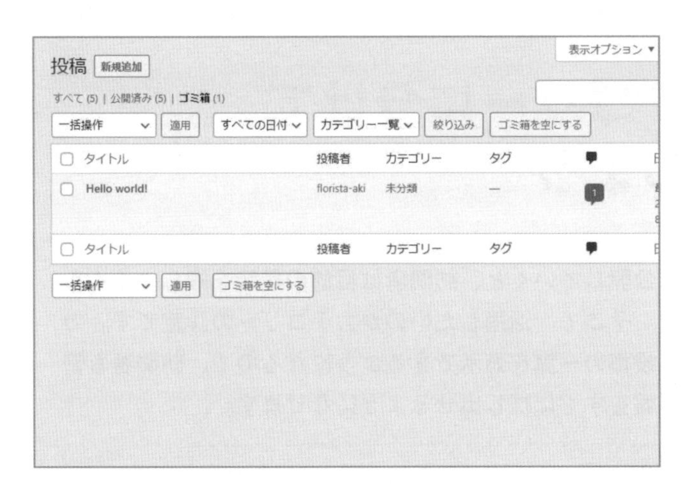

3 ゴミ箱が表示された

投稿が削除され、Webサイト上に表示されなくなりました。ゴミ箱にある状態では、データは完全に削除されたわけではありません。[復元] をクリックすると再び表示できるようになります。また、[完全に削除する] をクリックすると投稿のデータを削除できます。

投稿にマウスポインターを合わせるとメニューが表示されます。

ワンポイント 公開される日時を指定して予約投稿もできる

新商品やサービスの発表など、日時をきっちり決めて公開したかったり、そのときに管理者がパソコンの前にいられなかったりすることもあります。そんなときは、[投稿の新規追加] 画面右側の [公開] の隣にある [今すぐ] をクリックすると、公開される日時を指定して投稿できます。日時を指定すると [公開する] が [予約...] に変わるので、[予約...] をクリックすれば予約は完了です。指定した日時になると、自動的に投稿が公開されます。

1 116～117ページを参考に投稿する内容を入力します。

2 **[今すぐ]** をクリックします。

3 投稿を公開したい日時を入力します。

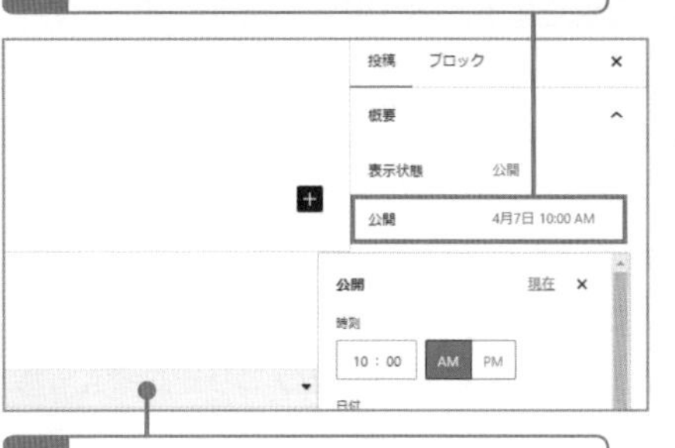

4 カレンダー外をクリックします。

[今すぐ] が公開予定日時に変化します。**[予約...]** をクリックすると予約をセットできます。

Lesson 34

［カテゴリーの整理］

投稿をカテゴリーに分けて整理しましょう

このレッスンのポイント

投稿をたくさん公開していくと、訪問者は目的の投稿を探しにくくなってしまいます。そこで、活用したいのがカテゴリーの設定です。カテゴリーごとに投稿の一覧を表示できるようになるので、訪問者も管理者も必要な情報をすぐに探し出せるようになります。

カテゴリーは本の「目次」のように分ける

Webサイトをはじめて作る場合には、どのようにカテゴリーを整理するか迷う場合もあると思います。カテゴリーは、そのWebサイトで骨子となる内容ごとに分けるようにしましょう。イメージとしては、本の「目次」にあたるような分け方です。例えば、花屋のWebサイトであれば、入荷情報やキャンペーン情報を知らせる「情報」、花の育て方や飾り付けなどを紹介する「花の育て方」などのカテゴリーが考えられます。

カテゴリーを設定しておくことで、ナビゲーション（Lesson 43）で、カテゴリーごとに投稿の一覧を表示できるように設定することもできます。カテゴリーで投稿を整理しておくことで、訪問者は投稿を探しやすくなり、投稿を読んでもらえる確率が高まります。自分がWebサイトの訪問者になった立場で、カテゴリーを作るといいでしょう。また、1つの投稿に複数のカテゴリーを設定することもできます。カテゴリーは後で増やしたり設定し直したりできるので、まずは少ないカテゴリー数からはじめて、必要に応じて追加していきましょう。

パソコン

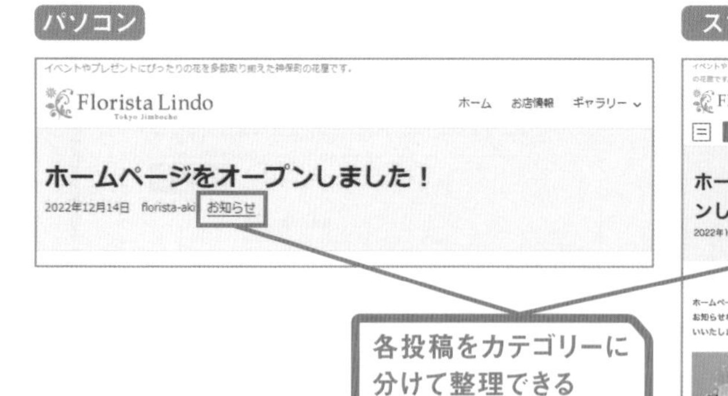

スマホ

各投稿をカテゴリーに分けて整理できる

カテゴリーが多くなりすぎては本末転倒なので、簡潔なカテゴリーを考えましょう。

カテゴリーを作成する

1 カテゴリーの作成画面を表示する

1 管理画面の［投稿］にマウスポインターを合わせます。

2 ［カテゴリー］をクリックします。

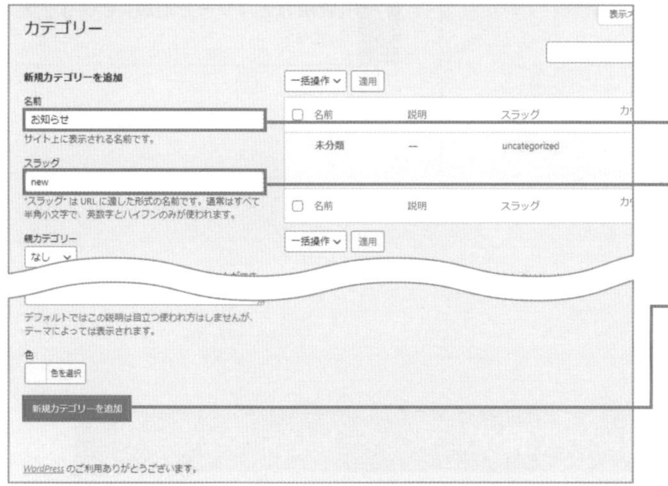

2 カテゴリーを作成する

1 ［名前］にカテゴリー名を入力します。

2 下のPOINTを参考に［スラッグ］に設定したい表記を入力します。

3 ［新規カテゴリーを追加］をクリックします。

POINT
スラッグはカテゴリーを示すURLの表記に利用されます。例えば、スラッグに「new」と設定すると、URLは「http://○○○.jp/category/new」となります。

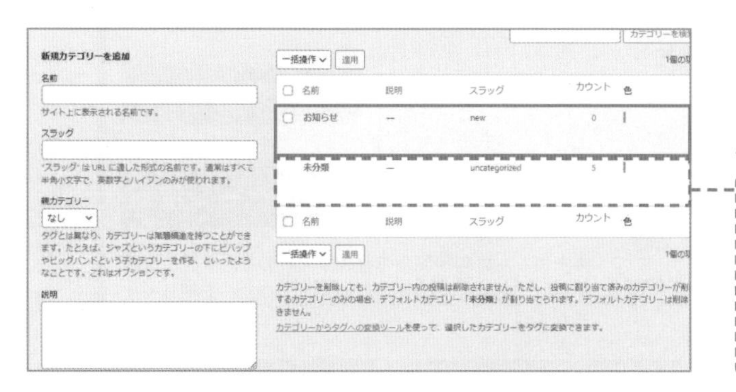

3 カテゴリーが作成された

新しいカテゴリーが作成されました。

マウスポインターを合わせると編集メニューが表示されます。初期設定の［未分類］というカテゴリーは［情報］など汎用性の高いものに名前を変更しておくとカテゴリーを設定し忘れた際に［未分類］と表示されないので安心です。

カテゴリーの親子を設定する

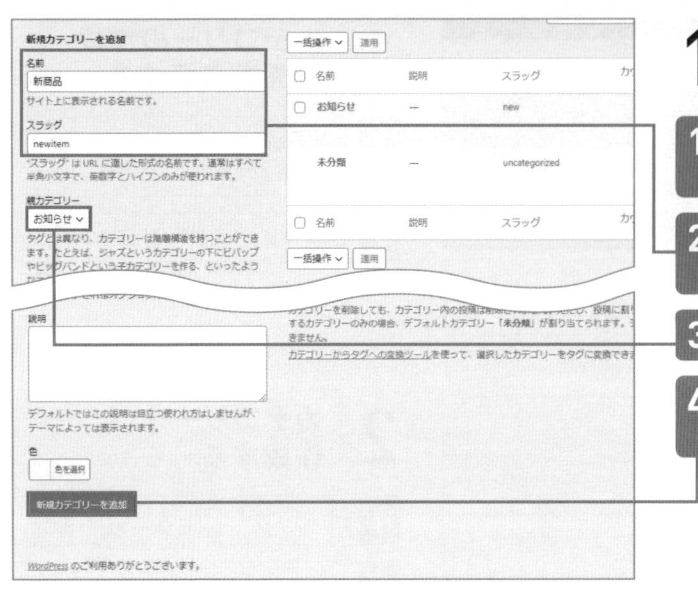

1 子のカテゴリーを作成する

1. 前ページを参考に［**カテゴリー**］画面を表示します。
2. 前ページを参考に［**名前**］と［**スラッグ**］を入力します。
3. 親となるカテゴリーを選択します。
4. ［**新規カテゴリーを追加**］をクリックします。

ワンポイント 子のカテゴリーって何？

カテゴリーが多くなりすぎると、せっかく分類した意味が薄れてしまいます。カテゴリーの数が増えそうな場合は、大分類として親のカテゴリーに整理すると見やすくなります。例えば、「新商品情報」「入荷情報」「キャンペーン情報」は「お知らせ」という1つの親カテゴリーの子にまとめる、といった具合です。
子のカテゴリーにさらに子を設定して、孫のカテゴリーを作ることもできますが、あまり複雑な構造にするのはおすすめできません。はじめてWebサイトを訪れた人でもひと目でわかるカテゴリー分類を心がけましょう。

親のカテゴリー	子のカテゴリー
お知らせ	新商品情報
	入荷情報
	キャンペーン情報

カテゴリーは親子関係で整理できるので、大きな分類で分けておくと訪問者が目的のカテゴリーを探しやすくなる。

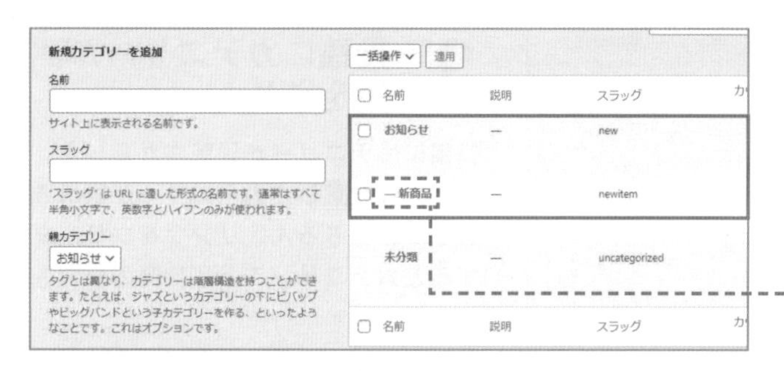

2 子のカテゴリーが作成された

親子の関係を持ったカテゴリーが作成されました。

子のカテゴリーは、設定した親のカテゴリーのすぐ下に並びます。また、子のカテゴリー名の前には「—」が表示されます。

投稿にカテゴリーを設定する

1 カテゴリーを設定して投稿を公開する

1. 116ページを参考に新規投稿の作成画面を表示するか、153ページを参考に投稿の編集画面を表示します。
2. **[投稿]** をクリックします。
3. **[カテゴリー]** をクリックします。
4. 設定したいカテゴリーをクリックしてチェックマークを付けます。

POINT

投稿の内容が多岐にわたり複数のカテゴリーを設定したい場合は、複数のカテゴリーにチェックマークを付けることもできます。

2 カテゴリーを設定した投稿が公開された

1. **[更新]** をクリックします（新規投稿の場合は、118～119ページを参考に投稿を公開します）。
2. **[投稿を表示]** をクリックします。

NEXT PAGE →

3 投稿にカテゴリーが設定された

投稿にカテゴリーが設定されました。投稿内に設定したカテゴリーが表示されるのはもちろん、リンクをクリックするとカテゴリーごとに投稿の一覧を表示できます。

投稿内やサイドメニューにカテゴリーが表示され、クリックすると同カテゴリーの投稿を一覧で表示できます。

ワンポイント「カテゴリー」と「タグ」の使い分け

WordPressには、カテゴリー以外にも「タグ」という投稿を分類する機能があります。「タグ」とは、主にその投稿で触れているキーワードで分類する機能で、カテゴリーよりもゆるく投稿をまとめられます。例えば、花屋のWebサイトで考えてみましょう。カテゴリーは、「入荷情報」や「育て方」で分類しているとします。バラの入荷情報について投稿する場合、カテゴリーは「入荷情報」を設定しますよね。この際、投稿に「バラ」というタグを付けておきます。また、別の投稿でバラの育て方について投稿したとします。カテゴリーは「育て方」ですね。ここでも、「バラ」というタグを投稿に付けておきます。すると、「バラの入荷情報」と「バラの育て方」は別のカテゴリーとして分類されていますが、同じ「バラ」というタグが付けられた状態になります。同じタグを設定しておくことで、訪問者はカテゴリー上での分類にかかわらず、「バラ」というタグの付いた投稿だけをまとめて探すことができます。バラのことを知りたくてサイトを訪れている訪問者には便利でしょう。タグをうまく使うと、1つの投稿からほかの投稿に移動してもらいやすくなります。タグを利用する場合は、表記ゆれが起こらないように気を付けて、ある程度共通のキーワードをいくつか設定しておくといいでしょう。

1 タグとして設定したいキーワードを入力します。

2 Enter キーを押します。

タグを設定した状態で投稿を公開すると、設定したタグが投稿の下部に表示されます。タグをクリックすることで、同じタグを設定した投稿が一覧で表示されます。

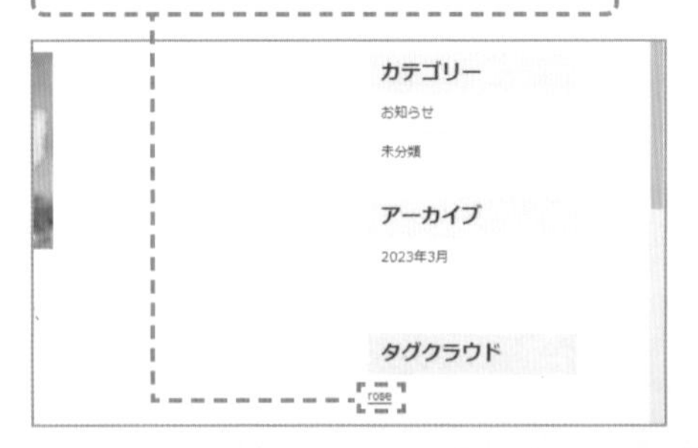

Lesson 35

[メディアの活用]

画像の管理や編集の方法を覚えましょう

このレッスンのポイント

WordPressには投稿時以外でも画像をアップロードできるライブラリ機能が付いています。まとめて写真を撮ったときや素材集を購入したときなど、あらかじめメディアライブラリにアップロードしておけば後からいつでも利用できます。

画像の編集も行える

画像のアップロード機能には簡単な画像編集の機能も付いているので、切り抜きや画像の向きの変更といった簡単な修正が可能です。また、アップロードした画像はメディアライブラリ上で一覧で確認したり、ファイル名で検索したりもできます。

さらに、126ページで解説した通り、[説明] の項目にキーワードを入力しておけば、大量の画像がアップロードされていても検索して探し出すことができます。

範囲を指定した切り抜きができる。

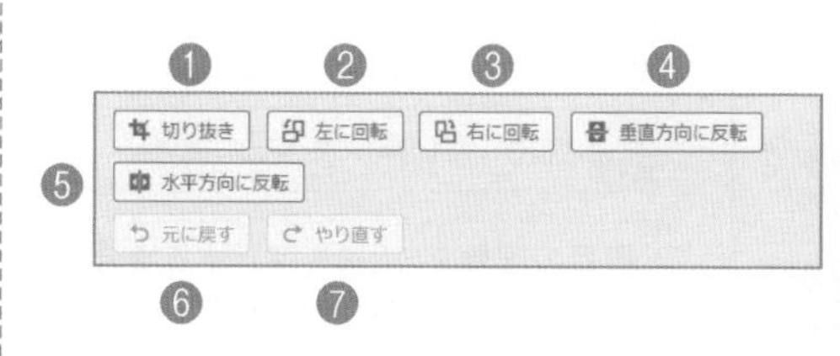

❶切り抜き（トリミング）
❷反時計回りに回転
❸時計回りに回転
❹垂直方向に反転
❺水平方向に反転
❻取り消し
❼やり直し

WordPressで使う画像は、全部メディアライブラリにまとめられます。

メディアライブラリに画像をアップロードする

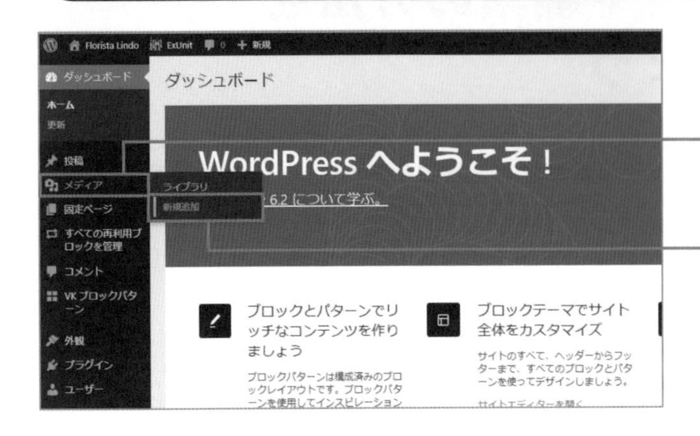

1 ファイルのアップロード画面を表示する

1. 管理画面の［メディア］にマウスポインターを合わせます。
2. ［新規追加］をクリックします。

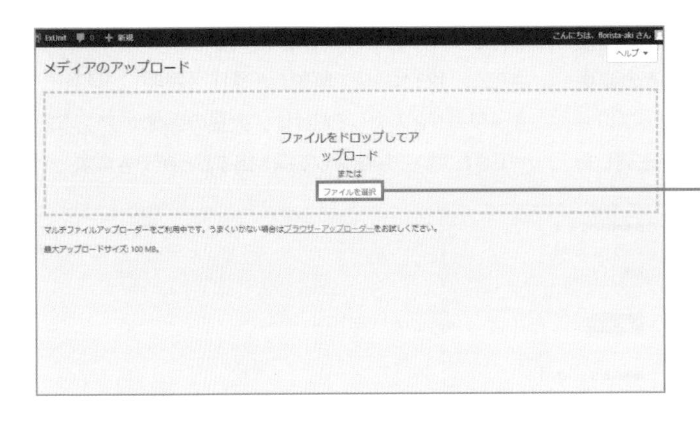

2 画像を選択する画面を表示する

1. ［ファイルを選択］をクリックします。

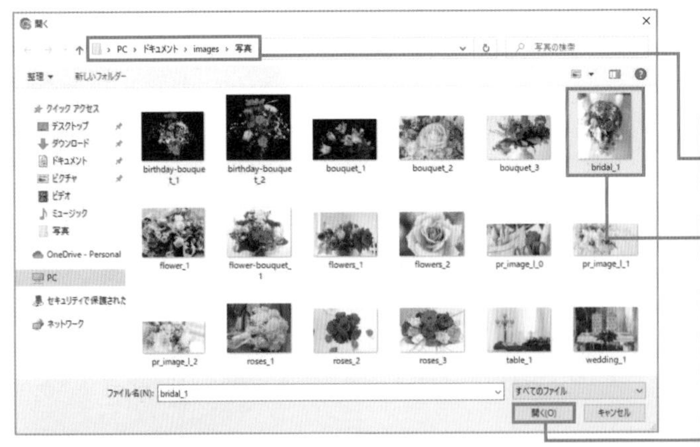

3 使用する画像を選択する

1. 画像が保存されている場所を選択します。
2. 使用したい画像を選択します。

複数の画像をまとめて選択する場合は、Ctrl キー（Macでは command キー）を押しながらクリックします。

3. ［開く］をクリックします。

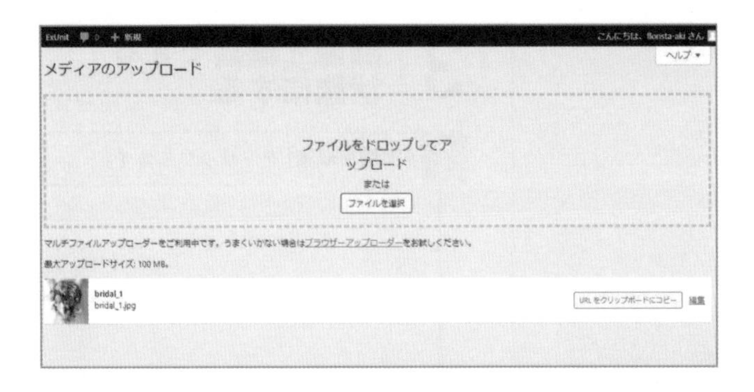

4 ファイルがアップロードされた

ファイルがアップロードされました。[メディアライブラリ]にファイルが追加されています。

[メディアライブラリ]には、画像以外にも動画や音声といったさまざまなファイルをアップロードすることができます。

アップロードした画像を編集する

1 ライブラリを表示する

1 管理画面の［メディア］にマウスポインターを合わせます。

2 ［ライブラリ］をクリックします。

2 編集する画像を選択する

1 左のアイコンをクリックします。

画像がリスト表示になりました。

2 編集したい画像の行にマウスポインターを合わせます。

3 ［編集］をクリックします。

3 画像を編集できる状態にする

1 **[画像を編集]** をクリックします。

4 画像を切り抜く

画像が編集できる状態になりました。ここでは、画像を切り抜きます。

1 **[切り抜き]** をクリックします。

切り抜き

5 切り抜く範囲を調整する

切り抜かれる範囲が点線で囲まれました。点線内の四角いボックスをドラッグすると枠の位置が移動し、切り抜く範囲を調整できます。

1 調整したい方向に四角いボックスをドラッグします。

2 選択された範囲を確認して **[切り抜き]** をクリックします。

6 編集した画像を保存する

画像が切り抜かれました。

1 **[保存]** をクリックします。

メディアを編集 新規追加
pr_image_l_1
パーマリンク: https://floristalindo.com/pr_image_l_1/
切り抜き 左に回転 右に回転 垂直方向に反転
水平方向に反転
元に戻す やり直す
画像縮尺の変更
元のサイズ: 620 × 300
新規サイズ:
620 × 300
縮尺変更
画像のトリミング
縦横比:
選択範囲:
キャンセル 保存
サムネイル設定

7 画像が編集された

編集した画像が保存されました。

ワンポイント 画像の回転や反転もできる

切り抜きのほかにも、画像を90度ずつ回転させたり、垂直・水平方向に反転したりできます。また、一度編集して保存した画像には［メディアを編集］画面の［画像縮尺の変更］の下に［元の画像を復元］というメニューが表示されるようになります。これをクリックすると、WordPressでの編集結果を破棄して、画像をアップロードしたときの状態に戻すことができます。

ワンポイント 画像のまわりにテキストを回り込ませるには

画像が中央に表示されている状態だと、画像の後のテキストは常に下に表示され、画像の左側または右側に文章を置くことことはできません。テキストを回り込ませて画像の横に置くには、画像の配置を変更しましょう。画像を選択して[配置] をクリックし、画像の場所を選択します。[左寄せ] にすると画像が左側に配置され、その右側にテキストが配置されます。[右寄せ] にすると、左寄せとは逆に配置されます。

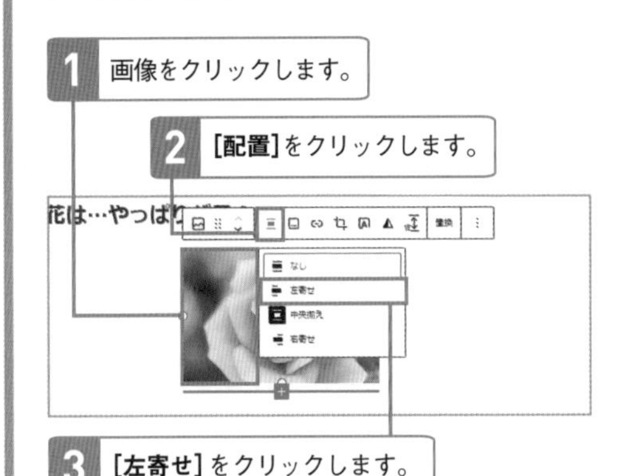

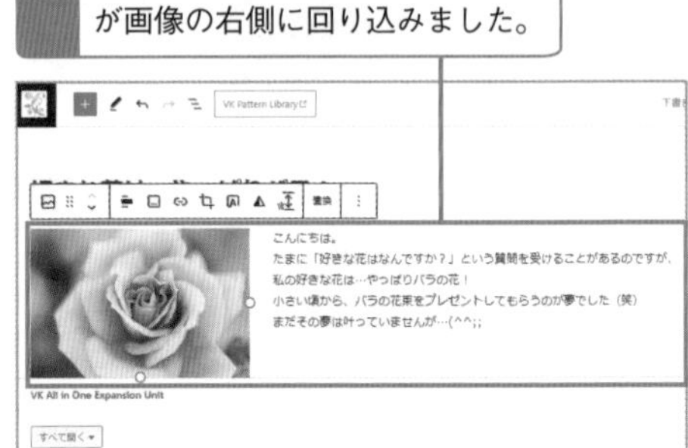

ワンポイント 一度作ったブロックを使いまわせる「再利用」ブロック

投稿の前後に必ず入れるフレーズやお知らせなどの情報がある場合、一度作ったブロックを登録しておいて、別の投稿で使いまわせる「再利用」ブロックが便利です。再利用ブロックの内容を変更すると、その再利用ブロックが使われているすべてのページに変更した内容が反映されます。

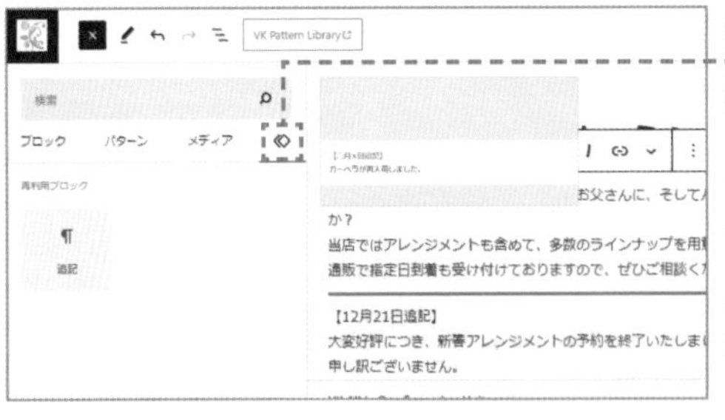

[再利用可能]に登録したブロックが表示される

再利用したいブロックを選択し、[オプション]→[再利用ブロックを作成] をクリックする。ブロックの名前を入力して [保存] をクリックすると保存できる。使用する際は[ブロック挿入ツールを切り替え]→[再利用可能] をクリックし、登録した再利用ブロックをクリックする。

Chapter

5

パターンを活用して固定ページを作ろう

Webサイトを構成する上で、なくてはならないのが「固定ページ」です。ページが時系列で整理される「投稿」とは違い、会社やお店の情報など、常にWebサイトの決まった場所で情報を掲載する固定ページを作成していきます。

Lesson 36 [ブロックパターン]

「ブロックパターン」で見栄えのするレイアウトにしましょう

このレッスンのポイント

ブロックエディターには便利なブロックがたくさん用意されていますが、レイアウトを一から作成すると手間がかかります。そこで、よく使われるレイアウトをあらかじめブロックで組み合わせた「ブロックパターン」を活用すると、効率よく見栄えの良いページが作れます。

ブロックパターンは簡単に利用できる

ブロックパターンは、ブロックと同様に簡単に配置できます。ブロック挿入ツールで [パターン] のカテゴリーを選択すると、利用できるパターンが登録されています。ブロックパターンは主に使用中のテーマやプラグインによって登録されているため、テーマやプラグインを変更すると使えなくなるものがあるので注意してください。

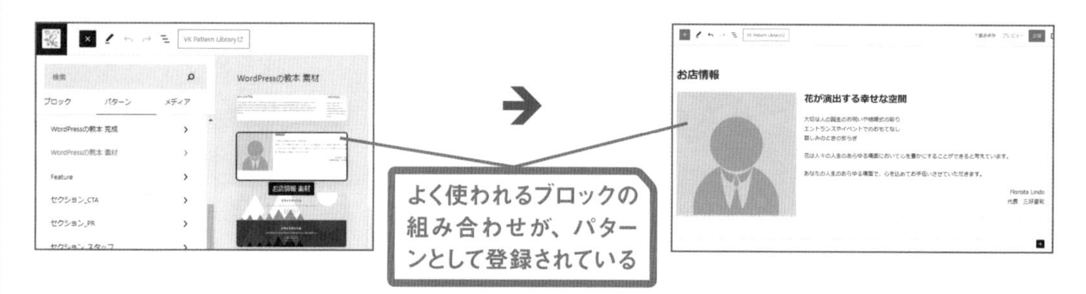

「再利用」ブロックとの違い

166ページで解説した「再利用」ブロックは、一度作ったブロックを登録して使いまわせる機能ですが、一度配置した後で元の再利用ブロックを編集・保存すると、配置先もすべて自動的に変更されます。このため、元のパターンを削除すると、配置先からも要素が消えてしまうことに注意が必要です。一方、ブロックパターンで配置した要素は、一度配置したら元のパターンとは無関係になります。文字や各種設定を変更しても、その変更内容は配置したページにのみ適用・保存されます。このため、元のブロックパターンを登録していたプラグインなどを後から停止しても消えるということはありません。なお、パターンによっては見た目のデザインが一部崩れることがあります。

配布サイトで豊富なブロックパターンが選べる

テーマやプラグインが提供しているブロックパターン以外にも、ブロックパターンを配布しているWebサイトから、さまざまなブロックパターンを使用することができます。

パターンのWebサイトで使いたいパターンを選んで、コピーして、自分のWordPressの編集画面に貼り付けるだけなのでとても簡単です。

▶ WordPress公式のパターン配布サイト

https://ja.wordpress.org/patterns/

▶ X-T9の開発元のパターン配布サイト

https://patterns.vektor-inc.co.jp/

1 パターン配布サイトにアクセスします。

2 使いたいパターンの［コピー］をクリックします。

3 投稿の編集画面を開きます。

4 挿入したい場所で右クリックして、［貼り付け］をクリックします。

5 投稿の編集画面にパターンが貼り付けられます。

Lesson 37 [固定ページの作成]

決まった場所に表示したい情報は固定ページとして作成しましょう

このレッスンのポイント

会社情報や問い合わせ先の情報など、めったに内容が変わらず、Webサイトの決まった場所に決まった情報を表示しておきたい場合は「固定ページ」として作成します。ここでは、固定ページの作成方法を学んでいきましょう。

固定ページの作成方法

固定ページの作成方法は、Lesson 27で解説した通常の投稿とほとんど変わりません。Lesson 36で解説したブロックパターンを活用しながら、Lesson 28やLesson 29で解説した画像の挿入や文字の装飾機能を使って、クオリティーの高いページを作成しましょう。

パソコン

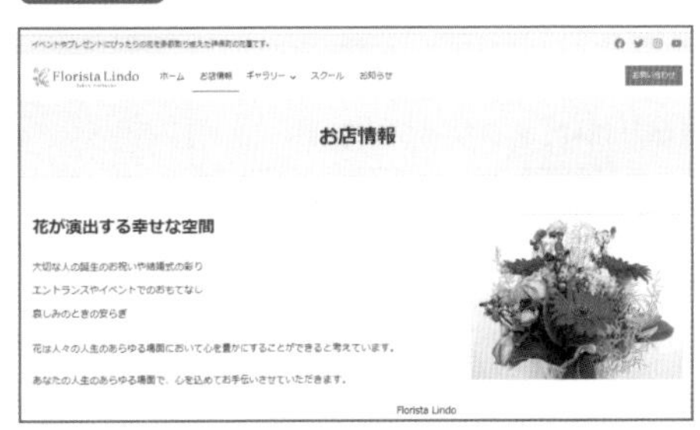

スマホ

数が増えていかないページは、固定ページで作ります。

固定ページを作成する

1 新規固定ページの作成画面を表示する

1 管理画面で［固定ページ］にマウスポインターを合わせます。

2 ［新規追加］をクリックします。

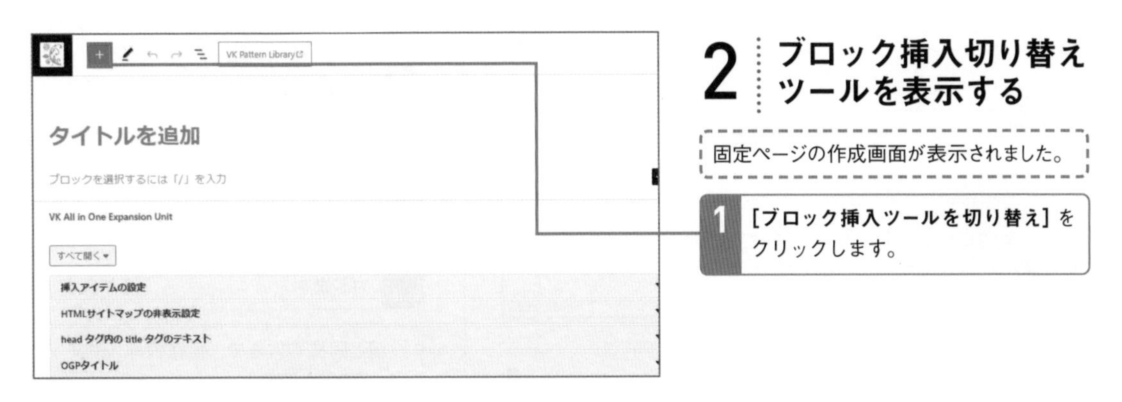

2 ブロック挿入切り替えツールを表示する

固定ページの作成画面が表示されました。

1 [ブロック挿入ツールを切り替え] をクリックします。

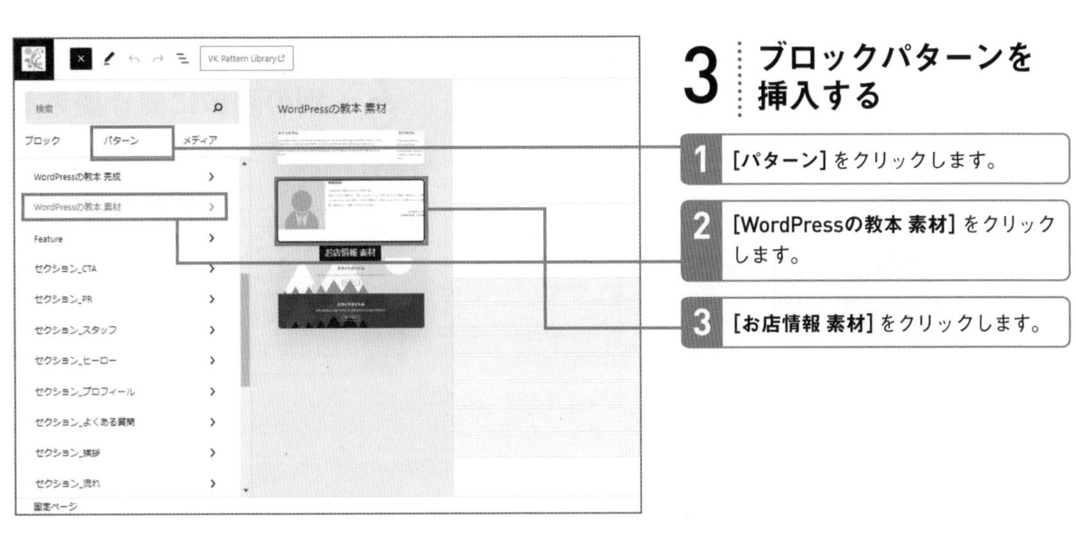

3 ブロックパターンを挿入する

1 [パターン] をクリックします。

2 [WordPressの教本 素材] をクリックします。

3 [お店情報 素材] をクリックします。

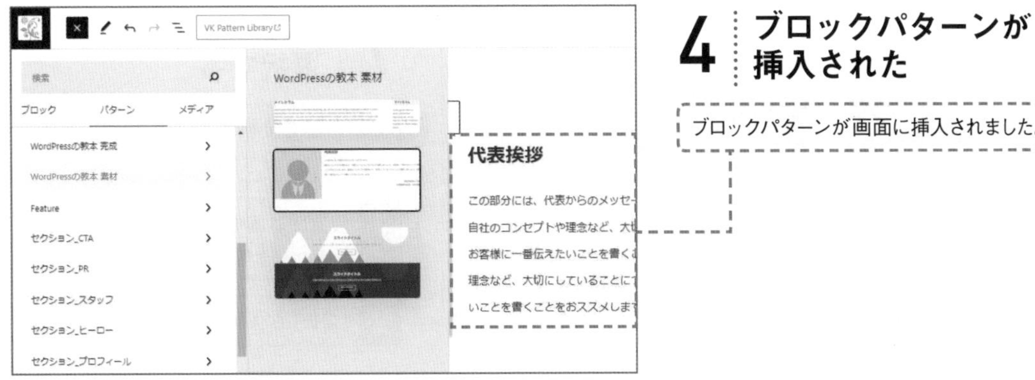

4 ブロックパターンが挿入された

ブロックパターンが画面に挿入されました。

5 タイトルと文字を入力する

1 116ページを参考に固定ページのタイトルを入力します。

2 117ページを参考にページの内容を入力します。

投稿と同様の方法で、画像の挿入や文字の入力もできます。

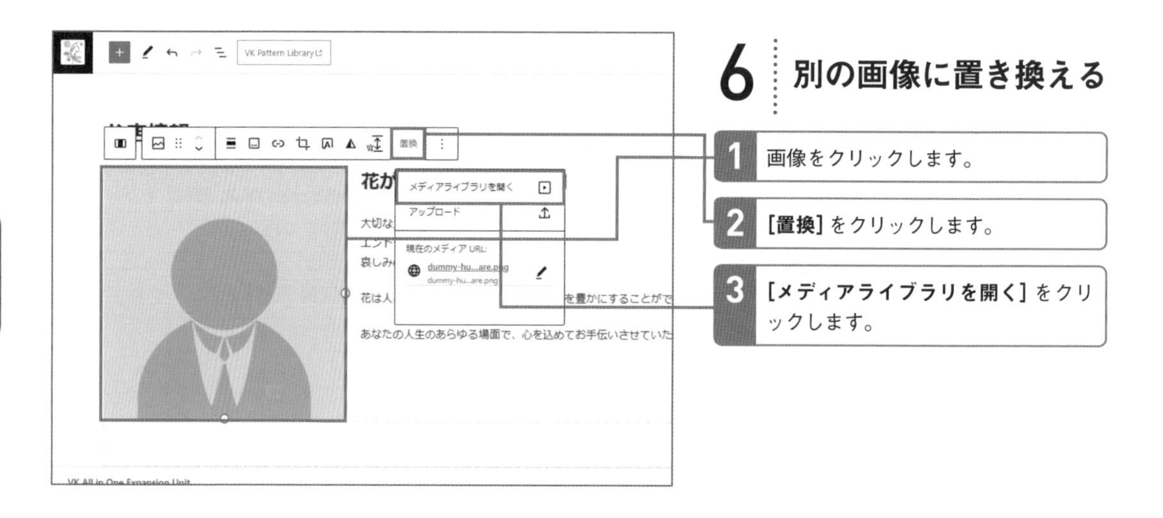

6 別の画像に置き換える

1 画像をクリックします。

2 **[置換]** をクリックします。

3 **[メディアライブラリを開く]** をクリックします。

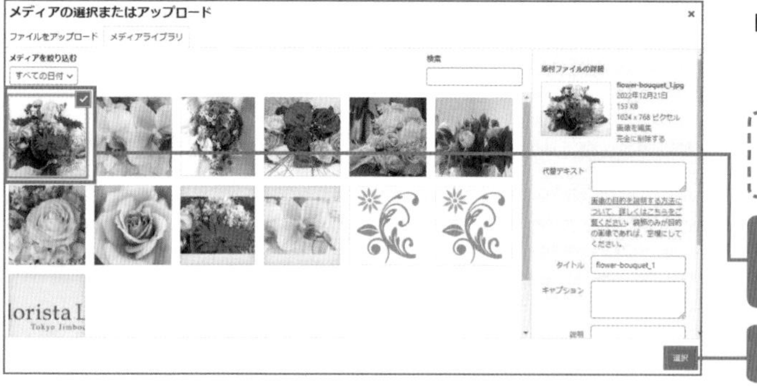

7 使用する画像を選択する

122ページを参考に、メディアライブラリに画像をアップロードします。

1 設定する画像をクリックしてチェックマークを付けます。

2 **[選択]** をクリックします。

8 画像が置き換えられた

画像が置き換えられました。

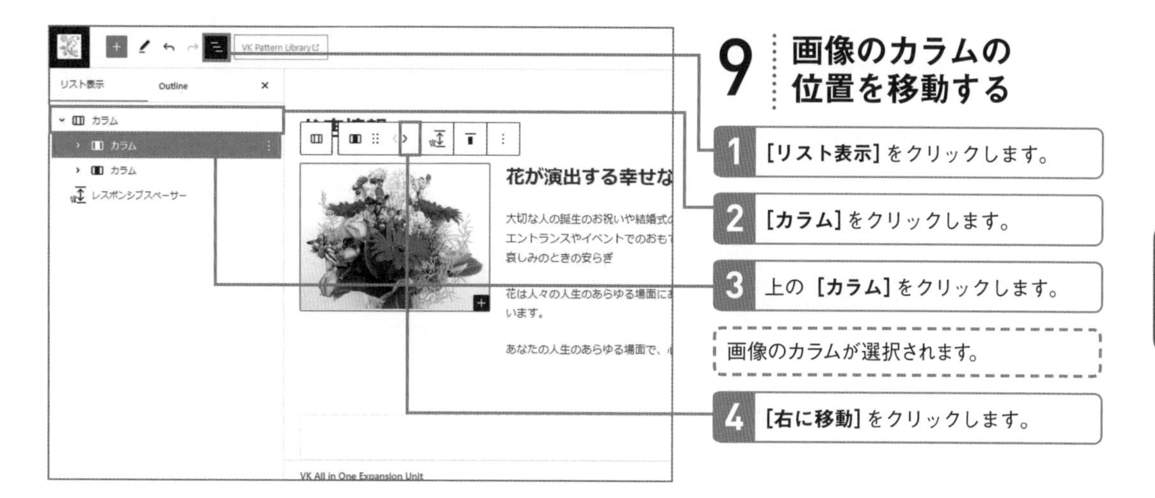

9 画像のカラムの位置を移動する

1 [リスト表示] をクリックします。

2 [カラム] をクリックします。

3 上の [カラム] をクリックします。

画像のカラムが選択されます。

4 [右に移動] をクリックします。

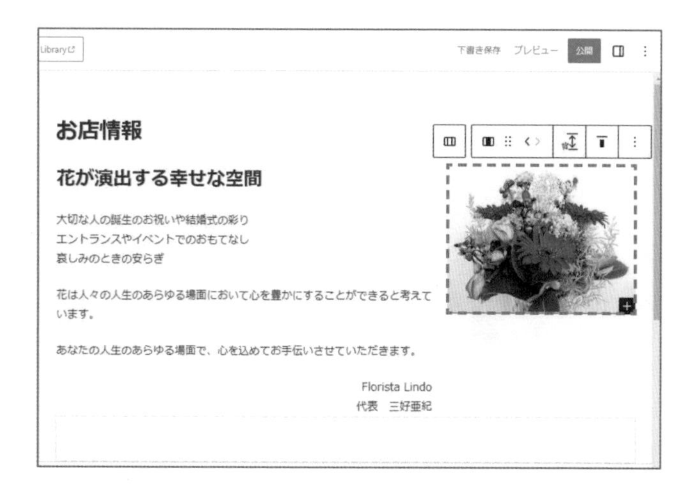

10 カラムの位置が移動した

画像のカラムが右に移動しました。

店舗概要を作成する

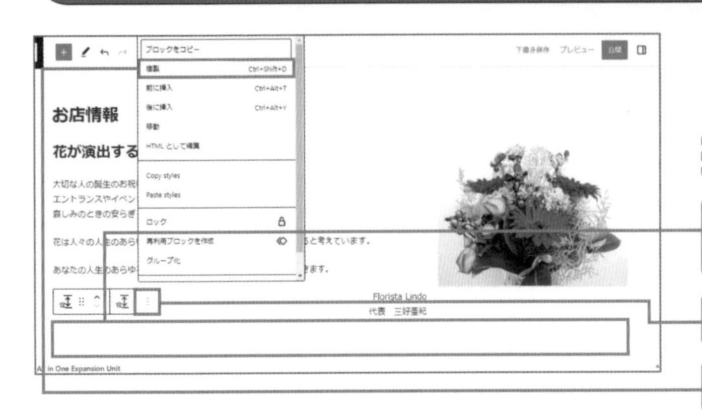

1 レスポンシブスペーサーを複製する

ここでは、区切り線を挿入します。

1 下部にあるレスポンシブスペーサーブロックをクリックします。

2 [オプション] をクリックします。

3 [複製] をクリックします。

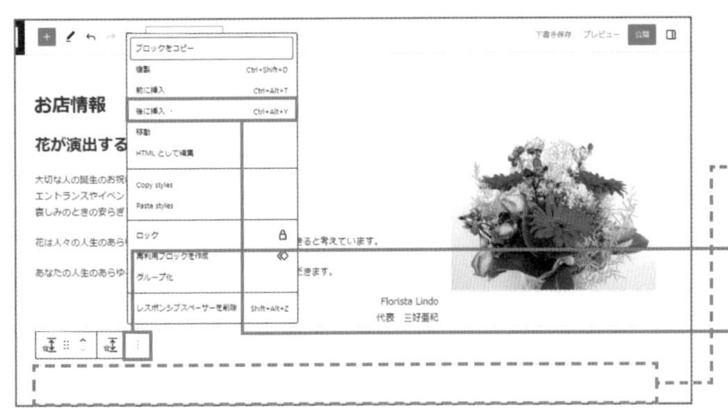

2 新しいブロックを追加する

レスポンシブスペーサーブロックが複製され、下に挿入されました。

1 [オプション] をクリックします。

2 [前に挿入] をクリックします。

3 新しいブロックが追加される

ブロックが新たに追加されました。

VK Pattern Library
お店情報
花が演出する幸せな空間
大切な人の誕生のお祝いや結婚式の彩り
エントランスやイベントでのおもてなし
哀しみのときの安らぎ
花は人々の人生のあらゆる場面において心を豊かにすることができると考えています。
あなたの人生のあらゆる場面で、心を込めてお手伝いさせていただきます。
Florista Lindo
代表　三好亜紀
ブロックを選択するには「/」を入力

Chapter 5
パターンを活用して固定ページを作ろう

4 区切り線を追加する

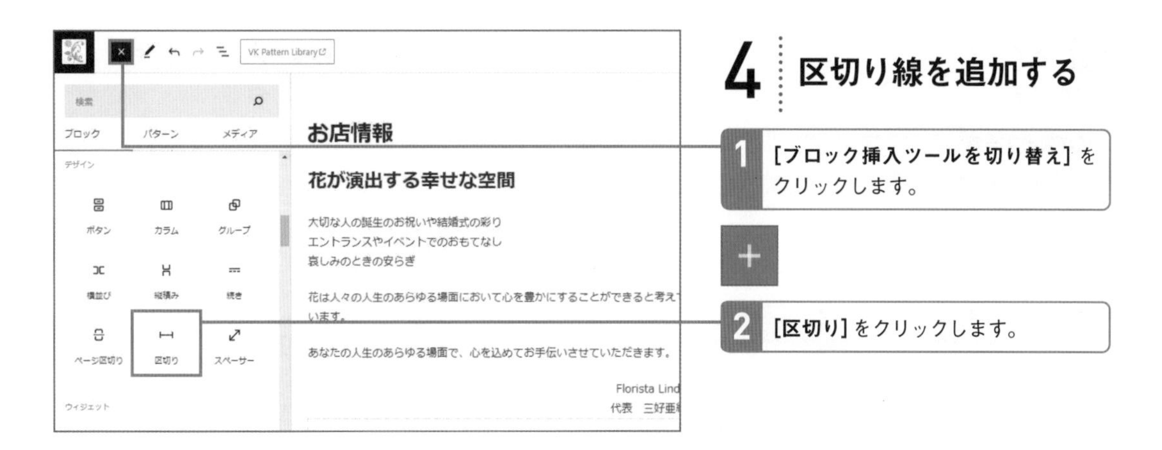

1 [ブロック挿入ツールを切り替え] をクリックします。

2 [区切り] をクリックします。

5 区切り線のスタイルと色を変更する

区切り線が追加されました。

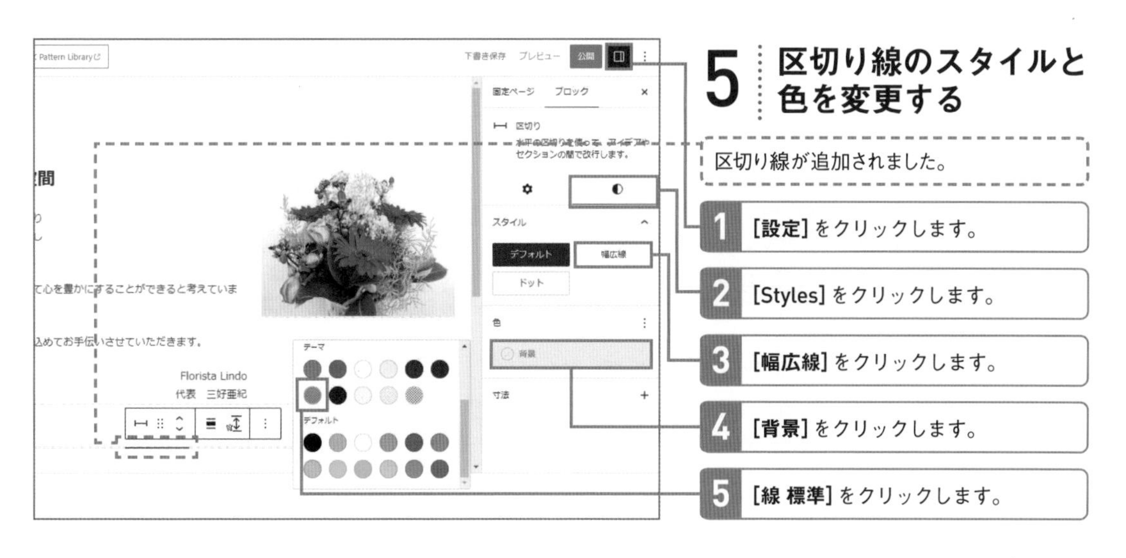

1 [設定] をクリックします。

2 [Styles] をクリックします。

3 [幅広線] をクリックします。

4 [背景] をクリックします。

5 [線 標準] をクリックします。

6 区切り線のスタイルと色が変更された

区切り線のスタイルと色が変更されました。

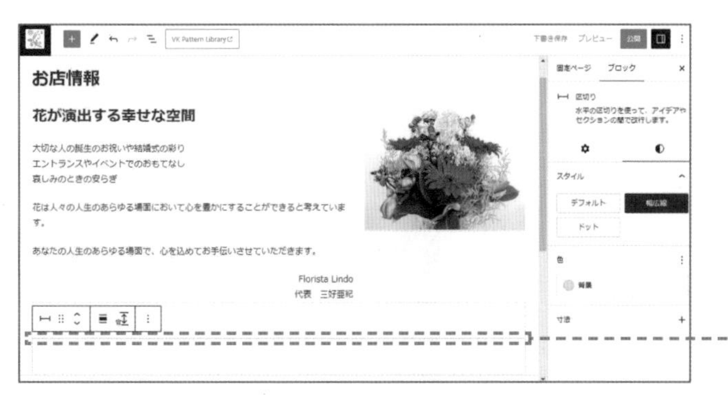

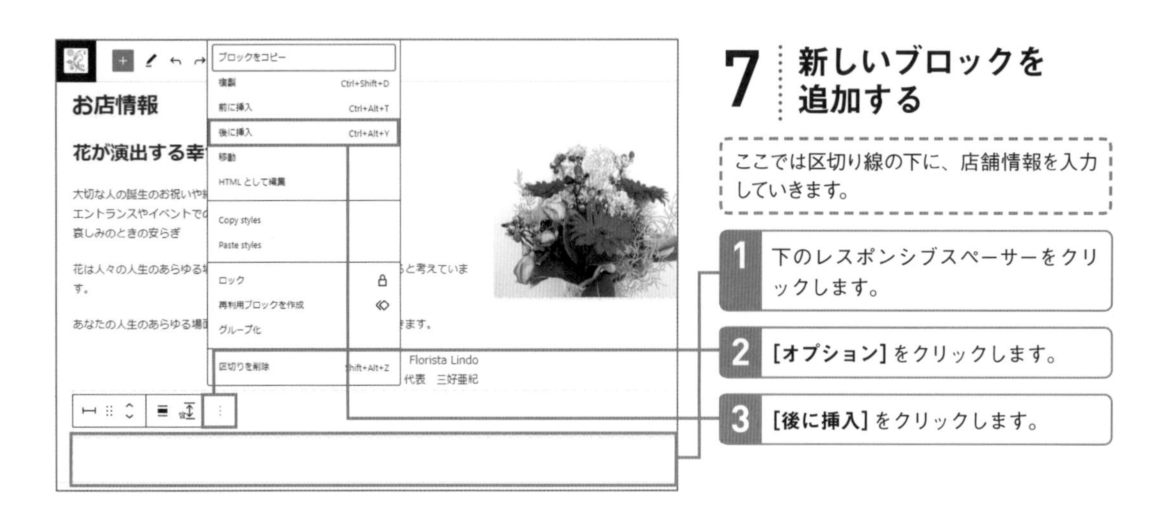

7 新しいブロックを追加する

ここでは区切り線の下に、店舗情報を入力していきます。

1 下のレスポンシブスペーサーをクリックします。

2 [オプション] をクリックします。

3 [後に挿入] をクリックします。

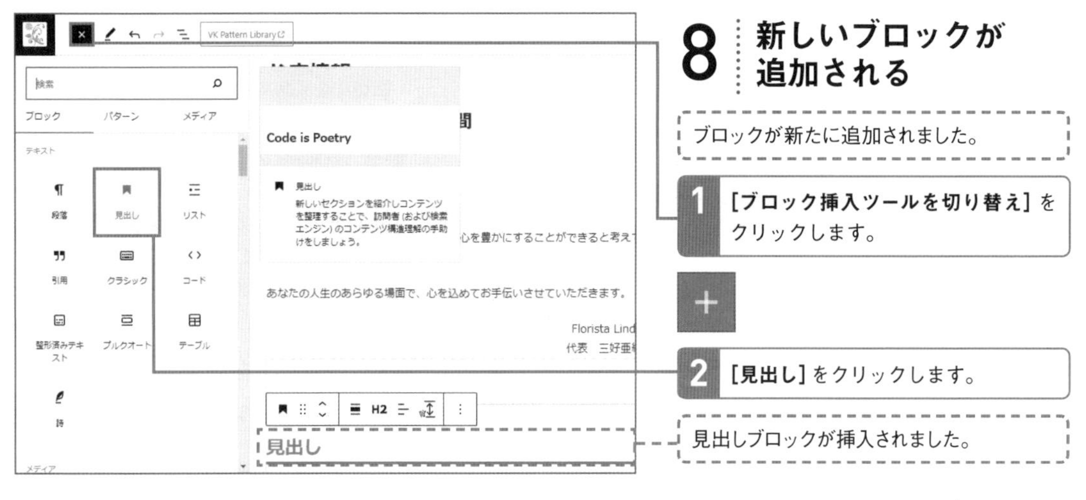

8 新しいブロックが追加される

ブロックが新たに追加されました。

1 [ブロック挿入ツールを切り替え] をクリックします。

2 [見出し] をクリックします。

見出しブロックが挿入されました。

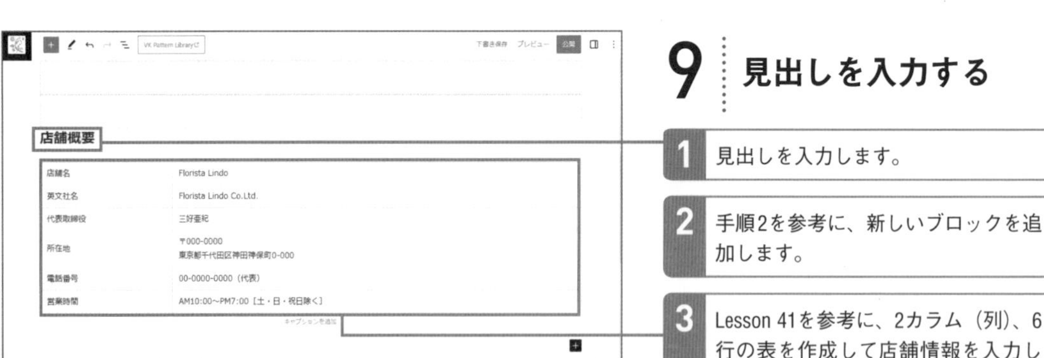

9 見出しを入力する

1 見出しを入力します。

2 手順2を参考に、新しいブロックを追加します。

3 Lesson 41を参考に、2カラム（列）、6行の表を作成して店舗情報を入力します。

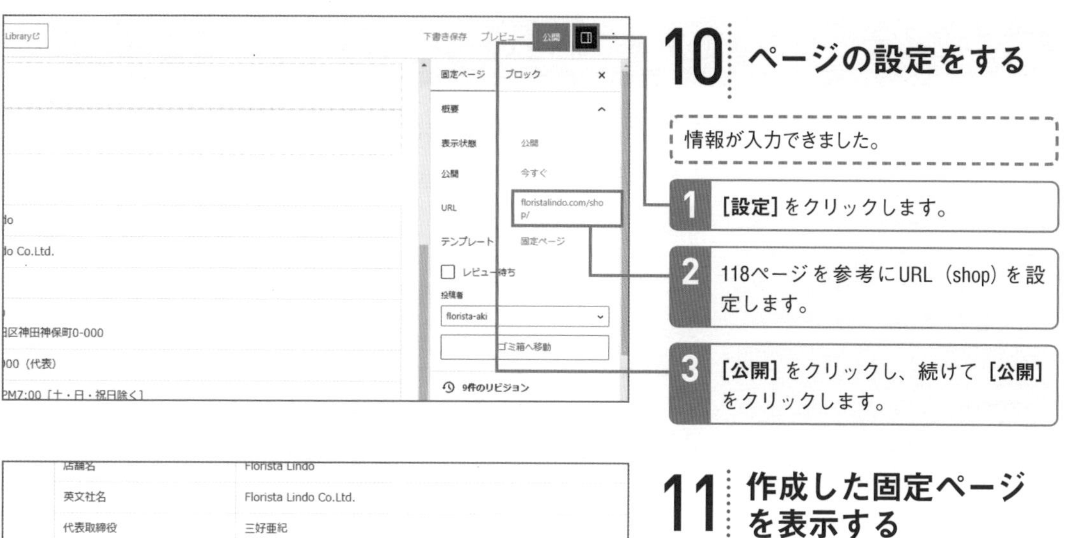

10 ページの設定をする

情報が入力できました。

1 **[設定]** をクリックします。

2 118ページを参考にURL（shop）を設定します。

3 **[公開]** をクリックし、続けて **[公開]** をクリックします。

店舗名	Florista Lindo
英文社名	Florista Lindo Co.Ltd.
代表取締役	三好亜紀
所在地	〒000-0000 東京都千代田区神田神保町0-000
電話番号	00-0000-0000（代表）
営業時間	AM10:00～PM7:00［土・日・祝日除く］

固定ページを公開しました。 固定ページを表示

11 作成した固定ページを表示する

固定ページが公開されました。

1 **[固定ページを表示]** をクリックします。

12 固定ページが設定された

固定ページが作成されました。作成した固定ページに訪問者がたどり着きやすくするためには、「メニュー」を設定して、項目の表示順なども調整する必要があります。 メニューの設定はLesson 44で解説します。

初期設定では「サンプルページ」という固定ページが表示されていますが、本書では使用しません。191ページの手順1を参考に固定ページ一覧を表示して、「サンプルページ」にマウスポインターを合わせ、**[ゴミ箱へ移動]**をクリックすると、非表示にできます。

ホームページなど必要な固定ページを作成し設定する

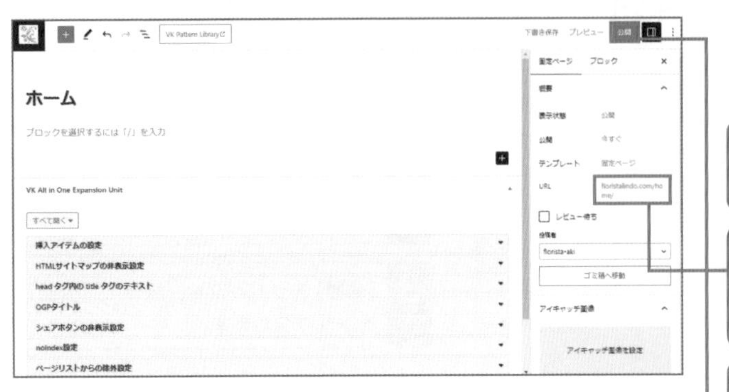

1 ホームに戻る固定ページを作成する

1 170ページを参考に、固定ページの新規追加画面を表示します。

2 116〜118ページを参考に、タイトルを「ホーム」と入力して、URL（home）を設定します。

3 **［公開］**をクリックし、続けて**［公開］**をクリックします。

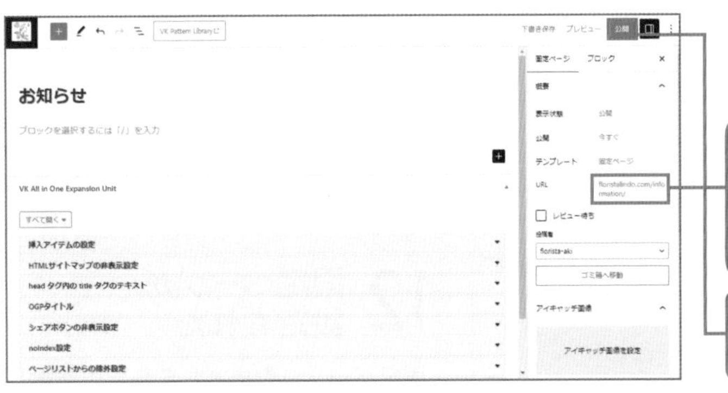

2 投稿一覧用の固定ページを作成する

1 手順1と同様に固定ページの新規追加画面を表示し、タイトルを「お知らせ」と入力して、URL（information）を設定します。

2 **［公開］**をクリックし、続けて**［公開］**をクリックします。

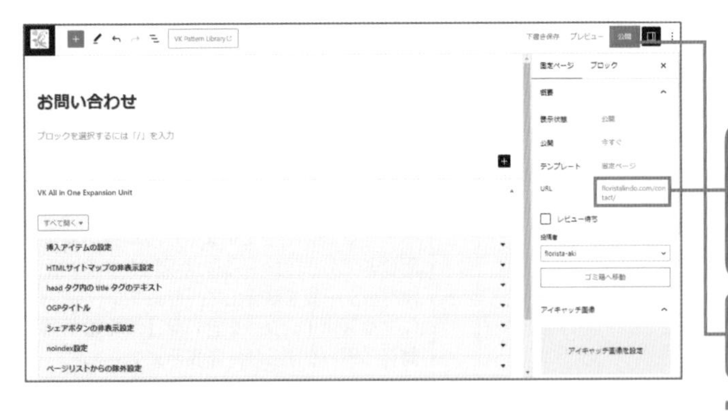

3 お問い合わせページを作成する

1 手順1と同様に固定ページの新規追加画面を表示し、タイトルを「お問い合わせ」と入力して、URL（contact）を設定します。

2 **［公開］**をクリックし、続けて**［公開］**をクリックします。

お問い合わせページの内容はLesson 50で完成させます。

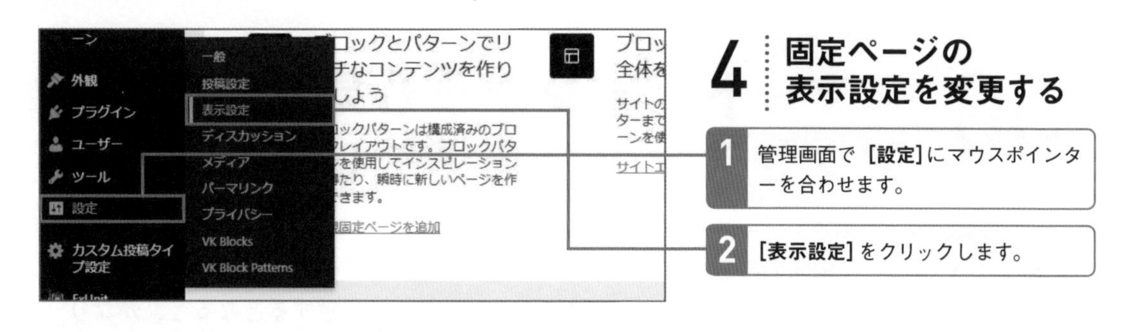

4 固定ページの表示設定を変更する

1 管理画面で［**設定**］にマウスポインターを合わせます。

2 ［**表示設定**］をクリックします。

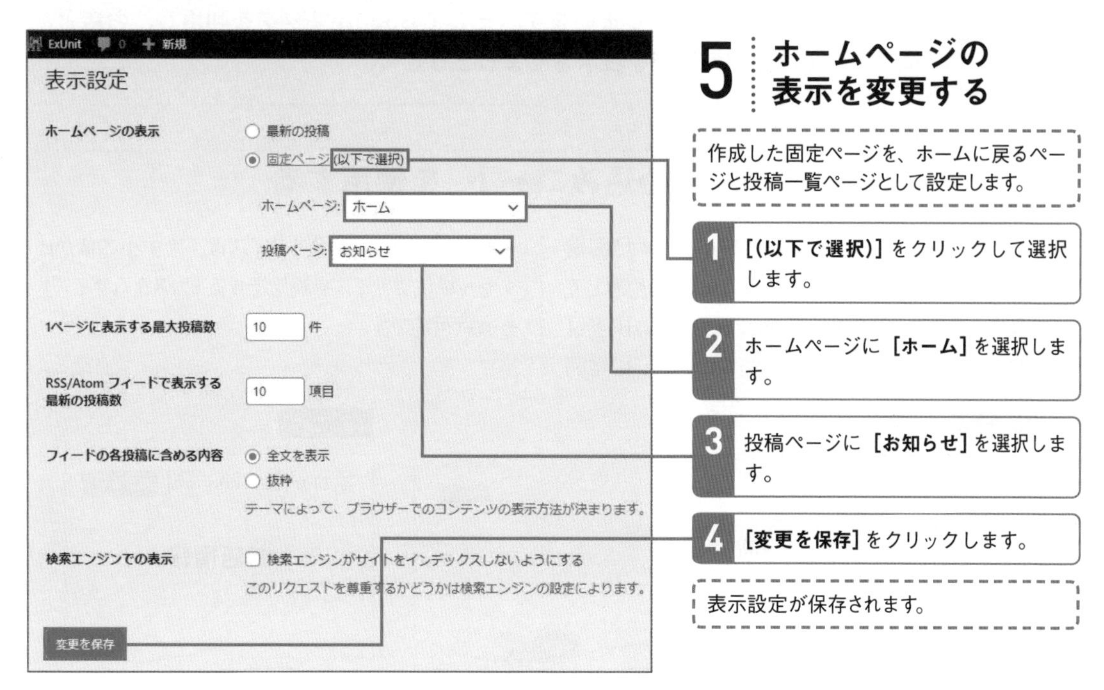

5 ホームページの表示を変更する

作成した固定ページを、ホームに戻るページと投稿一覧ページとして設定します。

1 ［**(以下で選択)**］をクリックして選択します。

2 ホームページに［**ホーム**］を選択します。

3 投稿ページに［**お知らせ**］を選択します。

4 ［**変更を保存**］をクリックします。

表示設定が保存されます。

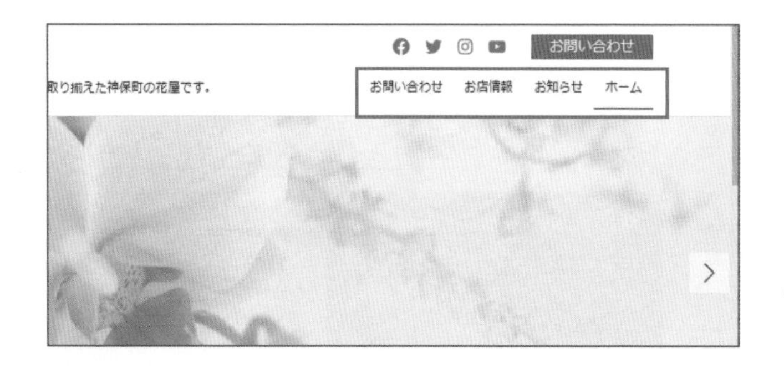

6 ホームページと必要なページの設定が完了した

ホームに戻るページと投稿一覧のページとして、作成した固定ページを設定できました。トップページの上部には、作成した固定ページへのナビゲーションが表示されました。

Lesson 38 [地図の掲載]

スマートフォンからも見やすいアクセスマップを掲載しましょう

このレッスンのポイント

地図の掲載は、Webサイトを見てお店に来てほしい場合、必要不可欠です。しかし、自分で地図のイラストを用意するとなると、かなり手間がかかってしまいます。そこでGoogleマップを利用し、お店とその周辺の地図を表示させましょう。

Googleマップの「埋め込みコード」を使用する

Googleマップでは、WebサイトやSNSなどで地図情報を共有できるように「埋め込みコード」を用意しています。このコードをWordPressの［カスタムHTML］ブロックに貼り付けるだけで、簡単にページに地図を表示できます。地図のサイズは、大中小のほかピクセル単位でサイズを設定できる「カスタムサイズ」も選択可能です。

パソコン

スマホ

外出先から見ることも想定されるので、スマートフォンの画面でも利用できる地図を掲載することが重要です。

Google マップを埋め込むHTMLを取得する

1 Google マップを表示する

1 Google マップ（https://www.google.com/maps）を表示します。

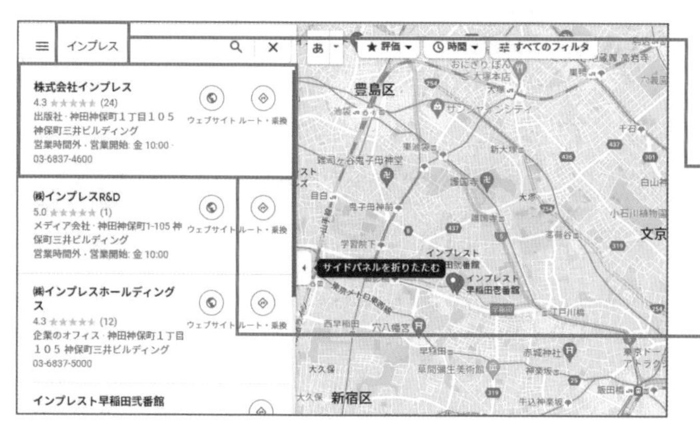

2 表示したい場所を検索する

1 地図で表示したいお店や会社名を入力し、Enterキーを押します。

住所を入力して検索することもできます。

2 検索結果から、地図として表示したい場所を選択します。

3 共有メニューを表示する

地図情報が表示されました。

1 [共有] をクリックします。

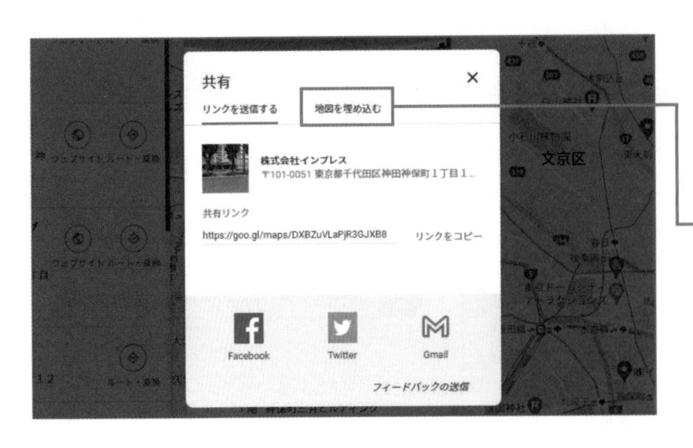

4 埋め込みHTMLを表示する

共有メニューが表示されました。

1 ［地図を埋め込む］をクリックします。

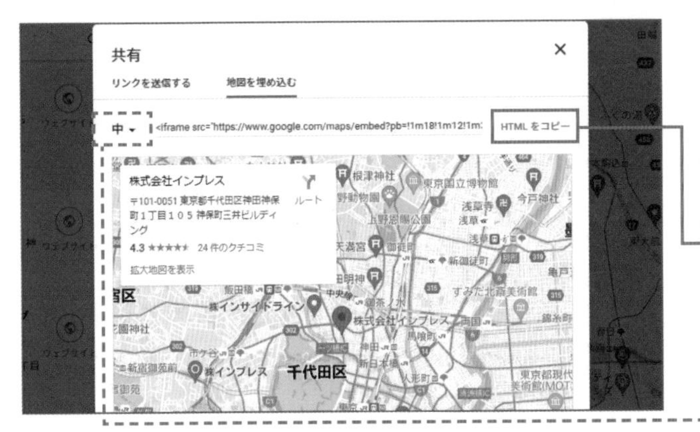

5 埋め込みHTMLをコピーする

埋め込みコードとプレビューが表示されました。

1 ［HTMLをコピー］をクリックします。

ここをクリックすると埋め込む地図のサイズを選択できます。

お店情報のページに地図を表示する

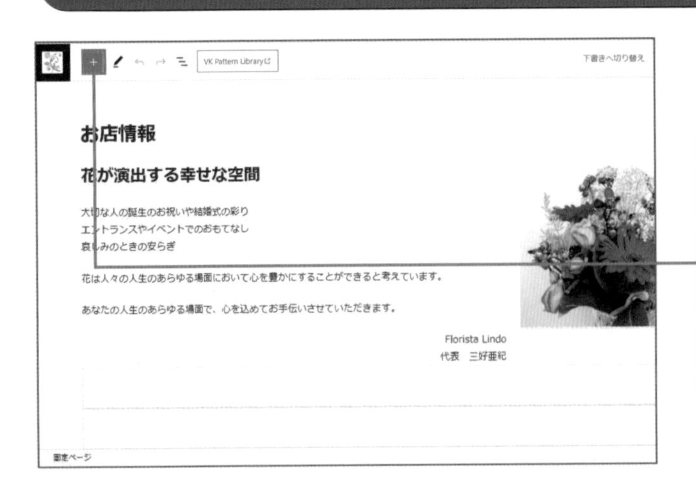

1 お店情報のページを表示する

Lesson 37で作成したお店情報のページの編集画面を表示します。

1 ［ブロック挿入ツールを切り替え］をクリックします。

＋

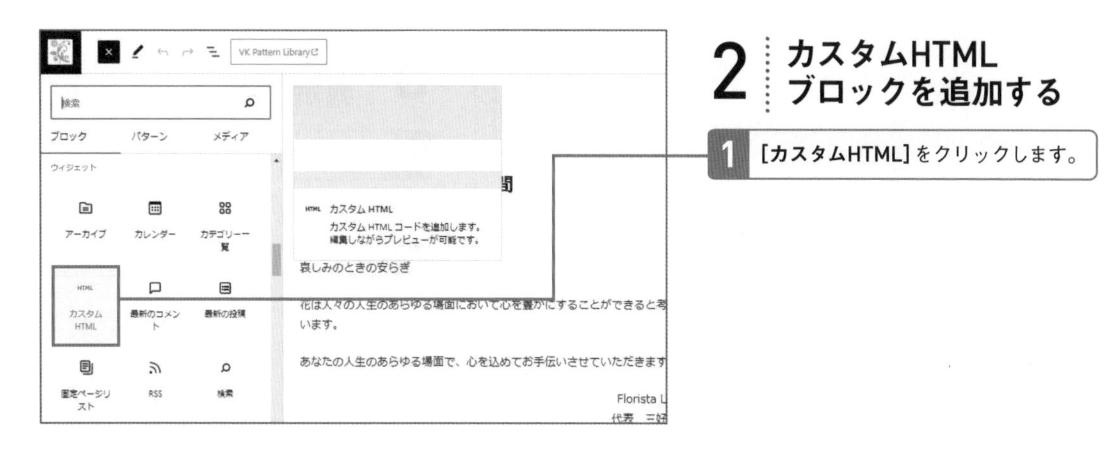

2 カスタムHTMLブロックを追加する

1 **[カスタムHTML]** をクリックします。

3 コピーしたHTMLを貼り付ける

カスタムHTMLブロックが追加されました。

1 **[HTMLを入力]** をクリックして、前ページの手順5でコピーしたHTMLを貼り付けます。

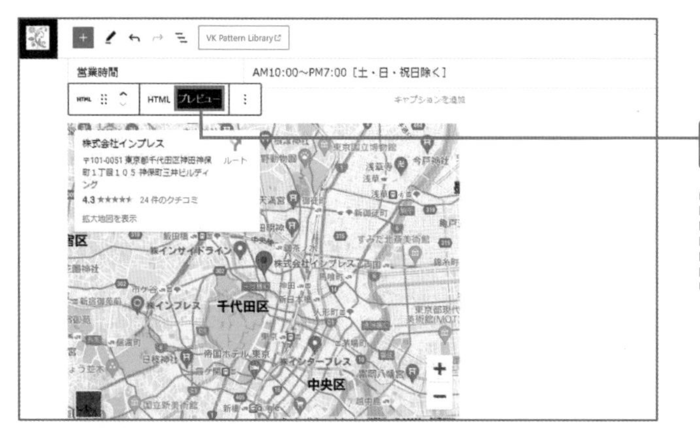

4 地図の表示を確認する

1 **[プレビュー]** をクリックします。

地図が表示されない、もしくは意図しない場所が表示された場合は、181～182ページの手順1～5を再度行ってください。

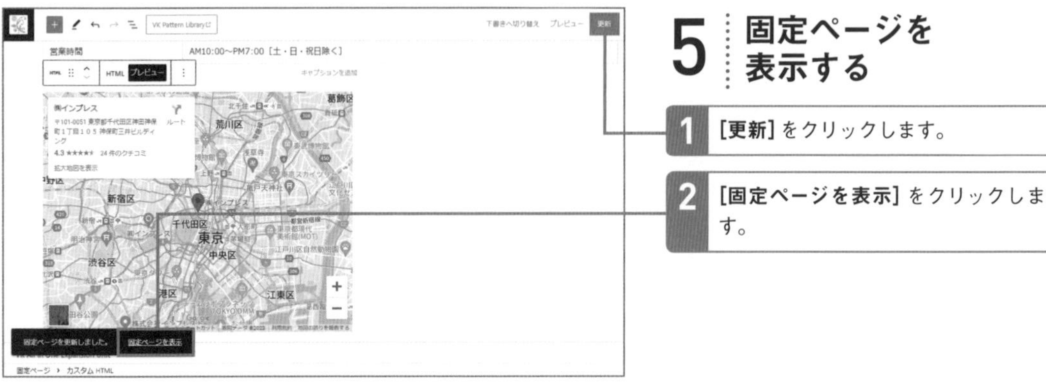
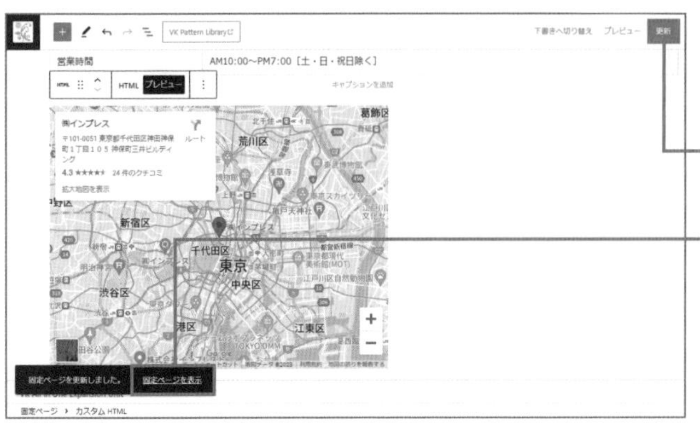

5 固定ページを表示する

1 **[更新]** をクリックします。

2 **[固定ページを表示]** をクリックします。

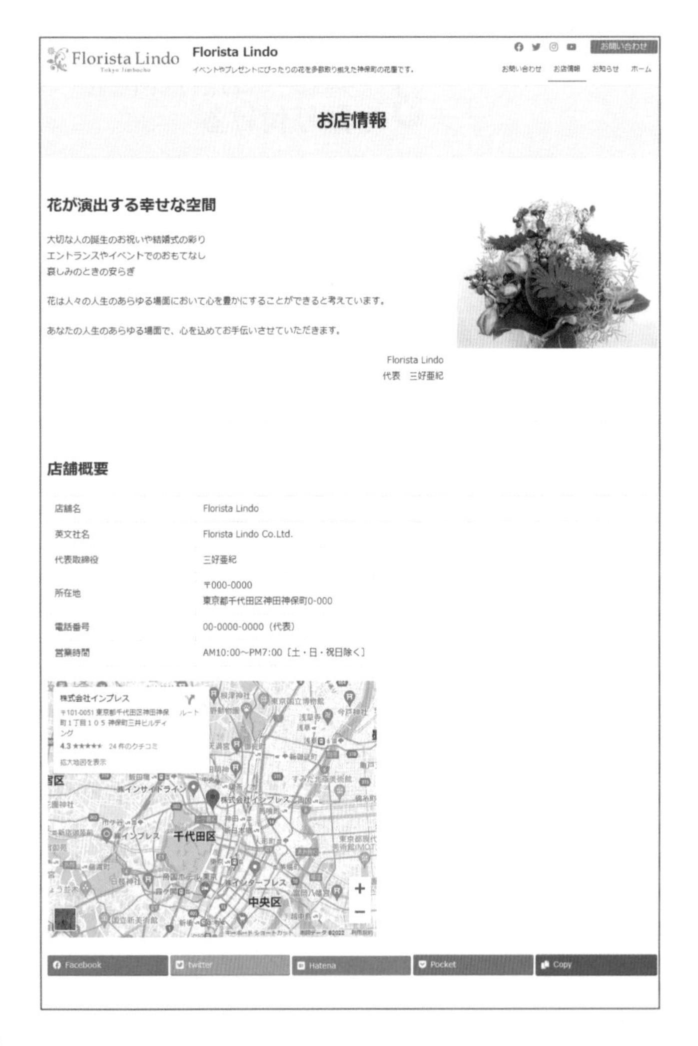

6 お店情報に地図が掲載された

「Google マップ」の埋め込みURLを利用して、お店情報のページに地図を掲載できました。

Chapter 5 パターンを活用して固定ページを作ろう

Lesson 39

[固定ページの親子関係]

親子関係やテンプレートを設定して固定ページを整理しましょう

このレッスンのポイント

固定ページは、投稿で作成するページと違って固定ページ同士で親子関係を設定できます。また、固定ページはページによってレイアウトを変更したい場合に、「テンプレート」を変更できます。ここでは、それぞれの使用方法について解説します。

固定ページの機能、「親子関係」と「テンプレート」

固定ページには、通常の投稿にはない「親子関係」という機能が用意されています。親子関係は、固定ページ同士で設定できます。例えば「会社案内」という親ページを作成した上で、その子ページとして「ごあいさつ」「会社概要」「アクセス」というページを子ページとして設定できます。

また、「テンプレート」という機能もあります。テーマごとにテンプレートが用意されており、テンプレートを変更することで、ページのレイアウトや表示要素などを変更できます。

固定ページで2カラムのテンプレートを適用すると、2カラムのレイアウトになる(234ページ参照)

子に設定した固定ページのリストを表示できる

固定ページの親子関係の表示やテンプレートの種類はテーマごとに異なります。X-T9は2カラムレイアウトや、ランディングページ用のテンプレートなどが用意されています。

親子関係を設定して固定ページを整理する

固定ページを作成する際に設定した親子関係が、実際のページでどのように表示されるかは、テーマによって異なります。例えばページの下部に「子ページ一覧」ブロックを追加すると、固定ページで親子を設定している場合に、子ページのリストを表示できます。

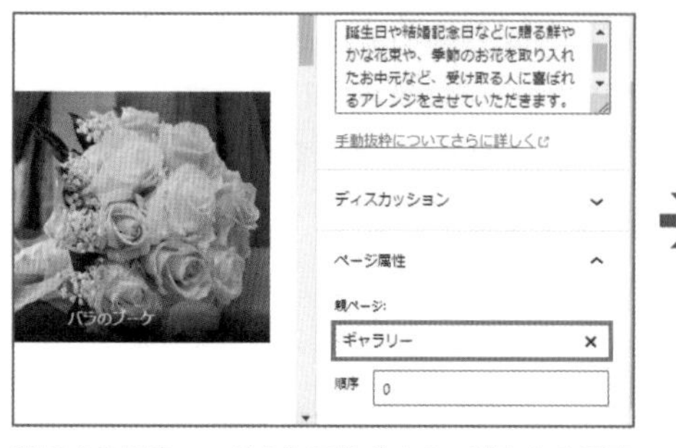

親にする固定ページを先に作成する。子となる固定ページを作成する際に［ページ属性］の［親ページ］から親にしたい固定ページを選択する。

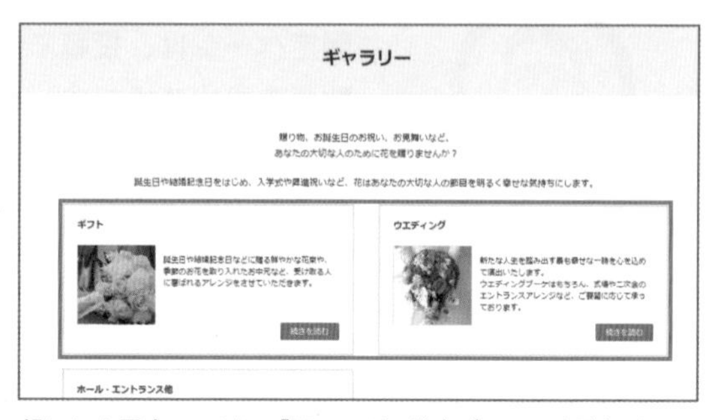

親にした固定ページに「子ページ一覧」ブロックを追加すると、子ページへのリンクが表示できる

固定ページの用途に応じてテンプレートを変更する

作成する固定ページの目的によっては、デフォルトのテンプレートが使いにくい場合があります。そのときはテンプレートを変更してみましょう。どのようなテンプレートが用意されているかはテーマによって異なります。通常のテーマでは「ページ属性」の中にテンプレートを選択する項目があります。

テンプレートは自由にカスタマイズすることもできます。カスタマイズ方法についてはLesson 48で解説します。なお、テンプレートは固定ページだけでなく、投稿ページでも変更できます。必要に応じて変更しましょう。

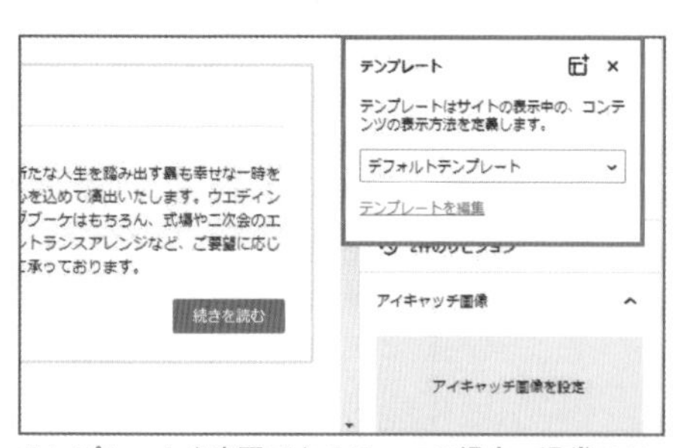

テンプレートを変更できるテーマの場合、通常のテーマでは「概要」の中にテンプレートを選択する項目がある。

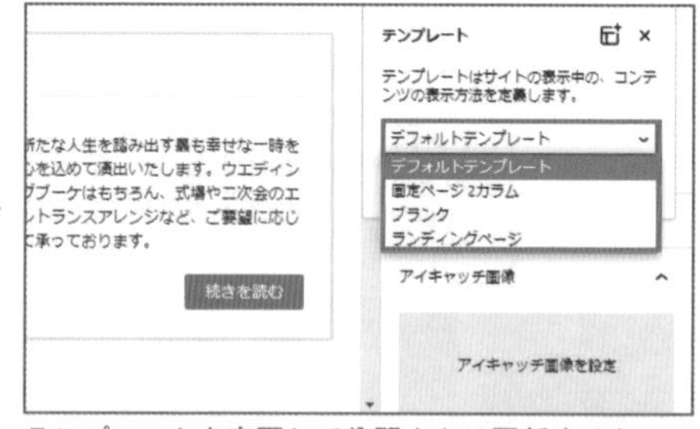

テンプレートを変更して公開または更新すると、ページの表示が変更される。

ギャラリーの親ページを作成する

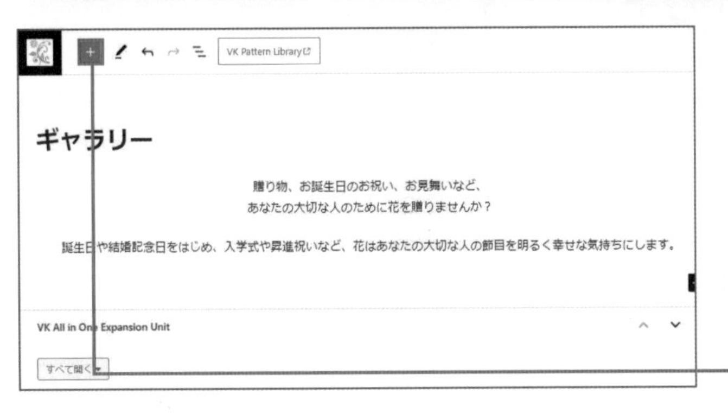

1 親ページにする固定ページを作成する

1 170ページを参考に、固定ページの新規追加画面を表示します。

2 172ページを参考に、固定ページのタイトルと本文を入力します。

3 **［ブロック挿入ツールを切り替え］**をクリックします。

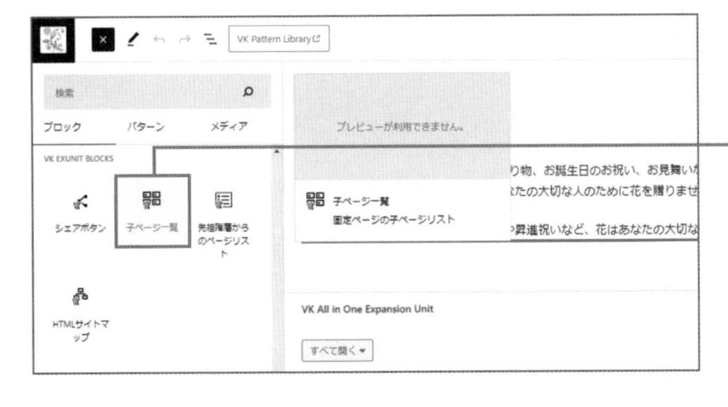

2 「子ページ一覧」ブロックを挿入する

1 **［子ページ一覧］**をクリックします。

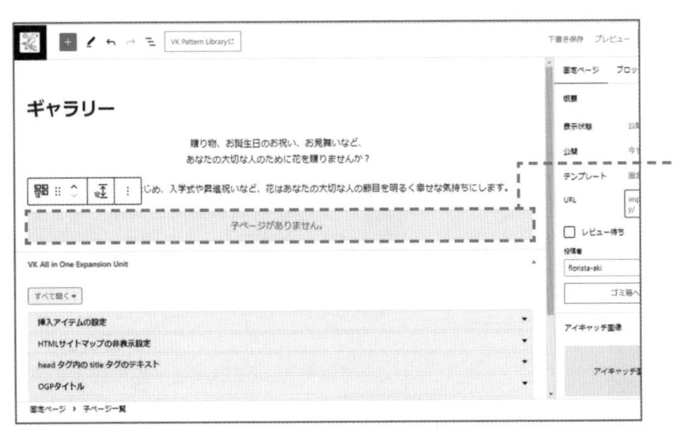

3 ブロックパターンを挿入する

「子ページ一覧」ブロックが挿入されました。現在は子ページがないため、「子ページがありません。」と表示されています。

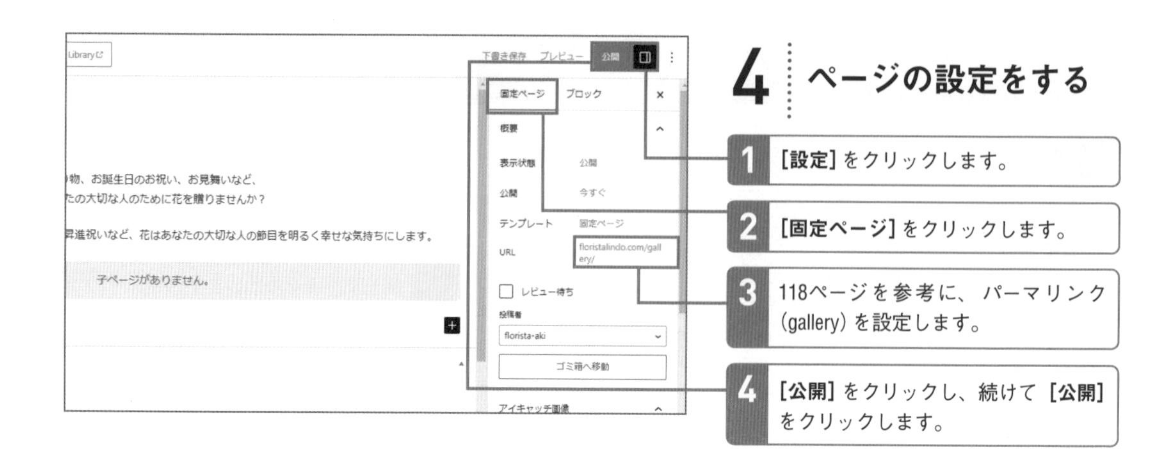

4 ページの設定をする

1 [設定]をクリックします。

2 [固定ページ]をクリックします。

3 118ページを参考に、パーマリンク(gallery)を設定します。

4 [公開]をクリックし、続けて[公開]をクリックします。

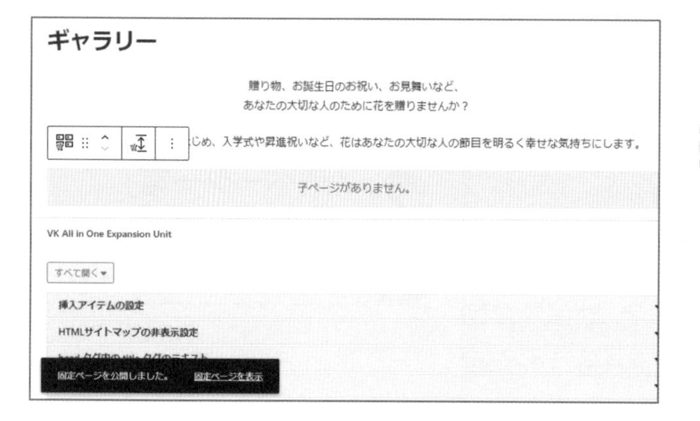

5 固定ページが公開された

固定ページ(親ページ)が公開されました。

ギャラリーの子ページを作成する

1 子ページにする固定ページを作成する

1 187ページの手順1と同様に、固定ページの新規追加画面を表示して、タイトルと本文を入力します。

この見出しは[H2]に設定します。

ここではテキストの入力と一部の設定のみ行います。ギフトのページはLesson 40で完成させます。

2 [ブロック挿入ツールを切り替え]をクリックします。

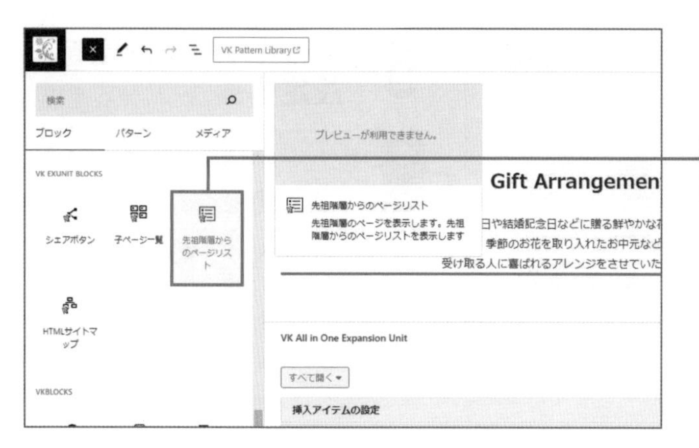

2 「先祖階層からのページリスト」を挿入する

1 ［先祖階層からのページリスト］をクリックします。

3 ブロックが挿入された

「先祖階層からのページリスト」ブロックが挿入されました。現在は子ページがないため、「子ページがありません。」と表示されています。

4 ページの設定をする

1 ［設定］をクリックします。

2 ［固定ページ］をクリックします。

3 118ページを参考に、パーマリンク（gift）を設定します。

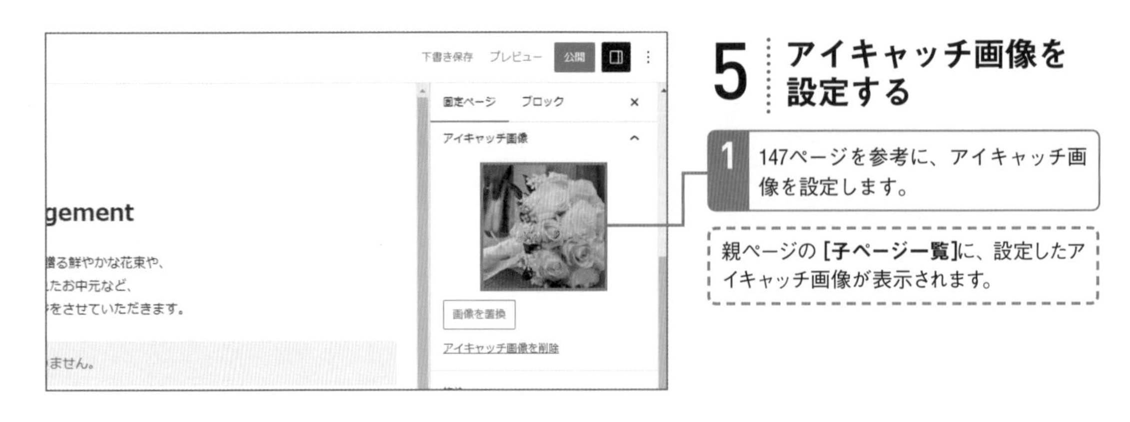

5 アイキャッチ画像を設定する

1 147ページを参考に、アイキャッチ画像を設定します。

親ページの[**子ページ一覧**]に、設定したアイキャッチ画像が表示されます。

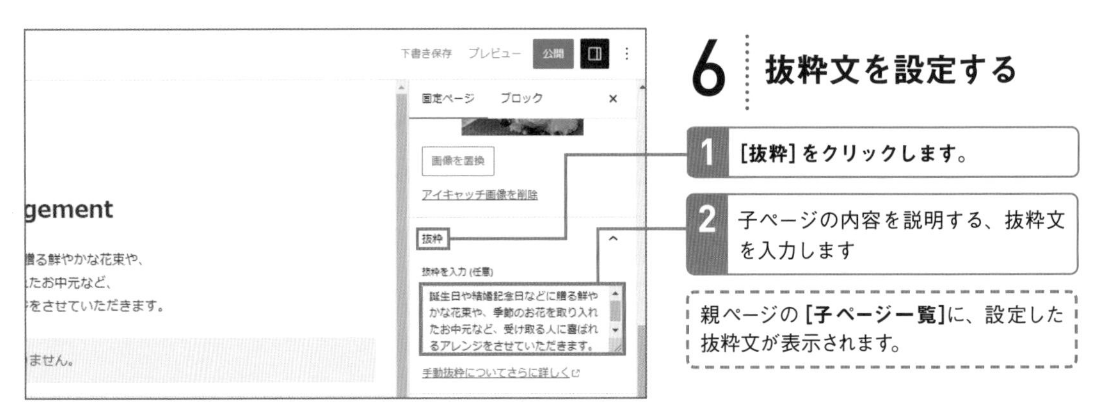

6 抜粋文を設定する

1 [**抜粋**]をクリックします。

2 子ページの内容を説明する、抜粋文を入力します

親ページの[**子ページ一覧**]に、設定した抜粋文が表示されます。

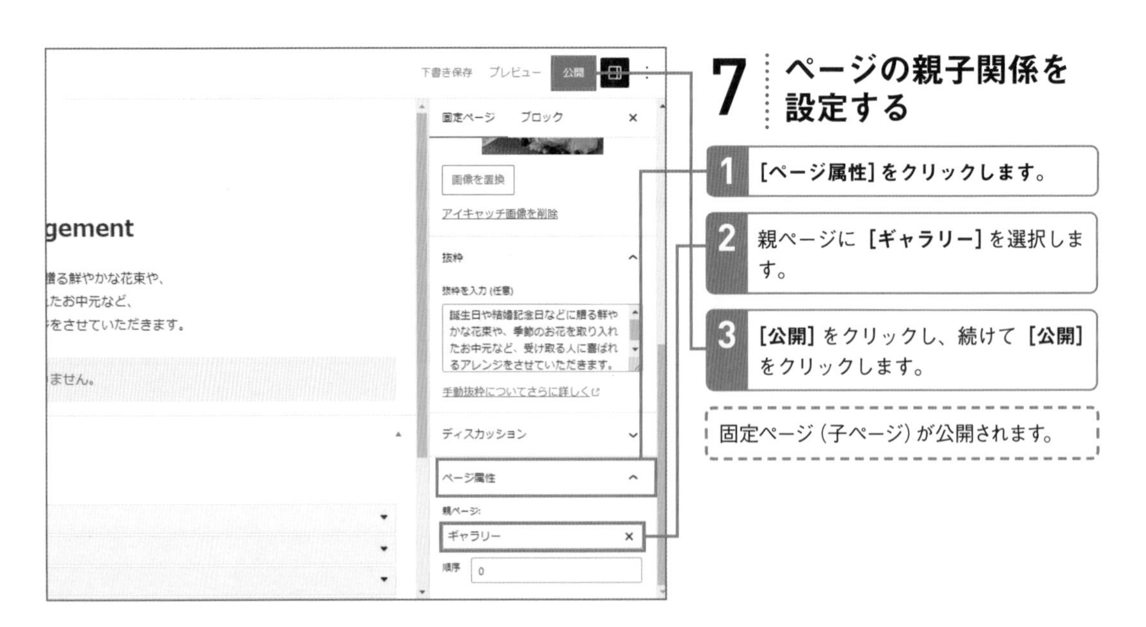

7 ページの親子関係を設定する

1 [**ページ属性**]をクリックします。

2 親ページに[**ギャラリー**]を選択します。

3 [**公開**]をクリックし、続けて[**公開**]をクリックします。

固定ページ（子ページ）が公開されます。

親子関係の設定を確認する

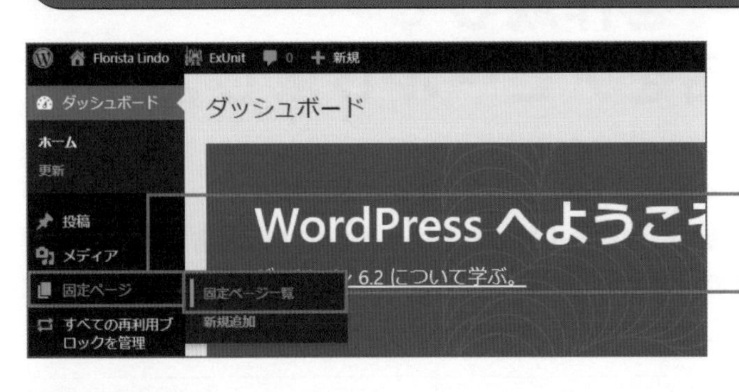

1 固定ページ一覧を表示する

1 管理画面で［固定ページ］にマウスポインターを合わせます。

2 ［固定ページ一覧］をクリックします。

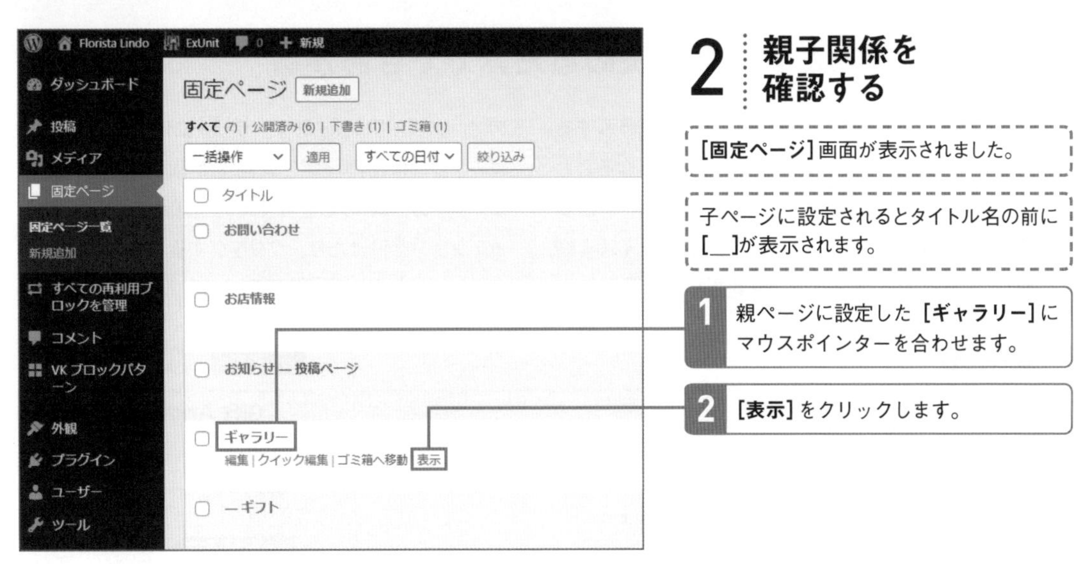

2 親子関係を確認する

［固定ページ］画面が表示されました。

子ページに設定されるとタイトル名の前に［＿］が表示されます。

1 親ページに設定した［ギャラリー］にマウスポインターを合わせます。

2 ［表示］をクリックします。

3 設定した親ページを表示する

親ページとして設定した、ギャラリーページが表示されました。［子ページ一覧］に、子ページに設定したギフトページへのリンクが表示されています。アイキャッチ画像と抜粋文も表示されます。

Lesson 40

[ギャラリーの作成]

ギャラリーを作成して商品や作品をアピールしましょう

このレッスンのポイント

ギャラリーを利用して、Webサイトを華やかに見せましょう。ギャラリーとは、複数の画像を一覧で表示する機能です。お店であれば商品やサービスの一覧といった目的にも使えます。ギャラリーもブロックエディターを使って、おしゃれなデザインのものが作れます。

写真を選んで順番を決めるだけでできあがる

「ギャラリー」ブロックは、画像を選択して表示する順番を決めるだけで、簡単にギャラリーを作ることができます。画像は縦横比がバラバラのケースが多いですが、見栄えがいいように自動的にサイズを調整してくれるのも便利です。規則正しく画像が並ぶので、スタイリッシュなギャラリーに仕上げられます。ギャラリーは初期設定では画像が横3列に並びますが、列(カラム)の数を変更できるほか、画像にはキャプションを付けたり、クリックすると大きく表示したりといったことが可能です。

パソコン

ギフト

Gift Arrangement

誕生日や結婚記念日などに贈る鮮やかな花束や、
季節のお花を取り入れたお中元など、
受け取る人に喜ばれるアレンジをさせていただきます。

ウエディングブーケ　大輪の白バラ　バラのブーケ

ギャラリー
ギフト

画像は1～6列の間で設定できる

スマホ

Gift Arrangement

誕生日や結婚記念日などに贈る鮮やかな花束や、
季節のお花を取り入れたお中元など、
受け取る人に喜ばれるアレンジをさせていただきます。

ウエディングブーケ　大輪の白バラ　バラのブーケ

画面のサイズに合わせて列数が変化する

ギャラリーの子ページを作成する

1 子ページにする固定ページを表示する

1. 188ページで作成した固定ページ（ギフトページ）を表示します。
2. 189ページで設定した **[先祖階層からのページリスト]** が表示されていることを確認します。
3. 本文の段落をクリックします。

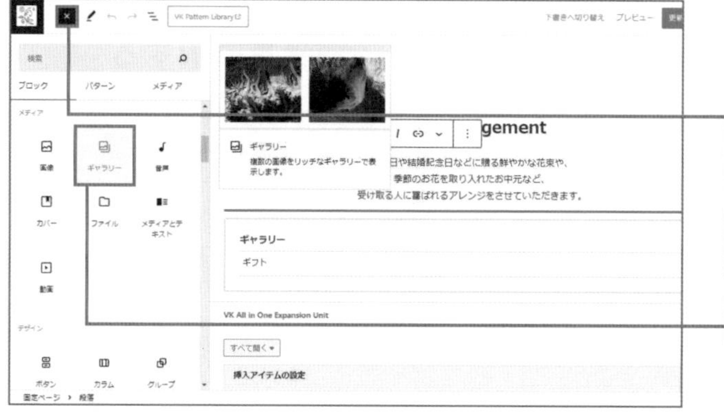

2 ブロックを追加する

1. **[ブロック挿入ツールを切り替え]** をクリックします。

＋

2. **[ギャラリー]** をクリックします。

3 ライブラリを表示する

ギャラリーブロックが追加されました。

1. **[メディアライブラリ]** をクリックします。

事前に画像を用意していない場合は、122ページを参考にライブラリに画像をアップロードしてください。

4 ギャラリーで使用する画像を選択する

1 ギャラリーに使用したい画像を順番にクリックしてチェックマークを付けます。

画像をクリックした順番でギャラリーでの表示順が決まりますが、手順5で並び順を変更できるので、ここでは特に意識する必要はありません。

2 [ギャラリーを作成] をクリックします。

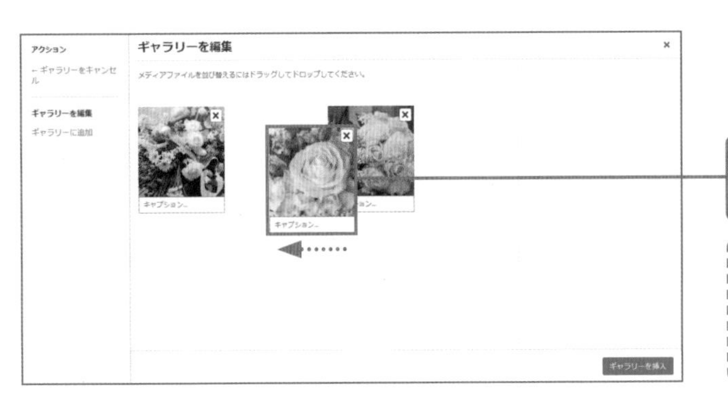

5 表示する画像の順番を選択する

1 画像をドラッグしてギャラリーで表示する順番を変更します。

順番を入れ替えたい位置までドラッグすると表示される順番が入れ替わります。表示が入れ替わったらマウスのボタンから手を放します。

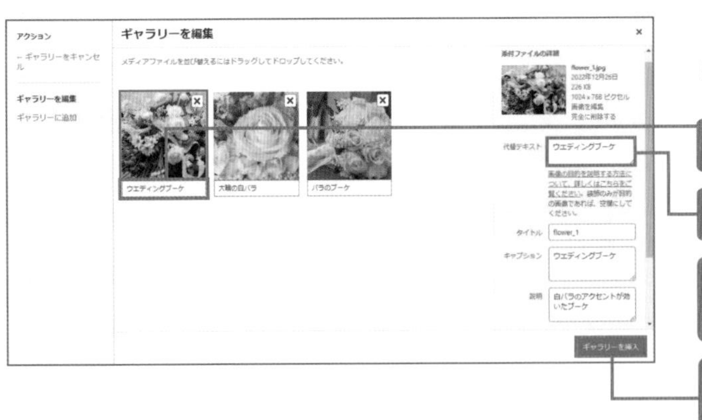

6 ギャラリーを作成する

1 キャプションを入力します。

2 代替テキストを入力します。

3 ほかの画像も同様にキャプション、代替テキストを入力します。

4 [ギャラリーを挿入] をクリックします。

7 ギャラリー画像のリンク先を設定する

ギャラリーブロックに画像が追加されました。ギャラリーの画像をクリックしたときに、拡大表示されるように設定します。

1 **[設定]** をクリックします。

2 リンク先に **[メディアファイル]** を選択します。

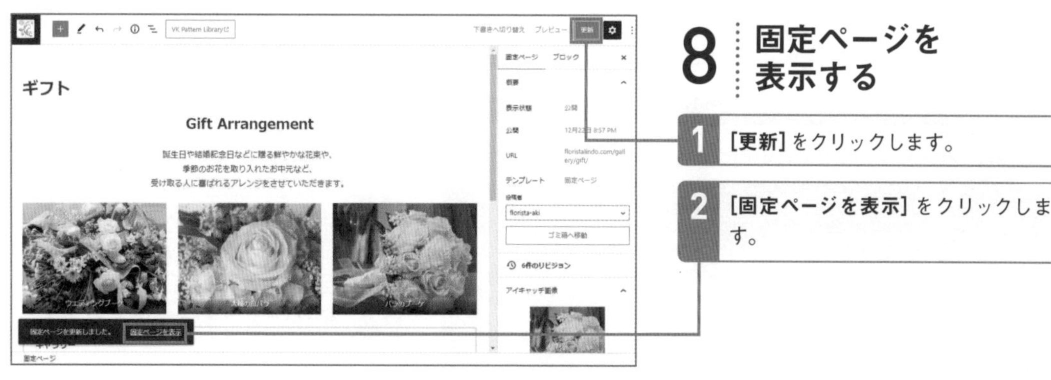

8 固定ページを表示する

1 **[更新]** をクリックします。

2 **[固定ページを表示]** をクリックします。

9 子ページを確認する

ギャラリーの子ページとして設定した固定ページが表示されました。

手順10の設定により **[先祖階層からのページリスト]** が表示されます。

10 ほかの子ページを作成する

188ページを参考に、ギャラリーの子ページをカテゴリーごとに作りましょう。ここでは、「ウエディング」「ホール・エントランス他」のページを作りました。ギャラリーとして表示したいアイテムが複数カテゴリーある場合は、ページを分けて作るといいでしょう。

ギャラリーを確認する

1 固定ページ一覧を表示する

1 管理画面で **[固定ページ]** にマウスポインターを合わせます。

2 **[固定ページ一覧]** をクリックします。

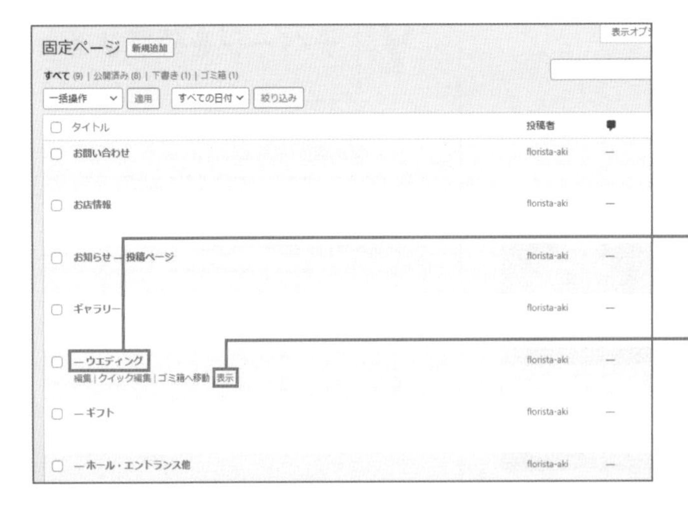

2 ギャラリーの子ページを表示する

[固定ページ] 画面が表示されました。

1 ギャラリーの子ページに設定した固定ページにマウスポインターを合わせます。

2 **[表示]** をクリックします。

3 ギャラリーの子ページを表示する

[現在のページの先祖階層からのページリスト]に、すべての子ページが表示されました。

1 [ギャラリー]をクリックします。

4 ギャラリーの親ページを確認する

ギャラリーが完成しました。

親ページでは、187ページの手順2で設定した[子ページ一覧]が表示されます。

Lesson 41

[表の作成]

表を作成してスケジュールや料金をわかりやすくしましょう

このレッスンのポイント

情報を整理して表示するのに「表」はとても有効な手法です。Webサイトでも料金表はもちろん、スケジュールや会社情報など、さまざまなところで使われています。このLessonではアレンジメント教室のスケジュールを表にまとめます。

表を使って情報を整理して表示する

以前のWordPressでは、表を作るときにプラグインを使ったりHTMLで書いたりする必要がありました。しかし、ブロックエディターにはあらかじめ「テーブル」ブロックが用意されているため、ワープロソフトのような感覚で列と行の数を入力するだけで、簡単に思い通りの表を作ることができます。

また、初期設定の罫線だけのシンプルな表だけでなく、行の背景色が交互に表示される「ストライプ」スタイルも選べるため、デザイン性の高い表の作成も可能です。もちろん、パソコンとスマートフォンでの表示は自動的に最適化されます。

パソコン

スマホ

基本操作は列数と行数を入力するだけ

セル内の文字の左寄せ、中央揃え、右寄せもできるので、見やすくなるように書式を変えてみましょう。

Chapter 5 パターンを活用して固定ページを作ろう

表を使って情報を表示する

1 新規固定ページを作成する

1 170ページを参考に固定ページの新規追加画面を表示します。

2 172～177ページを参考に固定ページのタイトルと本文を入力し、パーマリンク（school）を設定します。

見出しは［H3］を設定します。130ページ手順2を参考に、ブロックパネルで［Styles］をクリックし、スタイルを［**左右線**］に設定します。

2 ブロックを追加する

1 ［**ブロックの追加**］をクリックします。

＋

2 ［**テーブル**］をクリックします。

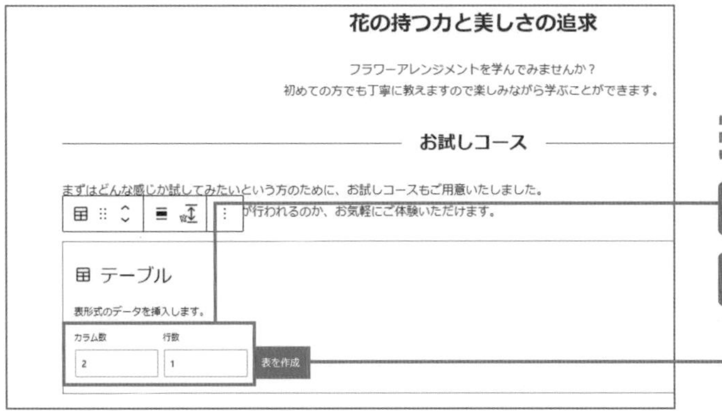

3 表を生成する

テーブルブロックが追加されました。

1 カラム（列）数と行数を入力します。

2 ［**表を作成**］をクリックします。

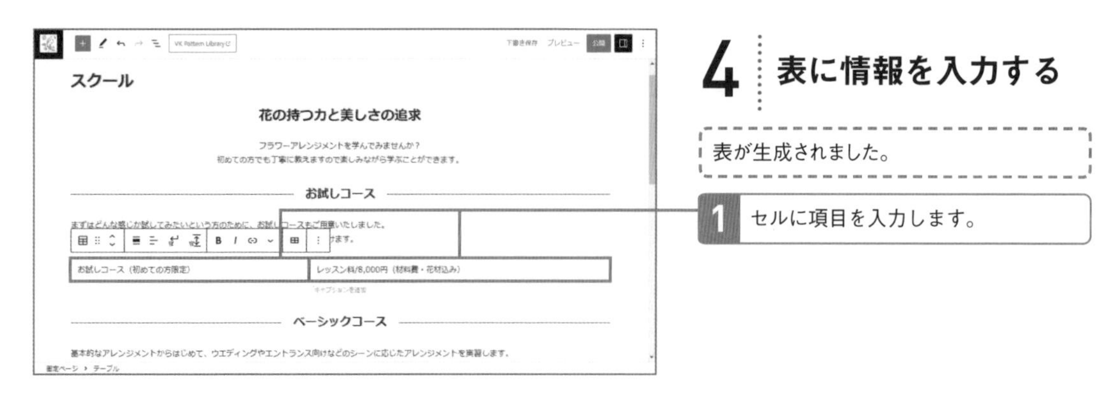

4 表に情報を入力する

表が生成されました。

1. セルに項目を入力します。

5 複数の表を作成する

1. 手順2～4を参考に、必要項目に合わせて表を追加します。
2. **[公開]** をクリックし、続けて **[公開]** をクリックします。

テーブルブロックが追加されました。

POINT

複雑な表や、セルに入力する情報が多すぎるとスマートフォンで見たときに表示が崩れてしまいます。項目に合わせて、表を分けるようにしましょう。公開後にはスマートフォンで確認することも大切です。

6 固定ページを表示する

1 ［固定ページを表示］をクリックします。

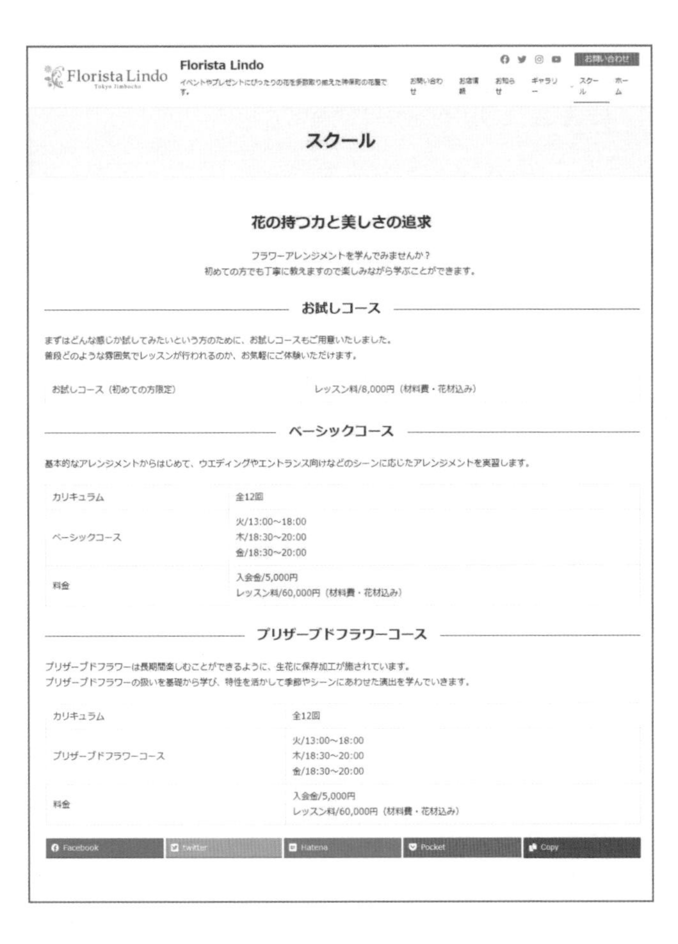

7 固定ページが作成された

本文中に表が使われた固定ページが公開されました。

ワンポイント 表の行や列を削除・挿入するには

「テーブル」ブロックで任意のセルを選択すると表示されるツールバーの［表を編集］から、行や列の削除・挿入が行えます。また、ツールバーでは「ストライプ」スタイルの選択や、文字の配置や書式の設定などもできます。

［テーブル］をクリックすると、「ストライプ」スタイルなどの設定ができます。

［表］をクリックすると、行や列の挿入・削除が行えます。

ワンポイント 改行を禁止するには

テーブル内の文字は、意図しない場所で改行されてしまう場合もあります。「VK Blocks」プラグインの機能を使うと、改行されないように指定することができます。設定は、改行したくない箇所の文字を選択して、ツールバーの［No wrap］をクリックするだけです。

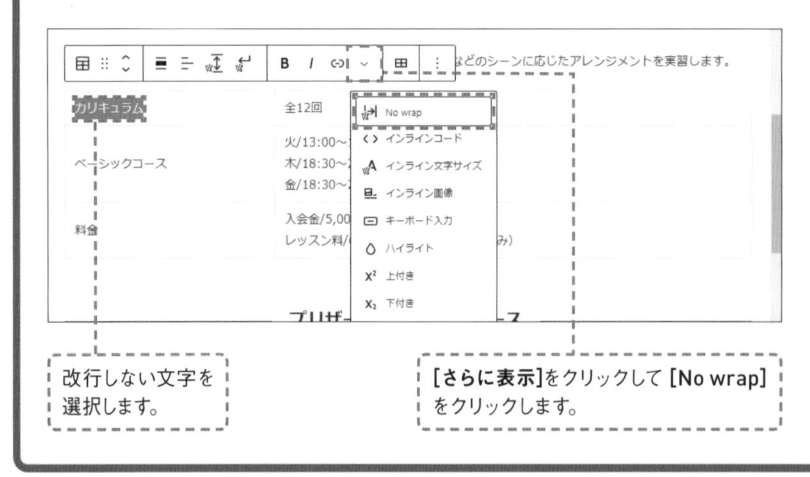

改行しない文字を選択します。

［さらに表示］をクリックして**［No wrap］**をクリックします。

Chapter

6

フルサイト編集で全体のナビゲーションを整えよう

コンテンツを作成したら、訪問者が必要な情報を探しやすいようにナビゲーションを設定していきます。必ず読んでもらいたい情報や必要とされている情報など、それぞれ序列を付けて整理していきましょう。

Lesson 42 [フルサイト編集] フルサイト編集の特徴を理解しましょう

このレッスンのポイント

Webサイトのヘッダーやフッターといった本文以外の要素は、従来のWordPressではカスタマイズが容易ではありませんでした。現在は新しく導入された「フルサイト編集」という機能によって、ほとんどの要素が管理画面からノーコードでカスタマイズ可能です。

ブロックテーマとクラシックテーマ

フルサイト編集はすべてのWordPressで使えるわけではありません。あくまでフルサイト編集に対応したテーマが適用されている場合にのみ使用可能です。このフルサイト編集に対応したテーマのことを「ブロックテーマ」と呼びます。
それに対して、フルサイト編集に対応していない従来のテーマは「クラシックテーマ」と呼ばれます。「クラシック」というと時代遅れに感じてしまうかもしれませんが、フルサイト編集はまだ発展途上の新しい機能で、ノウハウやサードパーティーの機能拡張も少ないのが現状です。そのため、プロのWebサイト制作者が業務でWebサイトを制作する場合はまだクラシックテーマの方が多く使われています。

▶ ブロックテーマとクラシックテーマの違い

項目	クラシックテーマ	ブロックテーマ
特徴	本文以外はカスタマイズに制約がある	Webサイト全体のレイアウトや表示要素などを、管理画面からノーコードで編集できる
機能拡張	多様なWebサイト制作に対応するプラグインやカスタマイズのノウハウが豊富	新しいWebサイト制作方法のため、ノウハウや機能拡張は発展途上
テンプレート	PHPファイルが主体	HTMLファイルが主体

フルサイト編集で何ができるようになったのか？

クラシックテーマでは、記事の本文以外をカスタマイズする場合は「テーマカスタマイザー」から行っていました。テーマ開発者があらかじめ用意した設定項目を操作してカスタマイズするという方式でしたので、設定項目以外の変更を加えるにはプログラムの知識が必要でした。

フルサイト編集に対応したブロックテーマの場合、プログラムの知識がなくてもサイトエディターからすべての領域を自由にカスタマイズできます。例えばヘッダーに表示する要素、色、レイアウトなどを自由に変更できます。

▶クラシックテーマのテーマカスタマイザー

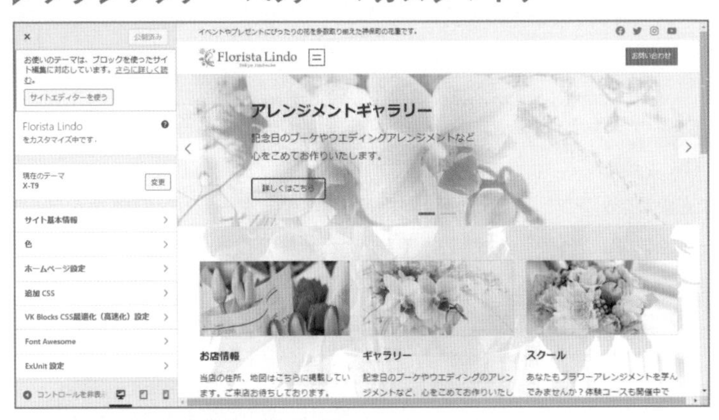

ユーザーはあらかじめ用意された項目しか設定できない。

▶ブロックテーマのサイトエディター

ユーザーはサイトのすべての領域を自由にカスタマイズできる。

今回は最初からフルサイト編集に対応したブロックテーマ「X-T9」を使用しています。フルサイト編集に対応したほかのテーマは、「テーマを追加」画面でブロックテーマを指定して探すことができます。詳しくは78ページを参照してください。

Lesson 43

[Webサイトのナビゲーション]

適切なナビゲーションを設定してWebサイトを見やすくしましょう

このレッスンのポイント

せっかくがんばってページを増やしても、訪問者がページにたどり着けなければ意味がありません。制作したコンテンツ（投稿や固定ページ）に不自由なくたどり着けるようにするためにナビゲーションや検索ボックスなどを設定しましょう。

コンテンツの重要度でナビゲーションを振り分けていく

多くのWebサイトのナビゲーションは主要コンテンツに案内するためのグローバルナビゲーションや、サイドや下部に表示するサブナビゲーションなど、コンテンツの重要度によってナビゲーションの種類を使い分けています。それぞれの役割を理解してナビゲーションを設置し、使いやすいWebサイトにしましょう。

ナビゲーションを設置して目的のコンテンツへ誘導する

お店情報

花が演出する幸せな空間

大切な人の誕生のお祝いや結婚式の彩り
エントランスやイベントでのおもてなし
哀しみのときの安らぎ

花は人々の人生のあらゆる場面において心を豊かにすることができると考えています。

あなたの人生のあらゆる場面で、心を込めてお手伝いさせていただきます。

Florista Lindo
代表　三好亜紀

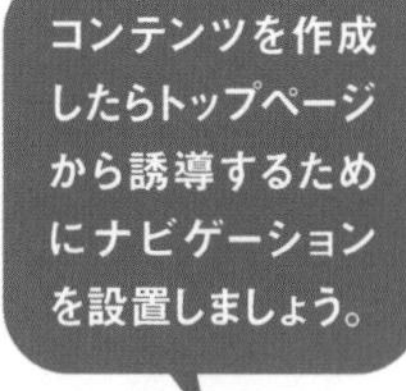

 訪問者を適切に誘導する配置を考える

訪問者はそれぞれ目的を持ってWebサイトを訪れます。例えば、花屋のWebサイトであればお店の情報や所在地、どんなサービスを行っているのかを知りたい訪問者が多いでしょう。このように、多くの訪問者が求めているページはグローバルナビゲーションから誘導します。また、トップページはページ全体がWebサイトのナビゲーションとも言えます。サイト訪問者に求められている情報や、見てほしい情報、グローバルナビゲーションには入れられなかったけれど重要な情報などへ迷いなく到達できるように、下の図を参考に誘導していきましょう。

▶トップページ

グローバルナビゲーション
Webサイトの上部に表示されるため一番目立つ。重要度の高い主要なコンテンツに誘導しよう。(Lesson 44)

主要ページへの誘導
さまざまなブロックが配置できる。ここでは訪問者が求めているページに迷わずたどり着けるように、一番需要の高いページへの導線として有効に活用しよう。

フッターナビゲーション
ページ下部左端に表示されるナビゲーション。グローバルナビゲーションから誘導するほど重要ではないが、Webサイトを運営する上で必要なページに誘導するサブナビゲーションとして利用できる。(Lesson 46)

▶投稿ページ

サイドバー
検索ボックスや投稿のカテゴリー一覧などを設置できる。特定のカテゴリーの記事一覧ページへの誘導もここから行おう。

Lesson 44 [グローバルナビゲーションの設定]

コンテンツの入り口となるグローバルナビゲーションを設定しましょう

このレッスンのポイント

グローバルナビゲーションは、Webサイト上部の一番目立つ位置に表示されるため、その名の通り最も重要なナビゲーションです。目的のページにたどり着くにはどのナビゲーション項目をクリックすればいいのかが直感的にわかるように設定することを心がけましょう。

ナビゲーションの階層を考える

グローバルナビゲーションの項目数が多くなってしまうと、訪問者にとってストレスになってしまいます。そのため、できるだけ厳選した項目を掲載しましょう。例えば、花屋であれば、お店についての情報を表示するナビゲーションや取り扱う花を紹介するギャラリー、また店舗での講座やイベントをまとめた項目があると親切です。さらに、問い合わせ用のページなど、訪問者の緊急度が高い項目も目立つ位置に用意しておきましょう。また、グローバルナビゲーションはどのページにでも表示されるので、トップページに戻るためのボタンを用意しておくと親切です。

親子関係を整理してむやみにナビゲーションの数を増やさない

グローバルナビゲーションには、常に表示される項目以外にも、親となる項目にマウスポインターを合わせると表示される子のナビゲーションを設定できます。例えば、お店を紹介するための「お店情報」ページとお店の所在地を示した「アクセス」ページをナビゲーションに追加したい場合、両方の項目を親にしてしまうとナビゲーションの項目数が増えてしまいます。そこで、「アクセス」を「お店情報」の子として設定することで、表示されるナビゲーションの項目数を抑えることができます。

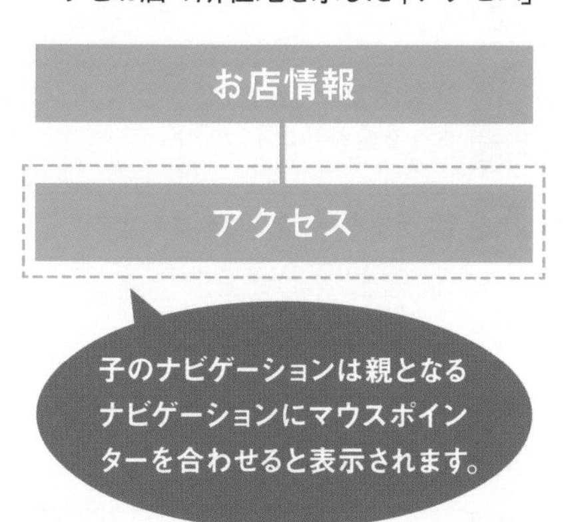

親子関係をうまく設定することで、表示される項目を整理できます。ただし、内容がかけ離れた項目を親子に設定してしまうと、探せなくなってしまうので注意してください。

「ナビゲーション」ブロックは好きな場所に配置できる

グローバルナビゲーションの作成には、WordPress標準の「ナビゲーション」ブロックを使用します。クラシックテーマではナビゲーションはテーマで決められた場所にしか設定できませんが、フルサイト編集に対応したブロックテーマでは、ナビゲーションブロックを使えばWebサイト上のどこにでも簡単にナビゲーションを配置できます。とはいえ、ナビゲーションはほとんどのテーマにおいてあらかじめヘッダーのパターンの中などに配置されているので、まずはグローバルナビゲーションに設定する項目を考えて、決まったら設定していきましょう。

なお、フッターに配置したナビゲーションの設置は220ページで解説します。

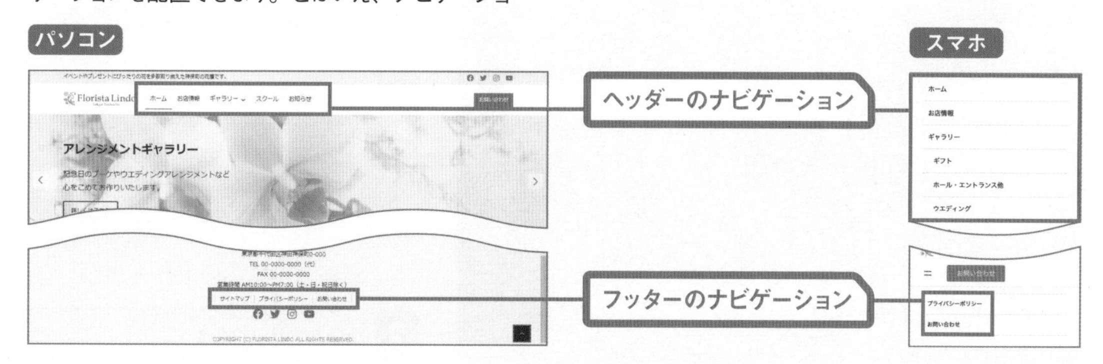

ヘッダーのレイアウトを変更する

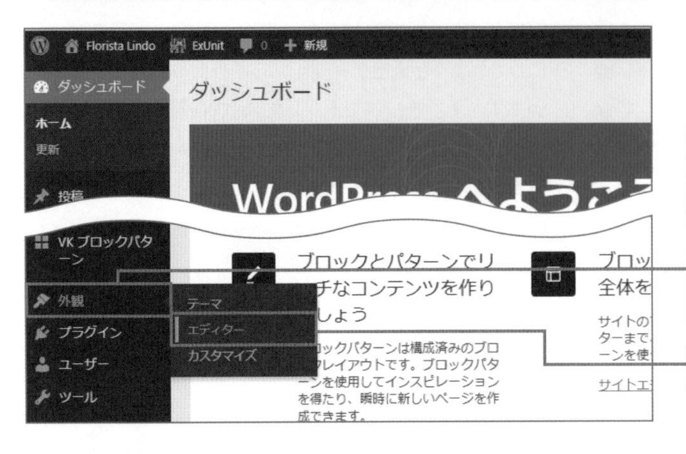

1 サイトエディターを表示する

170〜173ページの手順を参考に、必要な固定ページ（111ページ）をすべて作成しておきます。

1 管理画面の［外観］にマウスポインターを合わせます。

2 ［エディター］をクリックします。

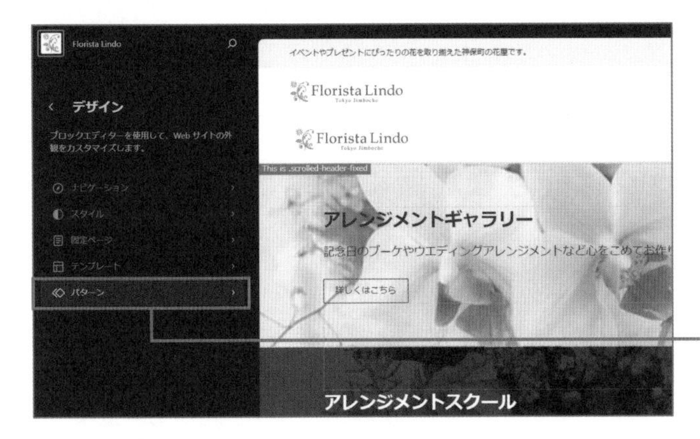

2 テンプレートパーツを表示する

1 ［パターン］をクリックします。

3 ヘッダーを選択する

1 ［ヘッダー］をクリックします。

2 画像をクリックします。

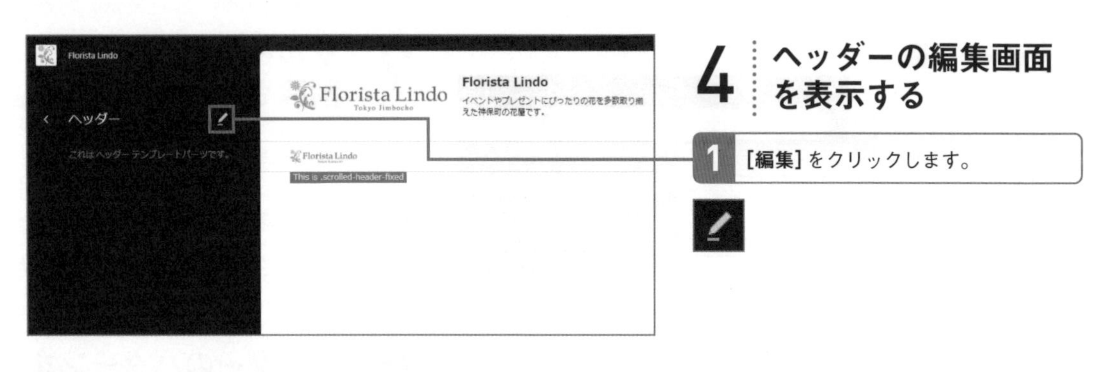

4 ヘッダーの編集画面を表示する

1 **[編集]** をクリックします。

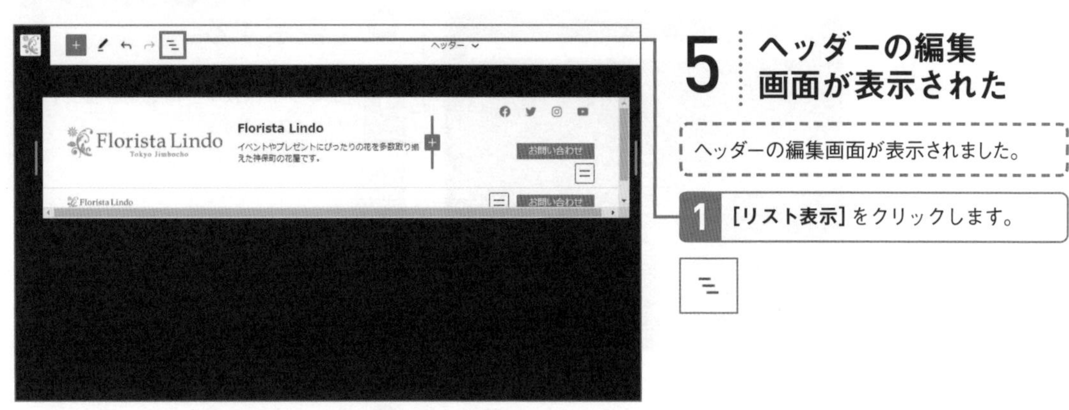

5 ヘッダーの編集画面が表示された

ヘッダーの編集画面が表示されました。

1 **[リスト表示]** をクリックします。

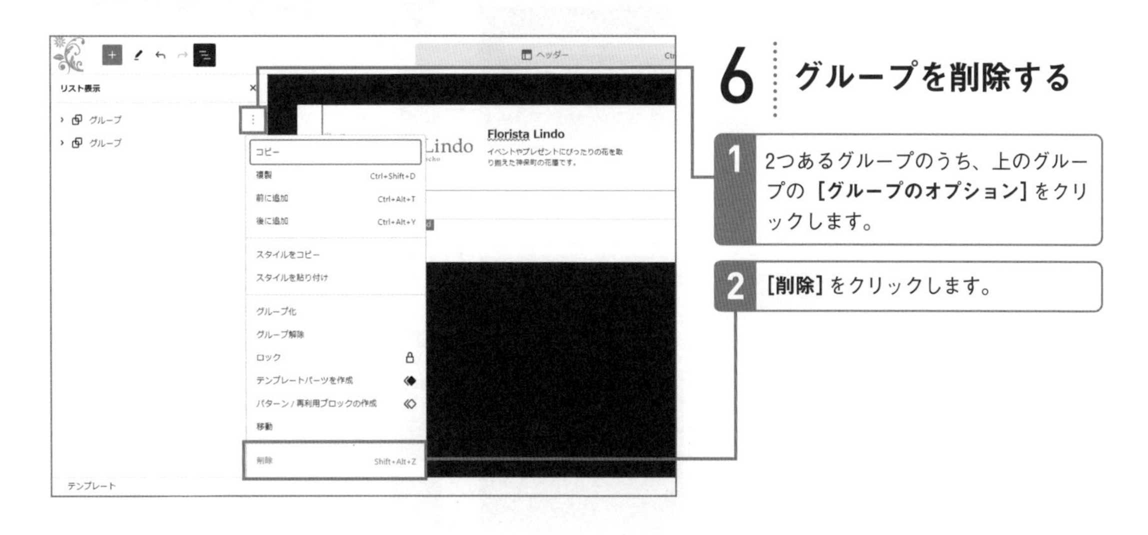

6 グループを削除する

1 2つあるグループのうち、上のグループの **[グループのオプション]** をクリックします。

2 **[削除]** をクリックします。

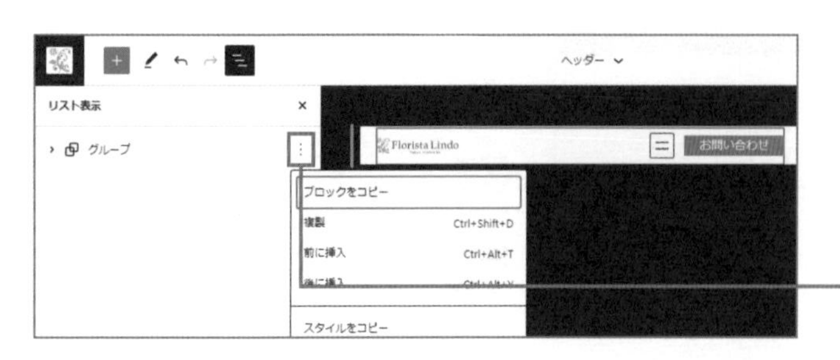

7 グループが削除された

グループが削除されました。

1 もう1つのグループも、前ページの手順6を参考に削除します。

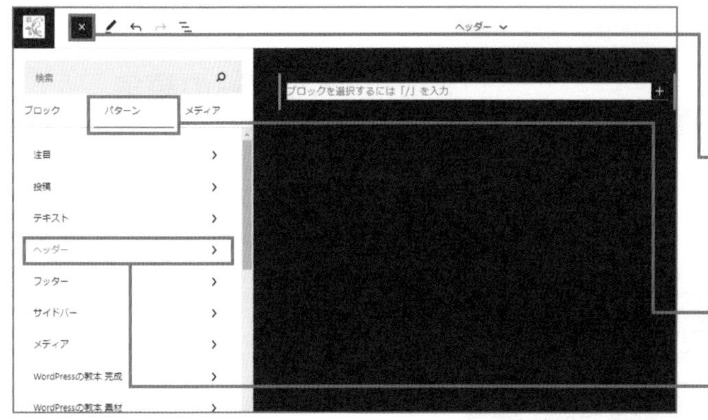

8 ヘッダーのパターンを表示する

1 **[ブロック挿入ツールを切り替え]** をクリックします。

＋

2 **[パターン]** をクリックします。

3 **[ヘッダー]** を選択します。

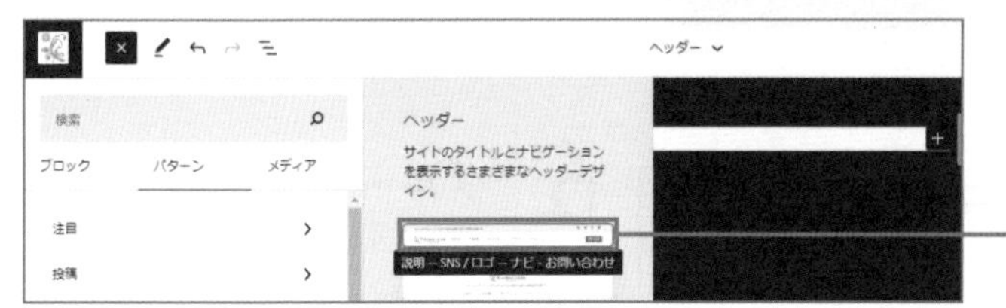

9 パターンを追加する

1 **[説明 -- SNS / ロゴ -- ナビ - お問い合わせ]** をクリックします。

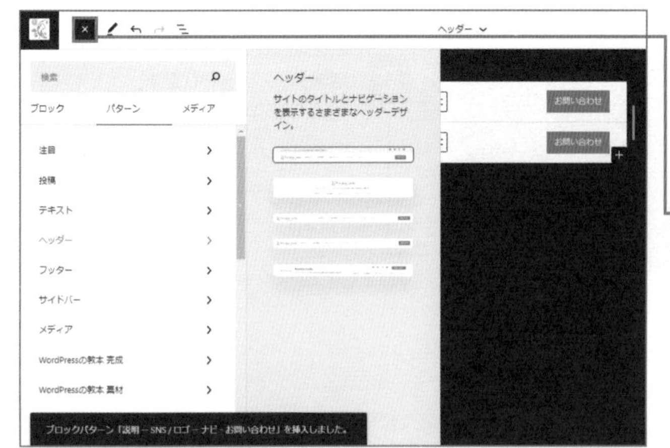

10 パターンが追加された

選択したパターンが追加されました。

1 **[ブロック挿入ツールを切り替え]** をクリックして、表示を閉じます。

×

ヘッダーのナビゲーションを編集する

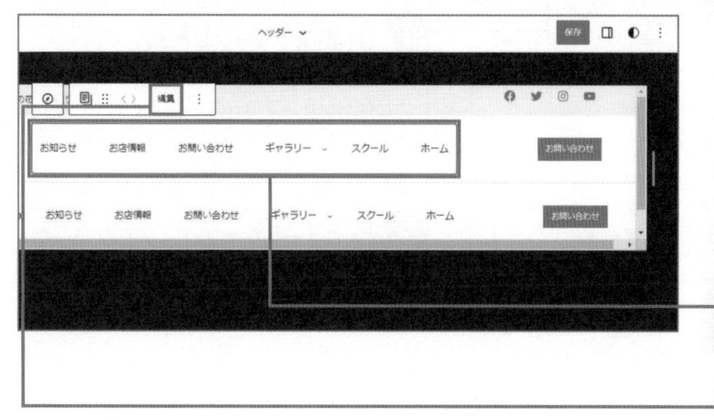

1 上のナビゲーションを編集する

ナビゲーションが2段で表示されています。上のナビゲーションは画面の最上部に表示され、下のナビゲーションは画面をスクロールした際に表示されます。

1 上のナビゲーションをクリックして選択します。

2 [編集] をクリックします。

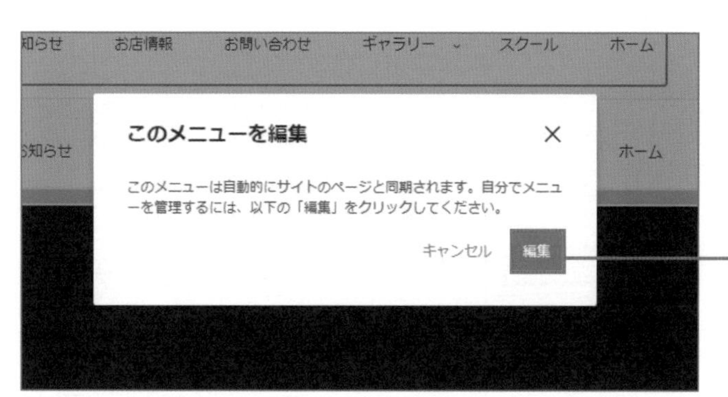

2 ナビゲーションの編集を確認する

ナビゲーションとサイトのページをリンクする確認画面が表示されました。

1 [編集] をクリックします。

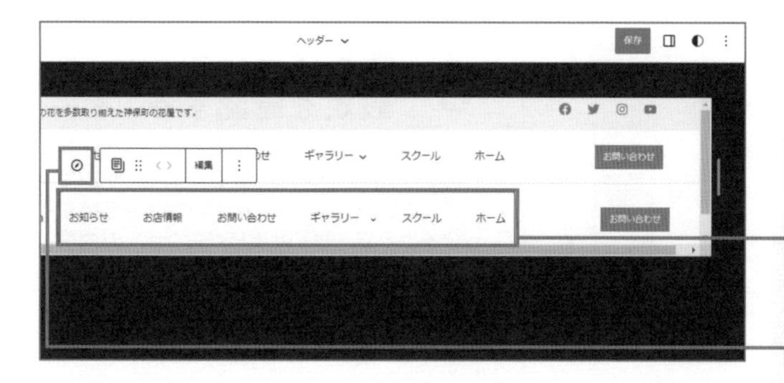

3 下のナビゲーションを選択する

上のナビゲーションがサイトと同期しました。

1 **下のナビゲーションをクリックして選択します。**

2 **[ナビゲーションを選択] をクリックします。**

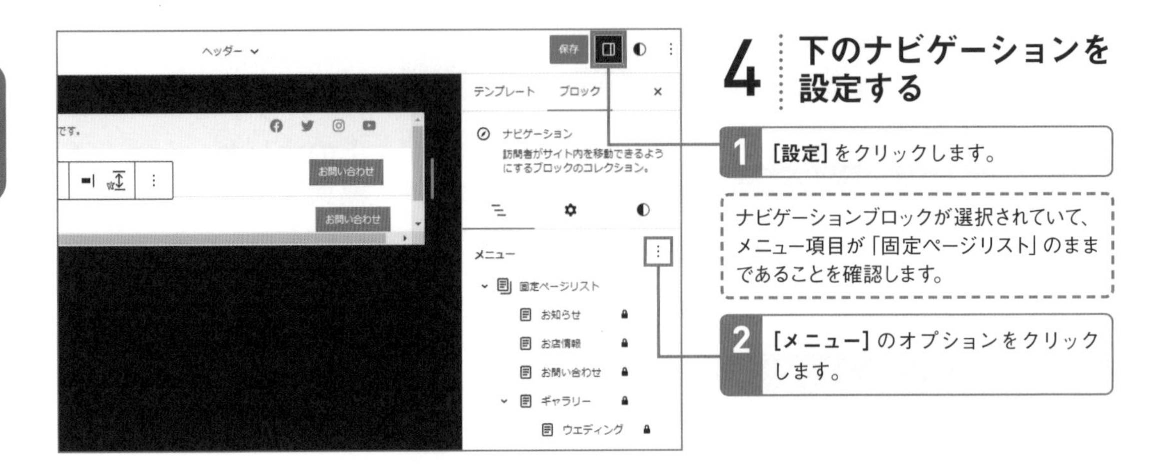

4 下のナビゲーションを設定する

1 **[設定]** をクリックします。

ナビゲーションブロックが選択されていて、メニュー項目が「固定ページリスト」のままであることを確認します。

2 **[メニュー]** のオプションをクリックします。

5 上下のナビゲーションを紐付ける

上のナビゲーションで作成したナビゲーションメニューの設定を、下のナビゲーションでも設定します。

1 **[ナビゲーション]** をクリックして選択します。

6 ナビゲーションの設定を確認する

上下のナビゲーションに同じメニューが設定されました。ナビゲーションの設定を紐付けることで、上下のナビゲーションの内容が連動するようになります。一方のナビゲーションを修正すると、もう一方のナビゲーションにも自動的に修正内容が反映されます。

1 **[設定]** をクリックして、設定の表示を閉じます。

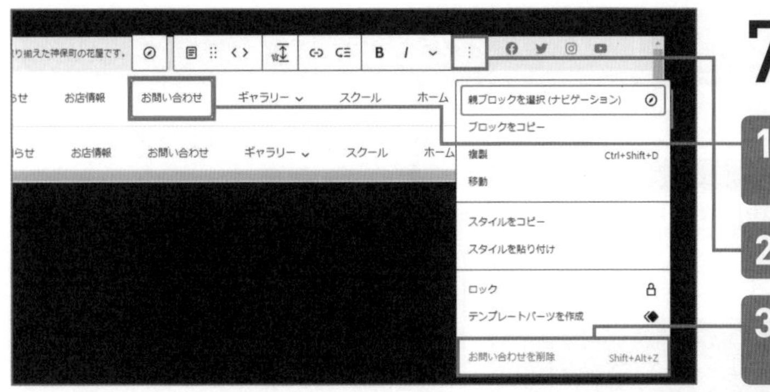

7 不要なナビゲーションを削除する

1 削除したいナビゲーション項目をクリックします

2 **[オプション]** をクリックします。

3 **[(固定ページ名) を削除]** をクリックします。

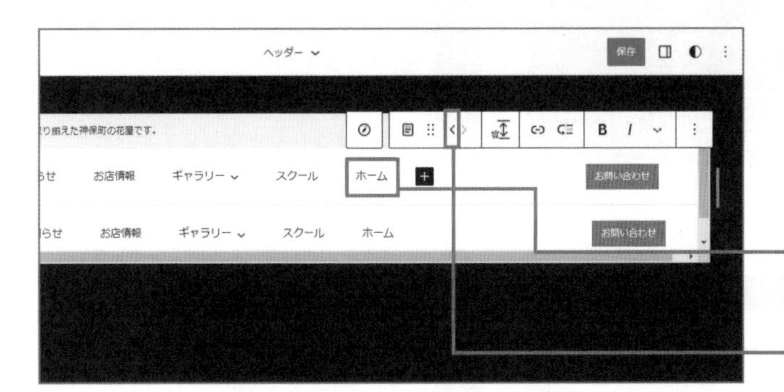

8 ナビゲーション項目を移動する

選択したメニュー項目が削除されました。

1 ナビゲーション内にある、移動したい固定ページをクリックします。

2 **[左に移動]** をクリックします。

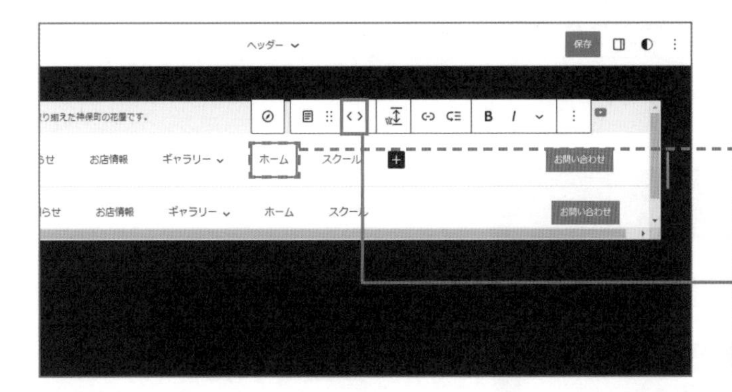

9 ナビゲーション項目が移動した

選択したメニュー項目が左に移動しました。

1 ほかのメニュー項目も **[左に移動]** または **[右に移動]** をクリックして移動します。左から順に、「ホーム」「お店情報」「ギャラリー」「スクール」「お知らせ」の順に並べ替えます。

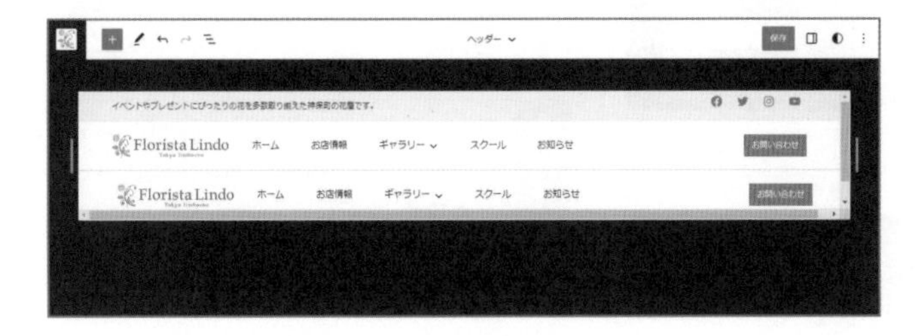

10 ナビゲーションの設定ができた

ナビゲーションとサイト内のページをリンクする設定ができました。

ヘッダーのボタンとアイコンにリンクを設定する

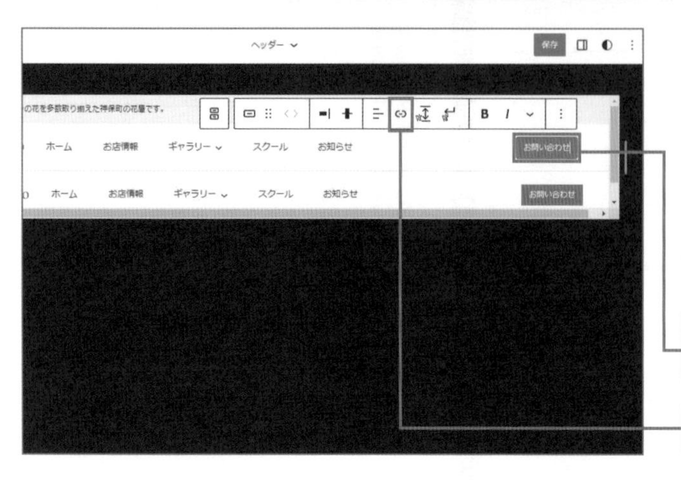

1 ボタンにリンクを設定する

Lesson 37で作成したお問い合わせページにリンクを設定します。 ここでは「https://floristalindo.com/contact/」というURLを想定しています。お問い合わせページの内容は、7章Lesson 50で完成させます。

1 上のナビゲーションの「お問い合わせ」ボタンをクリックします。

2 **[リンク]** をクリックします。

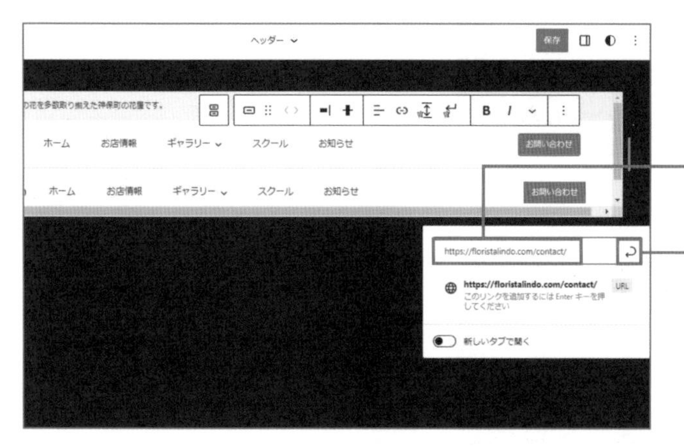

2 リンクするページのURLを貼り付ける

1 お問い合わせページのURLを貼り付けます。

2 **[送信]** をクリックします。

3 ボタンにリンクが設定された

「お問い合わせ」ボタンにリンクが設定されました。

1 下のナビゲーションの「お問い合わせ」ボタンも、手順1～3を参考にリンクを設定します。

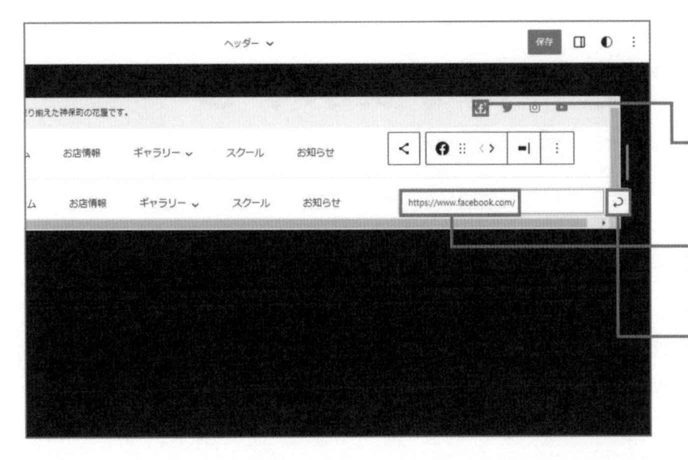

4 ソーシャルメディアのURLを指定する

1 アイコンをクリックします。

2 アイコンに関連するソーシャルメディア（ここではFacebook）のURLを入力または貼り付けます。

3 **［適用］**をクリックします。

5 アイコンにリンクが設定された

選択したアイコンにリンクが設定されました。

1 手順4を参考に、ほかのアイコンにもソーシャルメディア（Twitter、Instagram、YouTube）のリンクを設定します。

2 **［保存］**をクリックし、続けて**［保存］**をクリックします。

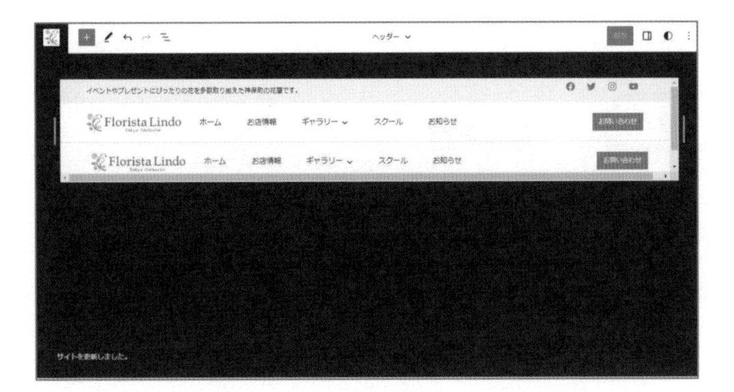

6 リンクの設定が保存された

ボタンとアイコンにそれぞれリンクが設定されました。以上で、グローバルナビゲーションの設定が完了しました。

Lesson 45 [サイトマップの作成]

コンテンツを一覧で表示するサイトマップを作成しましょう

このレッスンのポイント

サイトにあるコンテンツを一覧で表示するサイトマップを用意しておくと親切です。すべてのページを手作業でリストアップして作成するのは非常に大変ですが、インストール済みのプラグイン「VK All One Expansion Unit」では自動で一覧を表示する機能が用意されています。

コンテンツが多いサイトほどサイトマップは重要

ちゃんとナビゲーションがあってもサイトマップって必要なんですか？

Webサイトのページ数が少なくて、規模が小さい場合は必要ないかもしれません。でも、運営を続けていくとページはどんどん増えていきますし、用意しておいた方がいいでしょう。

なるほど、数ページだったら必要ないですもんね。

コンテンツが増えてくると、サイトマップがあるのとないのでは差が出てきますよ。見たい情報がどこにあるのかわからなくて迷うことって、制作者が思っている以上によくあるものです。

コンテンツを一覧で表示できる

パソコン

サイトマップ

- お問い合わせ
- お店情報
- お知らせ
- ギャラリー
  - ギフト
  - ホール・エントランス他
  - ウエディング
- サイトマップ

お知らせ

カテゴリー

- お知らせ
- 未分類

タグ

- rose

スマホ

サイトマップ

お問い合わせ
お店情報
お知らせ
ギャラリー
ウエディング
ギフト
ホール・エントランス他
サイトマップ

サイトマップを作成する

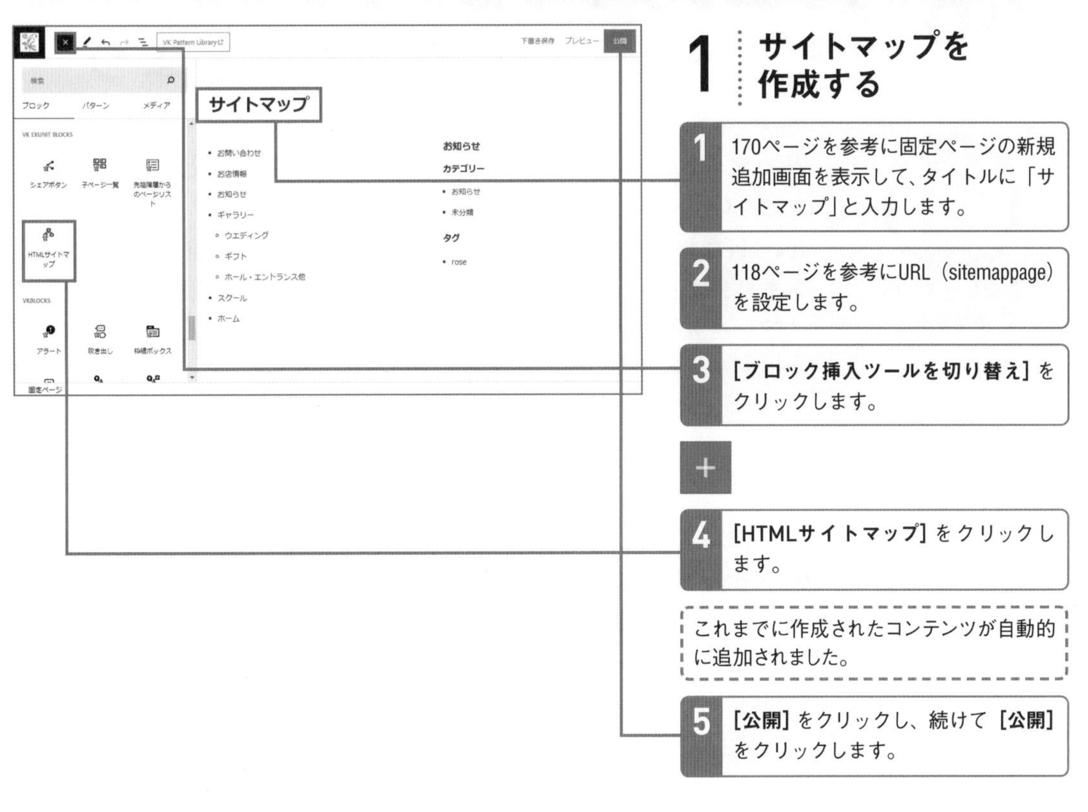

1 サイトマップを作成する

1. 170ページを参考に固定ページの新規追加画面を表示して、タイトルに「サイトマップ」と入力します。
2. 118ページを参考にURL（sitemappage）を設定します。
3. **[ブロック挿入ツールを切り替え]** をクリックします。

＋

4. **[HTMLサイトマップ]** をクリックします。

これまでに作成されたコンテンツが自動的に追加されました。

5. **[公開]** をクリックし、続けて **[公開]** をクリックします。

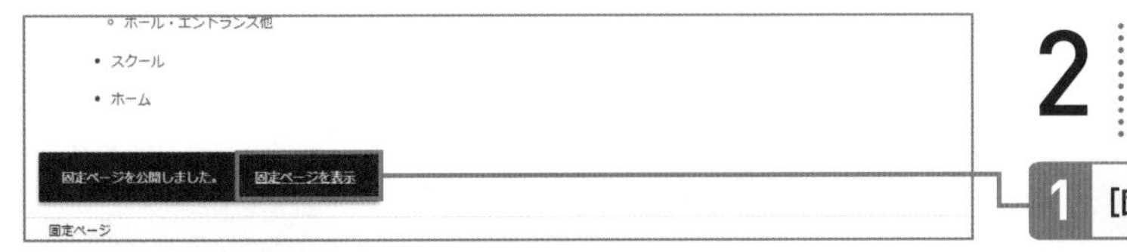

2 Webサイトを表示する

1. **[固定ページを表示]**をクリックします。

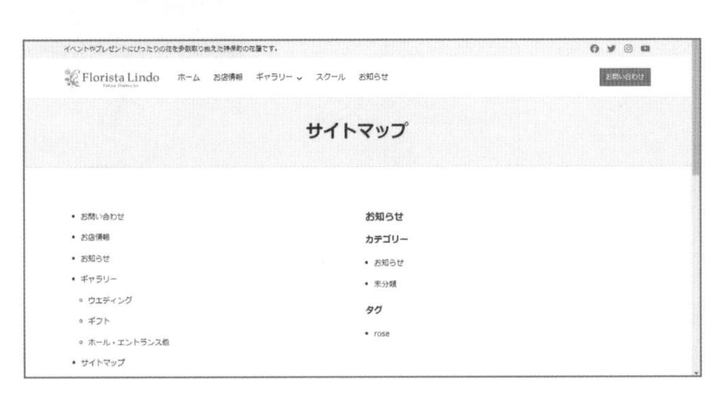

3 サイトマップが作成された

サイトマップが作成されました。

POINT

ここで作成したサイトマップにアクセスするためのナビゲーションは、次のLessonで設置します。

Lesson 46 [フッターナビゲーション]

サブコンテンツはフッターナビゲーションに設定しましょう

このレッスンのポイント

Webサイトの中にはサービスの情報や店舗・企業情報といった「目立たせたいページ」もあれば、プライバシーポリシーやサイトマップなど、「目立たなくてもいいが、見える位置に配置しておきたいページ」もあります。ヘッダーのグローバルナビゲーションは掲載できる項目に限りがあるので、目立たせなくてもいいサブコンテンツは、フッターナビゲーションに設定しておくといいでしょう。

サブコンテンツはフッターにまとめる

フッターとはWebサイトの下部にある常に固定の情報を提供するスペースのことです。サイトの下部に位置するので、グローバルナビゲーションよりは目立ちにくくなりますが、すべてのページからアクセスできるナビゲーション項目を増やせます。また、フッターナビゲーションは、外部サイトへのリンクも使えます。例えば、飲食店のWebサイトであれば、運営する親会社のWebサイトを紹介する必要がある場合もあるでしょう。その際は、運営する親会社のWebサイトへのリンクをフッターナビゲーションに設定できます。

パソコン

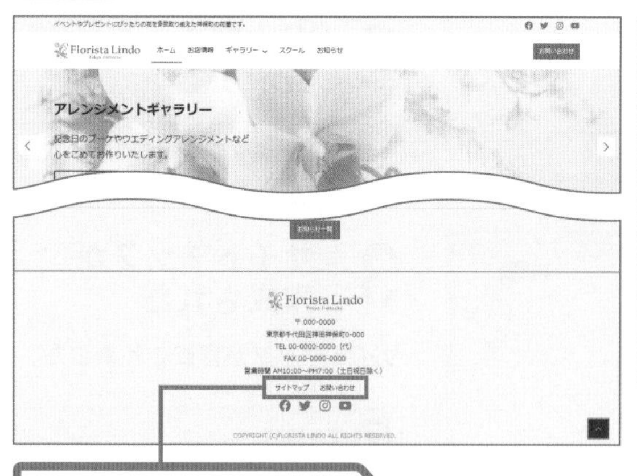

スマホ

Webサイトの下部にフッターナビゲーションを設置できる

フッターのレイアウトを変更する

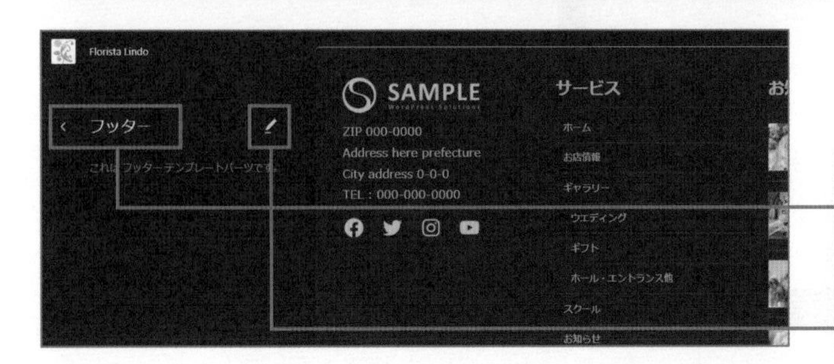

1 サイトエディターを表示する

1 86ページの手順を参考に、サイトエディターを表示し、**[テンプレートパーツ]**の**[フッター]**をクリックします。

2 **[編集]**をクリックします。

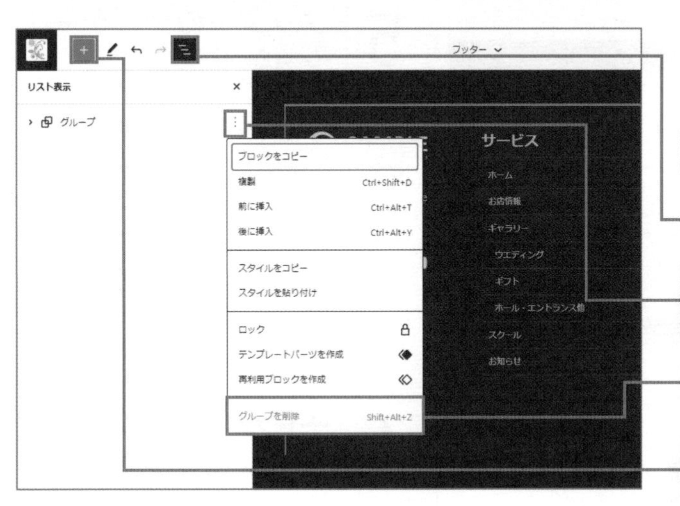

2 グループを削除する

フッターの編集画面が表示されました。

1 **[リスト表示]**をクリックします。

2 **[グループブロックのオプション]**をクリックします。

3 **[グループを削除]**をクリックします。

4 **[ブロック挿入ツールを切り替え]**をクリックします。

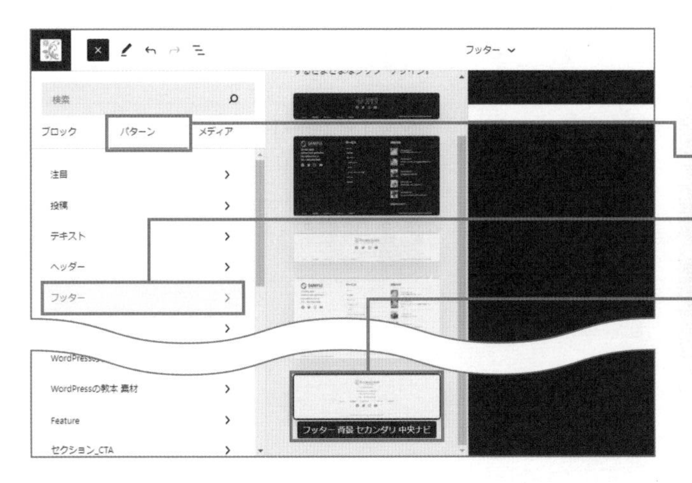

3 パターンを選択する

1 **[パターン]**をクリックします。

2 **[フッター]**を選択します。

3 **[フッター 背景 セカンダリ 中央ナビ]**をクリックします。

4 連絡先を入力する

選択したパターンが追加されました。

1 連絡先が記載されている段落ブロックをクリックして編集します。

2 段落の途中で改行するときは、Shift＋Enterキーを押します。

5 フッターのナビゲーションを選択する

1 ナビゲーションをクリックして選択します。

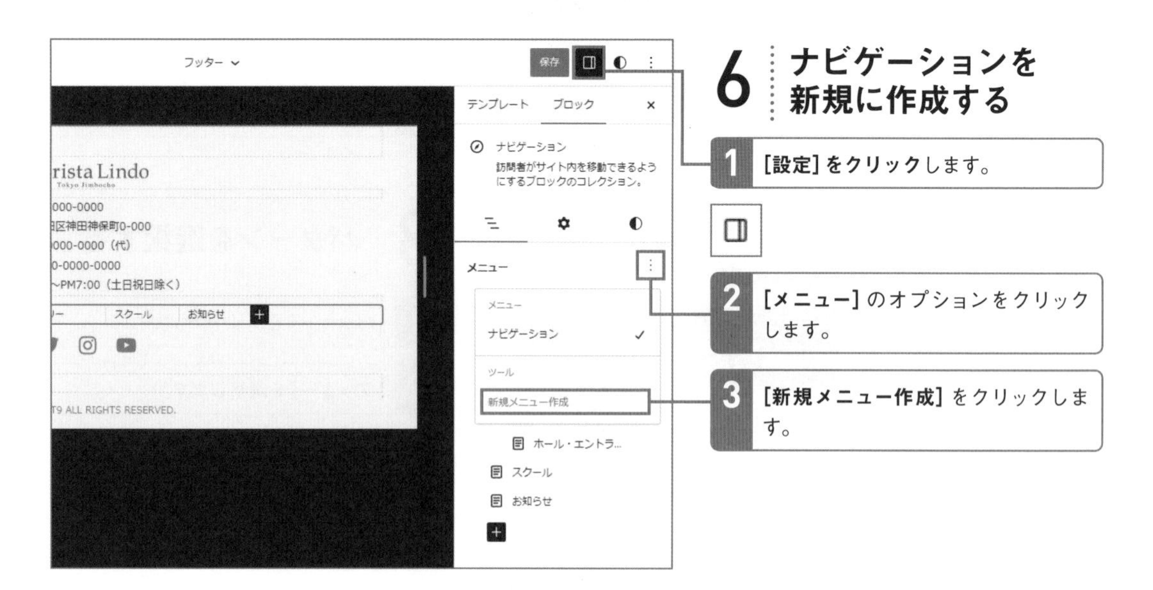

6 ナビゲーションを新規に作成する

1 **[設定]をクリック**します。

2 **[メニュー]**のオプションをクリックします。

3 **[新規メニュー作成]**をクリックします。

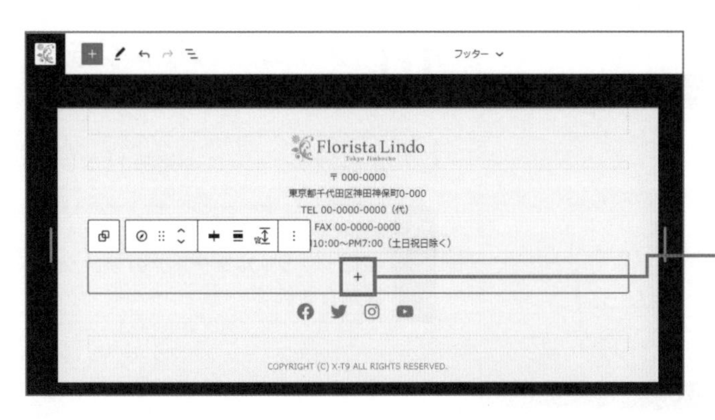

7 ナビゲーションを追加する

ナビゲーションメニューが新規に作成されました。

1 [ブロックを追加]をクリックします。

＋

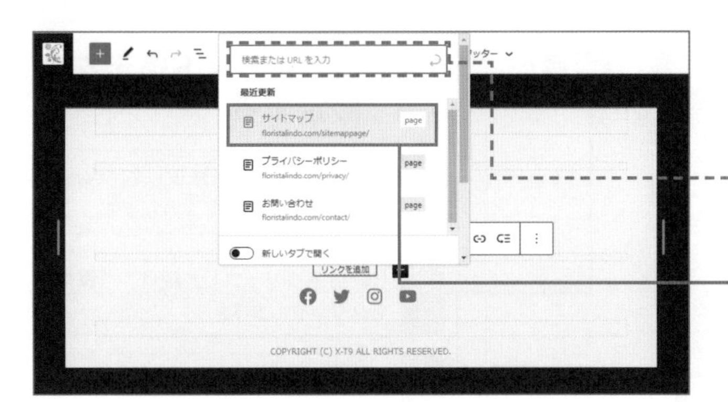

8 追加するページを選択する

[検索またはURLを入力]にリンクしたいページ名を入力して、検索することもできます。

1 リンクを追加したいページを選択します。

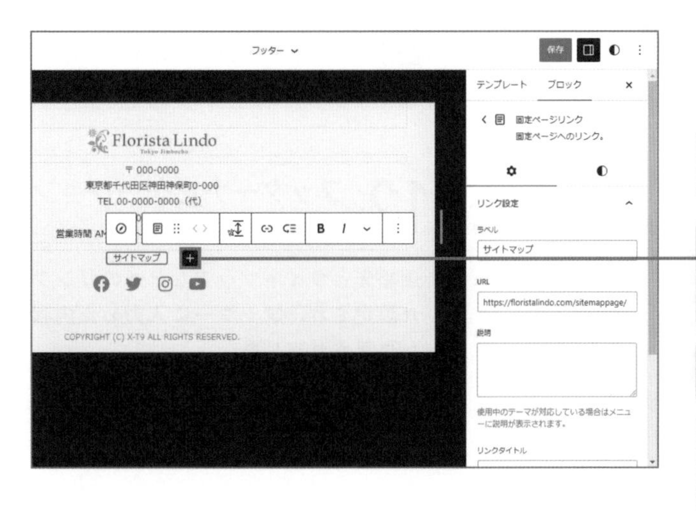

9 続けてナビゲーションを追加する

ナビゲーションが追加され、[リンク設定]にラベルとURLが設定されました。

1 [ブロックを追加] をクリックして、手順8を参考に残りのページも追加します。

＋

お問い合わせページは、Lesson 50で作成します。ブロックパネルの [リンク設定]でラベルを「お問い合わせ」、URLを「https://○○/contact/」として入力することもできます。

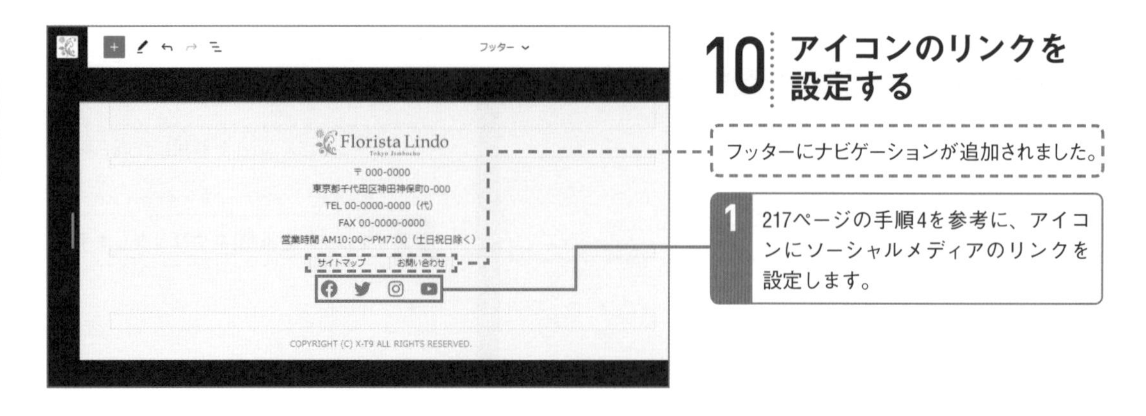

10 アイコンのリンクを設定する

フッターにナビゲーションが追加されました。

1 217ページの手順4を参考に、アイコンにソーシャルメディアのリンクを設定します。

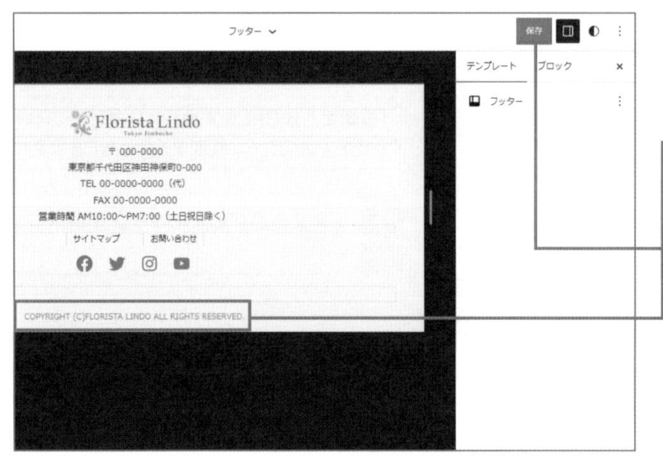

11 コピーライト表示を設定する

1 入力済みの文章を修正して、Webサイトの著作権表記を入力します。

2 ［保存］をクリックし、続けて［保存］をクリックします。

3 左上のサイトアイコンを2回クリックして、管理画面に戻ります。

4 70ページを参考に、Webサイトを表示します。

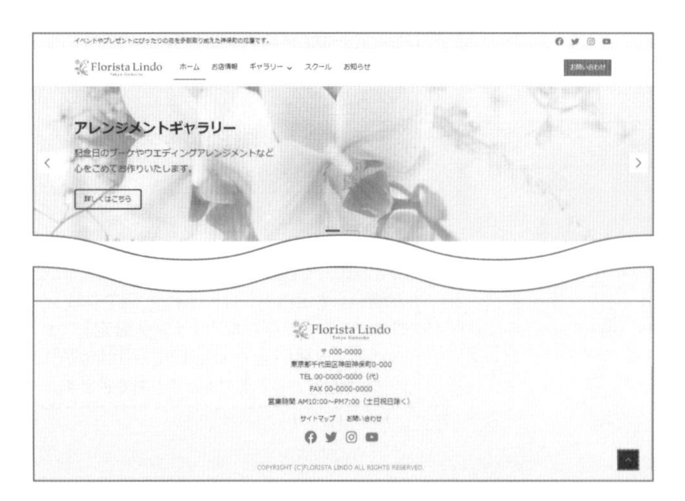

12 フッターナビゲーションが設定された

連絡先とサイトマップなどへのリンクが設定され、フッターに入力した内容が表示されました。

Lesson 47

[トップページメインエリアの設定]

重要な情報はトップページでしっかりアピールしましょう

このレッスンのポイント

訪問者がよくアクセスする店舗、会社概要のページやサービス案内といった目立たせたいページは、トップページからもリンクを設定しておきましょう。ここではトップページに指定した固定ページを編集して、訪問者に見てもらいたいコンテンツを配置する手順を解説します。

最初に目に付くホームページの入り口

トップページはホームページ全体の入り口です。訪問者が求めているページに迷わずたどり着けるように、一番需要の高いページへの導線として有効に活用しましょう。

はじめて訪れた訪問者が迷わないように誘導しよう

パソコン

スマホ

トップページにサムネイルや説明を掲載できる。

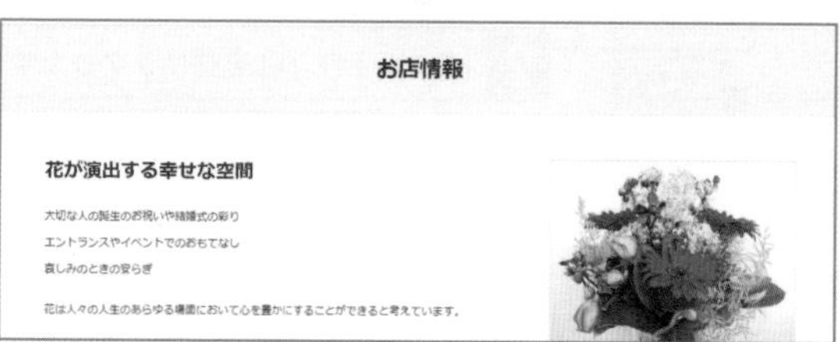

クリックすると詳細を掲載したページに移動する。

文字数や写真のサイズがまちまちだとバランスが悪くなります。並べるときは文字数やサイズをなるべくそろえましょう。

トップページのメインエリアを設定する

1 サイトエディターを表示する

1 86ページの手順を参考にサイトエディターを表示し、**[テンプレート]** をクリックします。

2 **[フロントページ]** をクリックします。

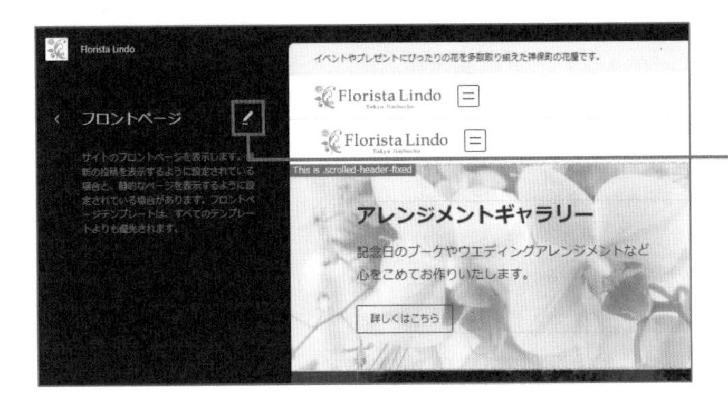

2 フロントページの編集画面を表示する

1 **[編集]** をクリックします。

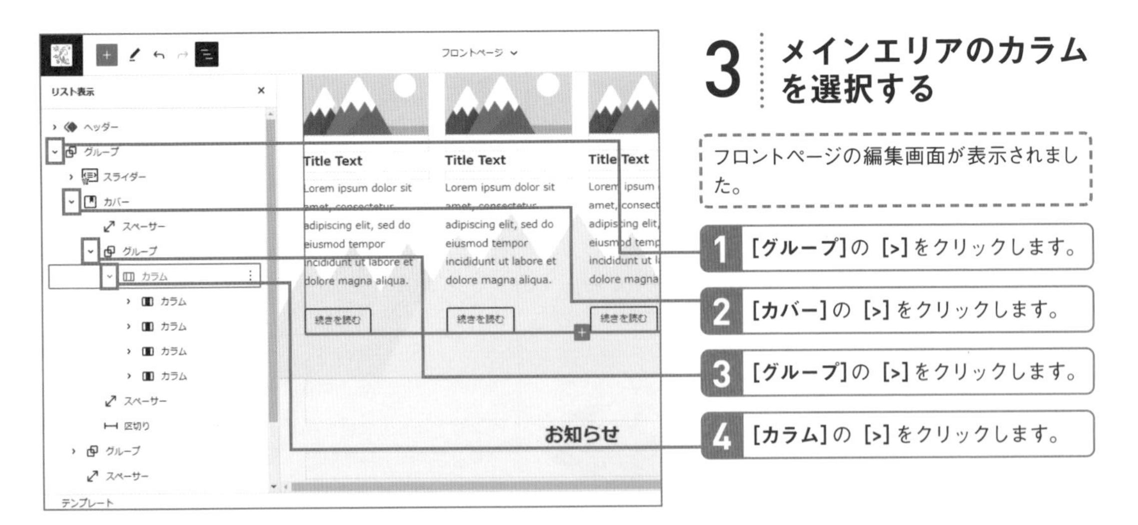

3 メインエリアのカラムを選択する

フロントページの編集画面が表示されました。

1 **[グループ]** の **[>]** をクリックします。

2 **[カバー]** の **[>]** をクリックします。

3 **[グループ]** の **[>]** をクリックします。

4 **[カラム]** の **[>]** をクリックします。

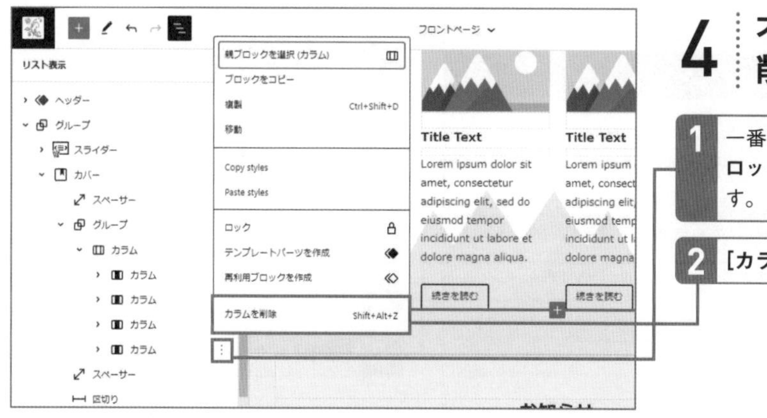

4 不要なカラムを削除する

1 一番下にある［**カラム**］の［**カラムブロックのオプション**］をクリックします。

2 ［**カラムを削除**］をクリックします。

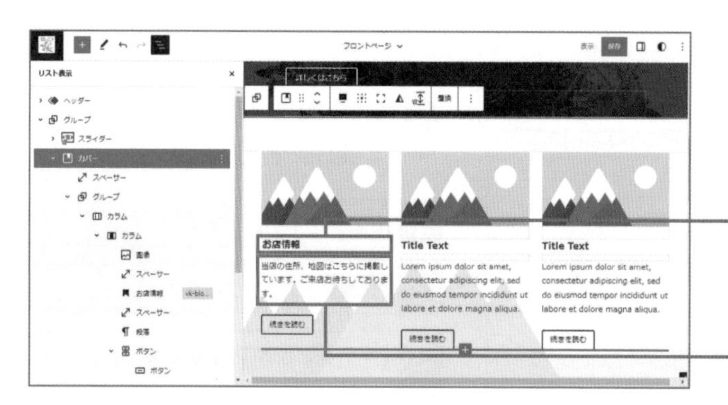

5 タイトルと概要を入力する

カラムが1つ削除されました。

1 見出しをクリックしてタイトルを入力します。

2 段落をクリックして概要を入力します。

6 リンクするページを指定する

1 ブラウザを操作して新しいタブを開きます。

2 191ページの手順1を参考に、トップページからリンクを張りたいページの編集画面を表示します。

3 ［**URL**］に記載されているURLをコピーします。

7 ボタンにリンクを設定する

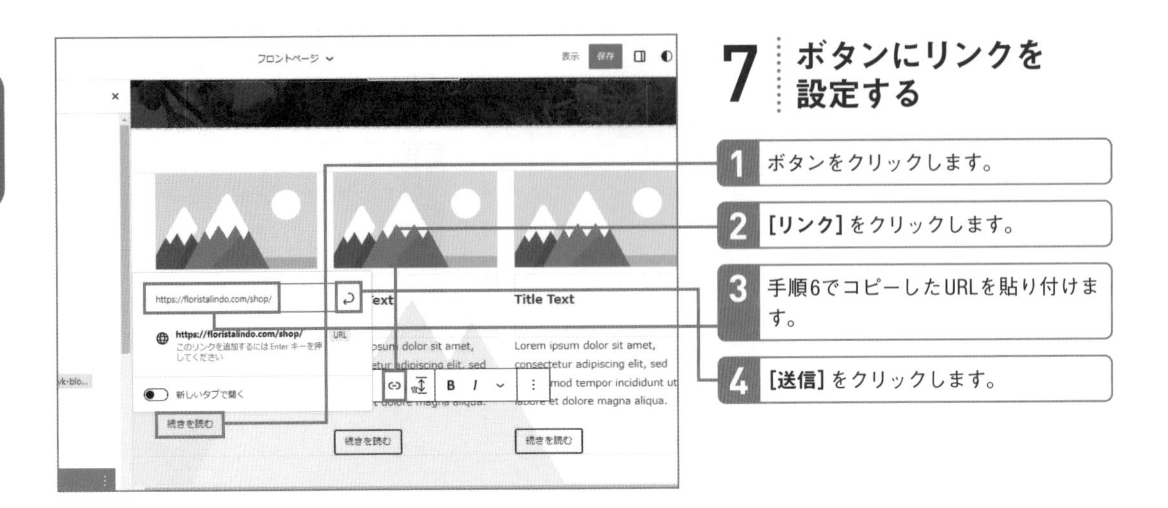

1 ボタンをクリックします。

2 [リンク] をクリックします。

3 手順6でコピーしたURLを貼り付けます。

4 [送信] をクリックします。

8 ブロックで使用する画像を設定する

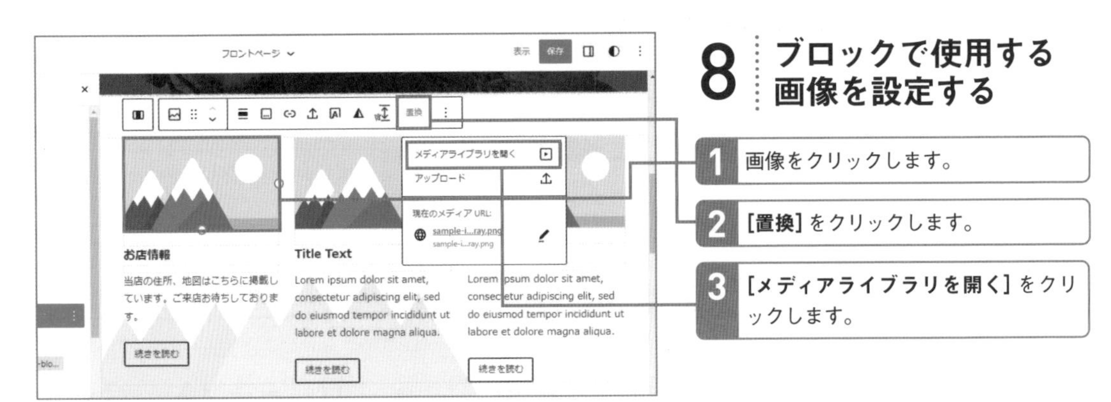

1 画像をクリックします。

2 [置換] をクリックします。

3 [メディアライブラリを開く] をクリックします。

9 ブロックで使用する画像を選択する

1 使用したい画像をクリックします。

2 [選択] をクリックします。

162ページを参考にあらかじめ画像をアップロードしておきましょう。また、163ページを参考に画像の横幅が600ピクセル程度になるよう加工しておきましょう。

10 ほかの2つのカラムも同様に設定する

1 中央と右のカラムも手順5～9と同様の方法で設定します。

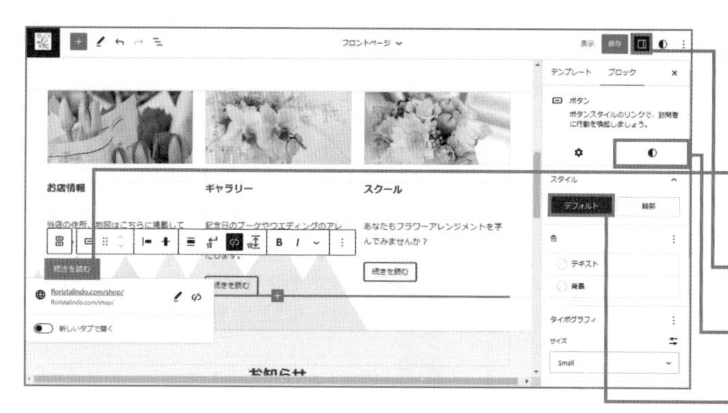

11 ボタンのスタイルを変更する

1 左のカラムのボタンをクリックします。

2 **[設定]** をクリックします。

3 **[Styles]** をクリックします。

4 **[デフォルト]** をクリックします。

5 中央と右のカラムのボタンも同様の方法でスタイルを変更します。

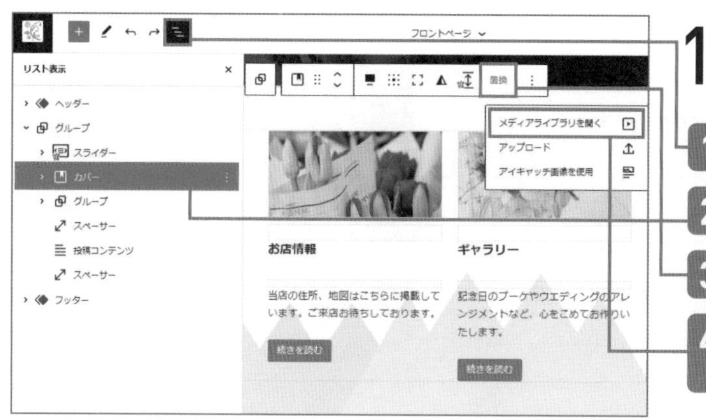

12 カバーの画像を変更する

1 **[リスト表示]** をクリックします。

2 **[カバー]** をクリックします。

3 **[置換]** をクリックします。

4 **[メディアライブラリを開く]** をクリックします。

13 カバー画像を変更する

1 手順9を参考に、カバー画像を選択します。

メインエリアのカバー画像が変更されました。

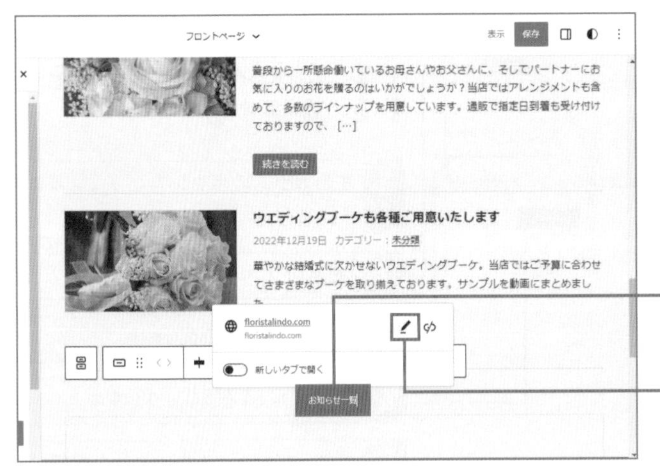

14 ボタンのURLを変更する

216ページの手順1を参考に、Lesson 37で作成した「お知らせ」のページのURLをコピーしておきます。

1 ページをスクロールし、「お知らせ」内のボタンをクリックして、名前を「お知らせ一覧」と変更します。

2 **[編集]** をクリックします。

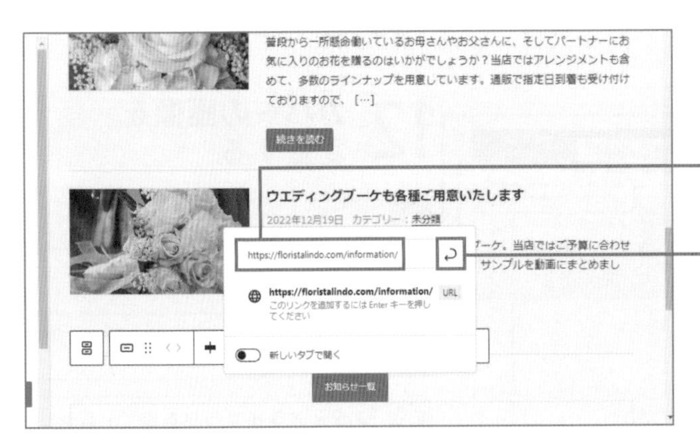

15 リンクするページのURLを貼り付ける

1 手順14でコピーしたURLを貼り付けます。

2 **[送信]** をクリックします。

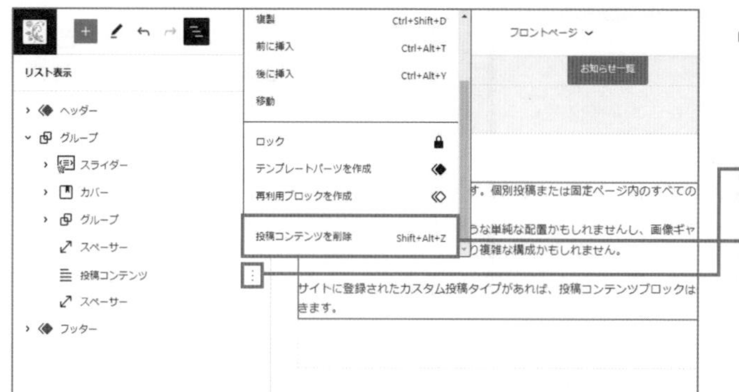

16 投稿コンテンツを削除する

1 **[投稿コンテンツのオプション]** をクリックします。

2 **[投稿コンテンツを削除]** をクリックします。

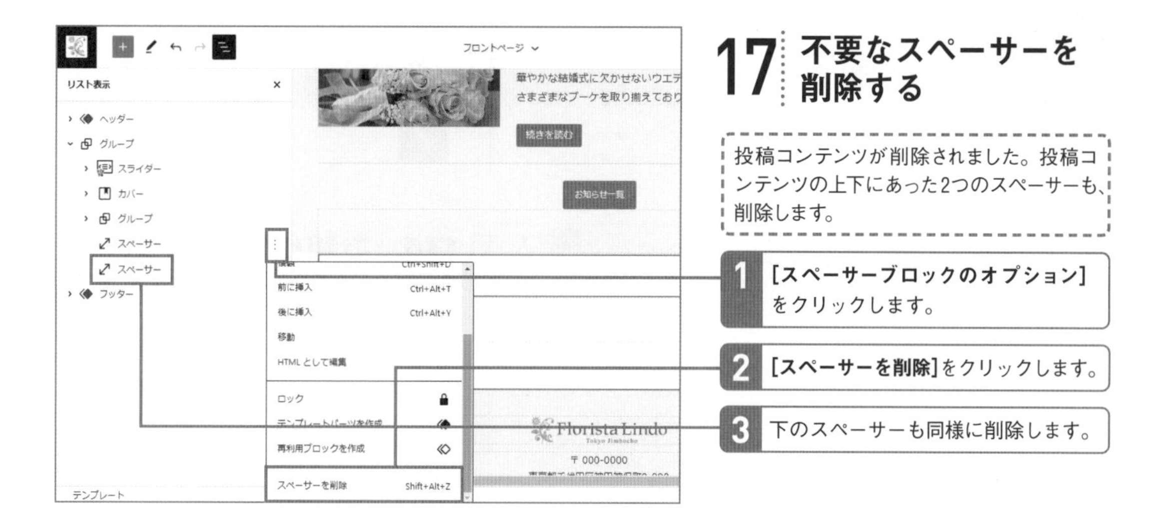

17 不要なスペーサーを削除する

投稿コンテンツが削除されました。投稿コンテンツの上下にあった2つのスペーサーも、削除します。

1 **[スペーサーブロックのオプション]** をクリックします。

2 **[スペーサーを削除]** をクリックします。

3 下のスペーサーも同様に削除します。

18 メインエリアの設定を保存する

1 **[保存]** をクリックし、続けて **[保存]** をクリックします。

トップページのメインエリアが設定されました。

2 **[ナビゲーションサイドバーを開く]** をクリックします。

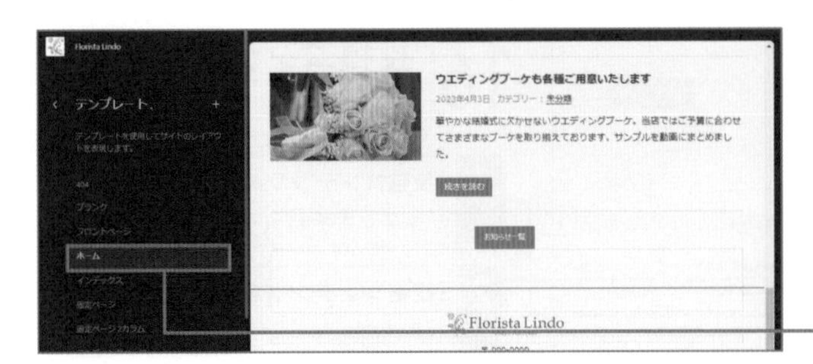

19 サイトエディターを表示する

1 左側のナビゲーションに表示されている［<］をクリックして、テンプレートの画面を表示します。

2 ［ホーム］をクリックします。

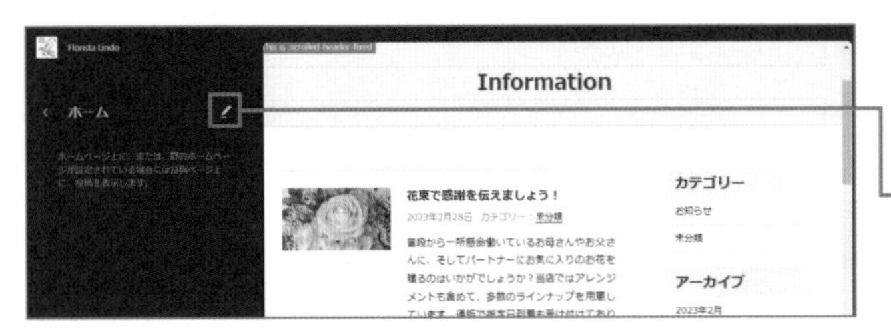

20 ホームの編集画面を表示する

1 ［編集］をクリックします。

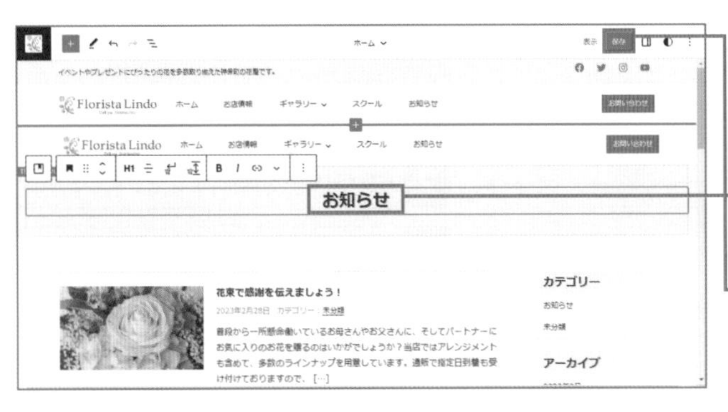

21 お知らせページのタイトルを変更する

1 見出しをクリックしてタイトルを入力します。

2 ［保存］をクリックし、続けて［保存］をクリックします。

3 70ページを参考にWebサイトを表示します。

22 トップページとお知らせページが変更された

トップページとお知らせページが変更されました。トップページの［続きを読む］ボタンや、「お知らせ」の［お知らせ一覧］ボタンをクリックすると、設定したページが表示されます。

ワンポイント トップページを2カラムのレイアウトにする

X-T9はページの種類や各ページごとに、1カラムのレイアウトにするか、サイドバーありの2カラムにするかを選択できます。近年はモバイルを考慮して1カラムのWebサイトが増えていますが、例えば商品カテゴリーなどの一覧性を高めるために商品カテゴリーリストをサイドバーに掲載したい場合や、ブログなどでサイドバーに投稿者情報を表示しておきたいケースなど多々あると思います。目的に応じて使い分けましょう。

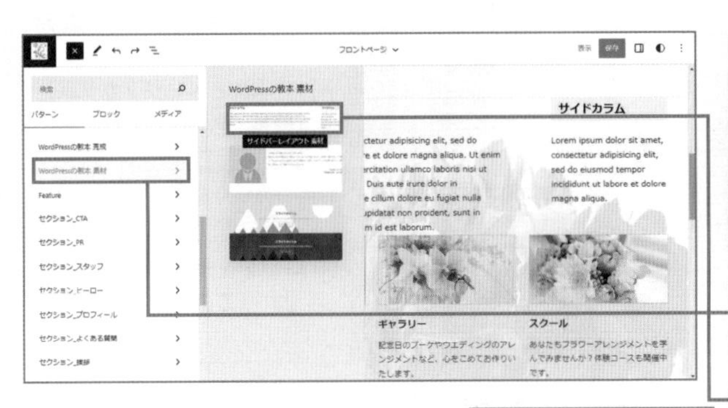

1 86ページを参考にサイトエディターのフロントページを表示して、リスト表示でメインエリアのカラムを選択し、**[前に挿入]** で上にブロックを追加します。

2 **[パターン]** の **[WordPressの教本 素材]** を選択します。

3 **[サイドバーレイアウト 素材]** をクリックします。

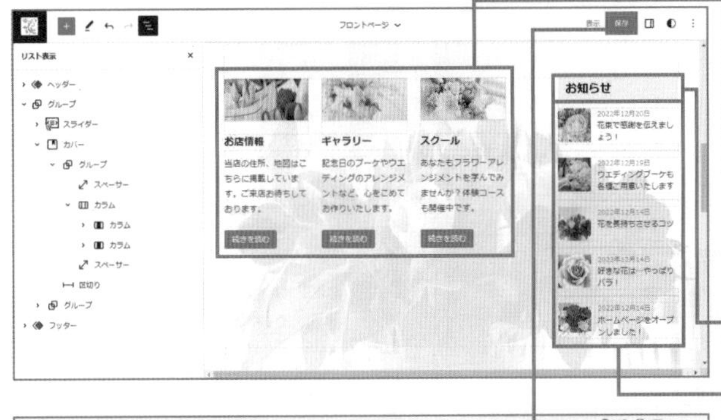

4 メインエリアのカラムをドラッグして、サイドバーレイアウトの「メインカラム」内に移動します。

5 サイドカラムの見出しを入力し、不要な見出しや段落、スペーサーは削除します。

6 手順2と同様に **[パターン]** の **[投稿]** を選択し、サイドカラムの見出しの下に **[X-T9 クエリ（投稿リスト）画像 左 小]** をクリックして追加します。

7 **[保存]** をクリックし、続けて **[保存]** をクリックします。

トップページが2カラムのレイアウトに変更されました。

ワンポイント 固定ページを2カラムのレイアウトにする

パソコンなど、画面サイズが広い場合に固定ページは2カラムにしたいケースも多いと思います。X-T9では固定ページの2カラム用のテンプレートが用意されていますが、サイドバーに入れる要素については何も設定されていませんので、表示中の固定ページと同じ階層の固定ページ一覧を表示するように設定しておきましょう。

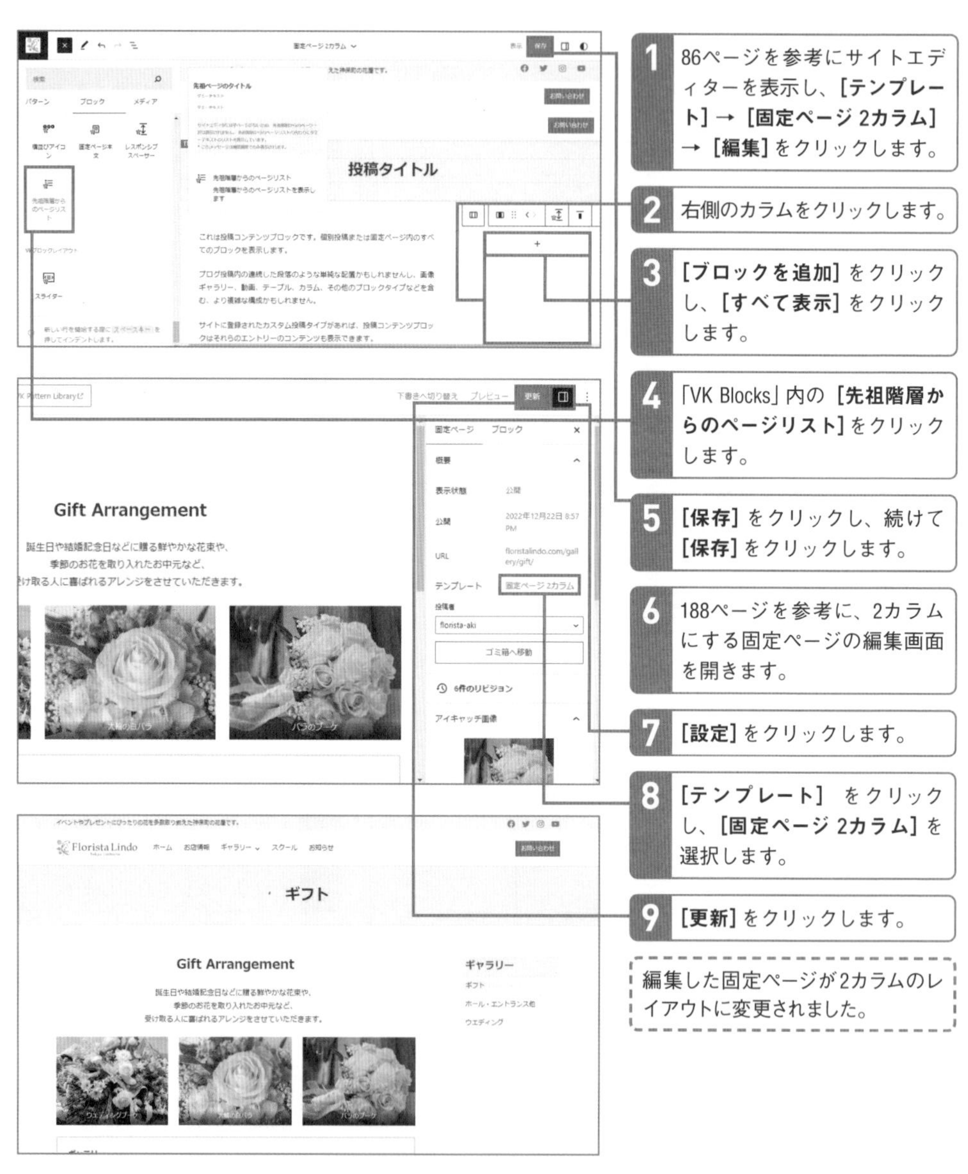

1 86ページを参考にサイトエディターを表示し、**[テンプレート]** → **[固定ページ 2カラム]** → **[編集]** をクリックします。

2 右側のカラムをクリックします。

3 **[ブロックを追加]** をクリックし、**[すべて表示]** をクリックします。

4 「VK Blocks」内の **[先祖階層からのページリスト]** をクリックします。

5 **[保存]** をクリックし、続けて **[保存]** をクリックします。

6 188ページを参考に、2カラムにする固定ページの編集画面を開きます。

7 **[設定]** をクリックします。

8 **[テンプレート]** をクリックし、**[固定ページ 2カラム]** を選択します。

9 **[更新]** をクリックします。

編集した固定ページが2カラムのレイアウトに変更されました。

Lesson 48

[テンプレートの編集]

投稿テンプレートをカスタマイズしてみましょう

このレッスンのポイント

これまでヘッダーやフッター、トップページなどを編集してきましたが、続いて投稿のテンプレートを編集してみましょう。投稿テンプレートは投稿記事の表示に使われるテンプレートですが、このテンプレートを編集することで、すべての投稿記事の表示が変更されます。

投稿テンプレートで使えるブロック

ブロックテーマの投稿テンプレートは「投稿タイトル」や「投稿日」といったフルサイト編集用の動的ブロックを使って構成されています。これらのブロックは、投稿の本文で使うブロックのように表示する文字を直接入力するのではなく、表示しているページの内容に応じた文字などが自動的に表示されます。

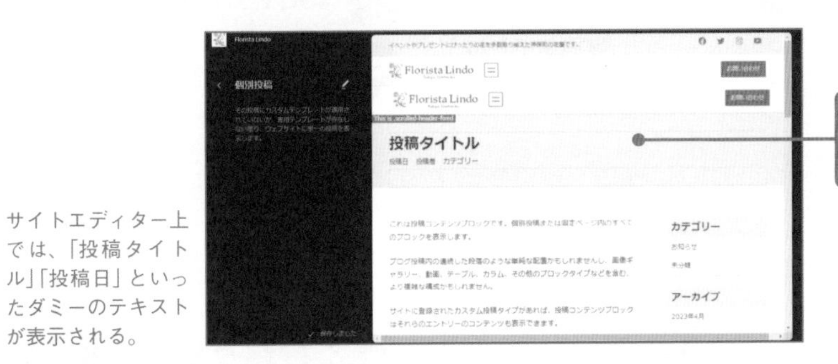

サイトエディター上では、「投稿タイトル」「投稿日」といったダミーのテキストが表示される。

変更前

変更後

テンプレートを編集する

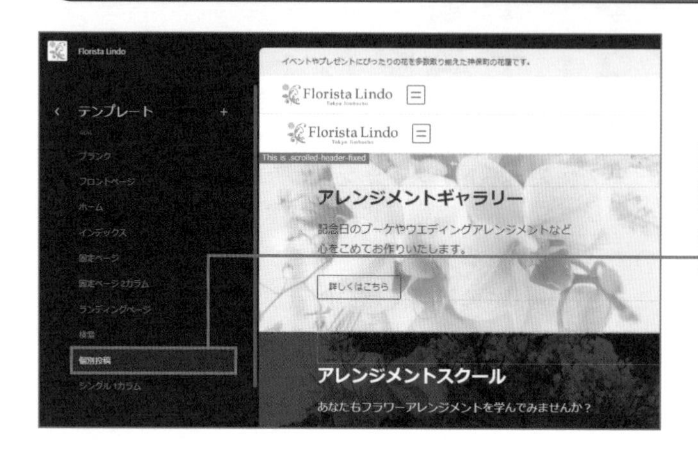

1 サイトエディターを表示する

86ページを参考に、サイトエディターを開き、[テンプレート]をクリックします。

1 [個別投稿]をクリックします。

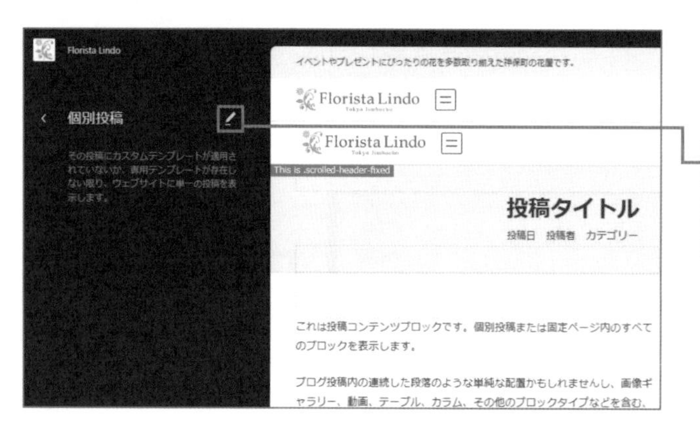

2 リスト表示を表示する

1 [編集]をクリックします。

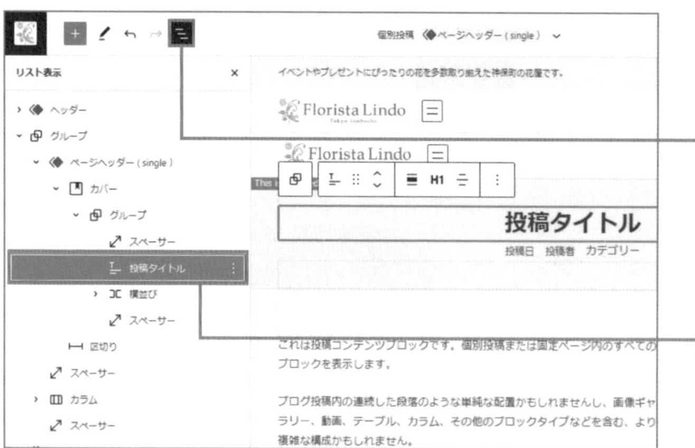

3 投稿タイトルを選択する

1 [リスト表示]をクリックします。

[グループ][ページヘッダー(single)][カバー][グループ]の[>]を順にクリックして開きます。

2 [投稿タイトル]をクリックします。

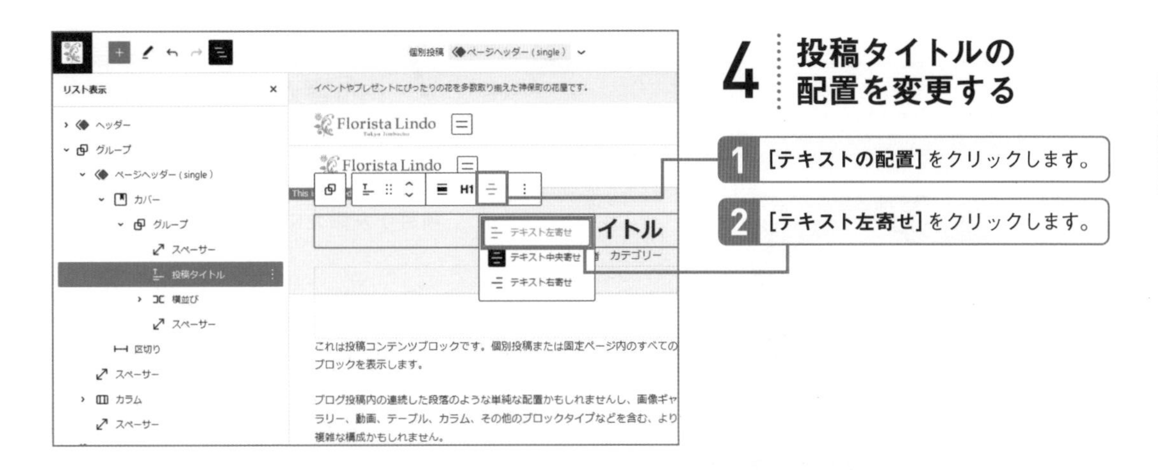

4 投稿タイトルの配置を変更する

1 **[テキストの配置]** をクリックします。

2 **[テキスト左寄せ]** をクリックします。

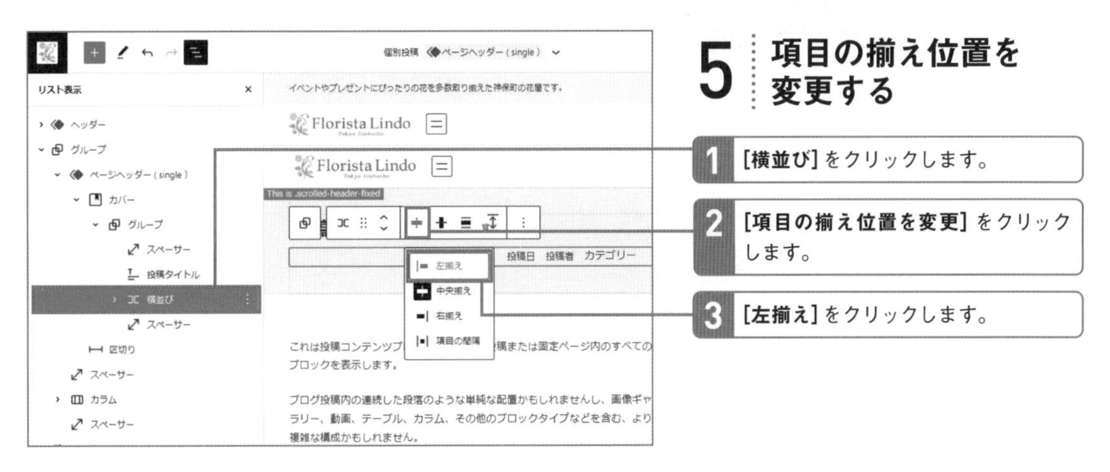

5 項目の揃え位置を変更する

1 **[横並び]** をクリックします。

2 **[項目の揃え位置を変更]** をクリックします。

3 **[左揃え]** をクリックします。

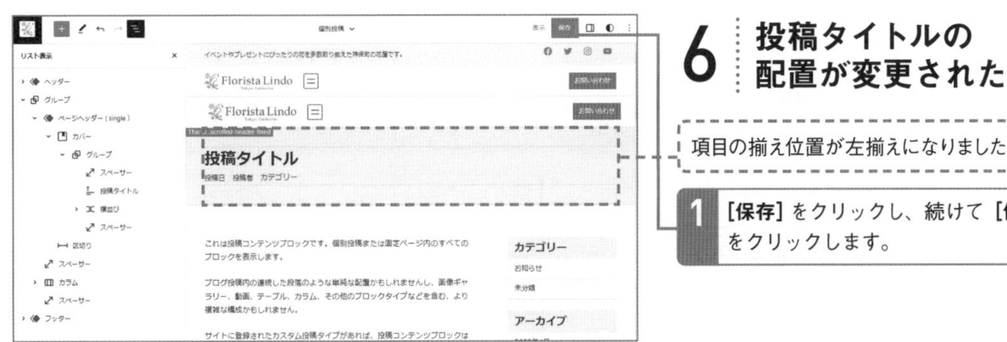

6 投稿タイトルの配置が変更された

項目の揃え位置が左揃えになりました。

1 **[保存]** をクリックし、続けて **[保存]** をクリックします。

7 テンプレートの編集内容が反映された

テンプレートの編集内容が反映され、投稿ページの投稿タイトルと横並びの項目が左揃えになりました。

ワンポイント カバーブロックの背景にアイキャッチ画像を指定

アイキャッチ画像を自動的に表示したい場合、「投稿のアイキャッチ画像」ブロックで表示できますが、カバーブロックの背景にもアイキャッチ画像を使用できます。カバーブロックを選択した状態で、ツールバーの［メディアを追加］をクリックして、［アイキャッチ画像を使用］を選びます。アイキャッチ画像を使用した結果、カバーブロックの中の文字が読みにくくならないように、オーバーレイの色や不透明度には注意しましょう。

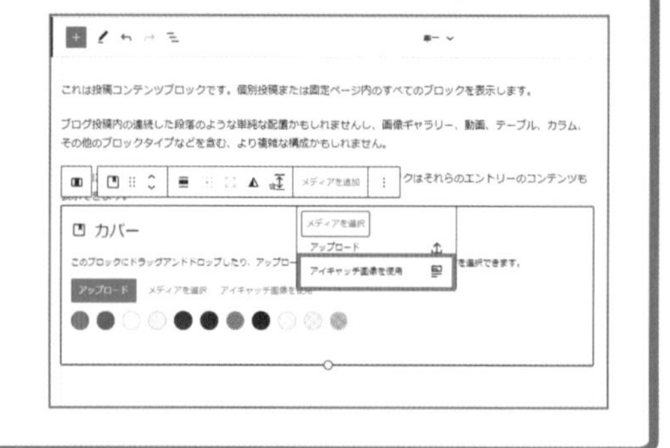

Chapter

7

プラグインを利用して機能を追加しよう

プラグインを利用してどんどん機能を追加していけるのもWordPressの魅力です。プラグインを有効に活用することで、問い合わせフォームの作成などが簡単にできるようになります。

Lesson 49 [プラグイン]

WordPressの機能を強化するプラグインを追加しましょう

このレッスンのポイント

サイト全体の構成とデザインができあがったら、問い合わせフォームを設置したり画像やコメントの最適化を行っていきましょう。それには「プラグイン」という仕組みを利用します。上手に活用し、Webサイトをパワーアップさせましょう。

必要な機能を増やす

かなり完成が近づいてきた気がします。後は問い合わせフォームを設置したりして、もっとページの内容を充実させたいです。

ここから先はWordPressの基本機能だけでは難しくなります。問い合わせフォームを設置したかったら、問い合わせフォーム用のプラグインを追加しないといけませんね。

プラグインを追加していったら、どんどんWordPressの機能がパワーアップしていくんですか？

そういうイメージで大丈夫です。プラグインを上手に活用すれば、本来ならもっと知識がないとできないような高度な機能を簡単にWebページに追加できるようになりますよ。

これらの機能はWordPressの基本機能にはないが、専用プラグインを追加することで作成できるようになる。

プラグインはダウンロードして利用する

プラグインは、WordPress公式の「プラグインディレクトリ」(https://ja.wordpress.org/plugins/) で公開されており、管理画面からもダウンロードして利用できます。プラグインディレクトリ以外でも公開・配布しているケースがありますが、バグや悪意のあるウイルスなどが含まれている可能性もゼロとは言えません。なるべく公式のプラグインディレクトリからダウンロードしたものを利用しましょう。また、更新が長い間滞っているものは、現在のWordPressのバージョンで不具合が出る可能性もあるので、利用を避けましょう。

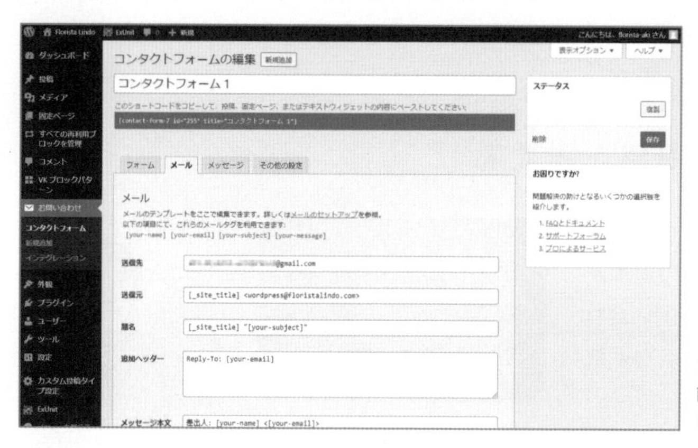

プラグインを追加すると、今までなかった機能が追加される。管理画面のメニューが増えるものもある。

最初からインストールされているプラグイン

WordPressには、基本の状態で最初から2つのプラグインがインストールされています。ここではそのプラグインを紹介しましょう。1つ目は「Akismet」です。スパムコメント(宣伝などの目的で無差別に送信されるコメントのこと)対応のプラグインです。利用するためには別途Akismet (https://akismet.com/) への登録が必要です。コメント機能を積極的に活用しない場合は特に有効化する必要はありません。「Hello Dolly」は有効化すると、管理画面の右上にルイ・アームストロングの「Hello,Dolly」の歌詞がランダムに表示されます。機能としては意味がないので、これも特に有効化する必要はないでしょう。

そのほかのプラグインがインストールされている場合は、レンタルサーバー業者によって、WordPressの簡単インストール機能などを利用した場合に、あらかじめインストールされているプラグインということになります。それぞれのプラグインがどういった機能を提供するかは各レンタルサーバー業者のサイトなどをご確認ください。

Lesson 50

［問い合わせフォームの設置］

訪問者からの要望に応える問い合わせフォームを作成しましょう

このレッスンのポイント

問い合わせは訪問者の積極的なアクションなので、ぜひそれを受け入れる仕組みを用意しておきましょう。問い合わせ用のフォーム（入力を受け付けるボックス）を自分で作るのは大変ですが、WordPressならプラグインを使うことで簡単に追加できます。

問い合わせに必要な項目を考える

問い合わせフォームの作成には「Contact Form 7」というプラグインを利用します。自由に項目の追加が可能ですが、項目が多すぎるとユーザーが問い合わせを行うことが面倒となり、かえって問い合わせ数が減る可能性もあるので注意しましょう。

「お名前」と「メールアドレス」は必須ですね。本当に必要な項目のみを設定するようにしましょう。

パソコン

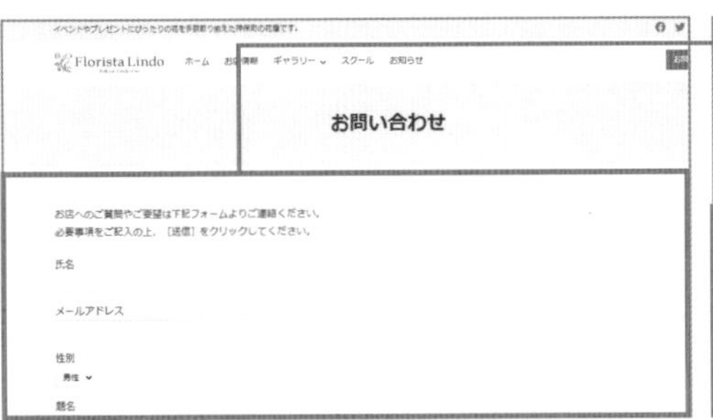

スマホ

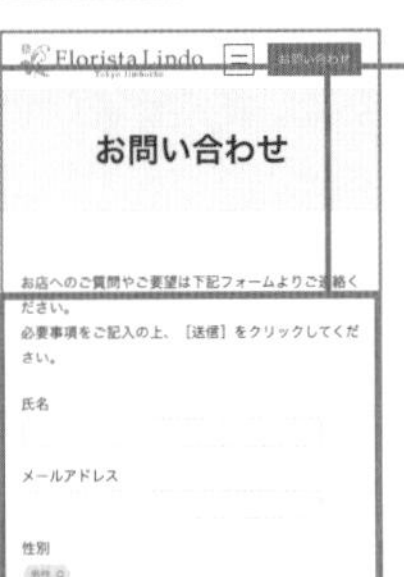

会社のWebサイトには必須の問い合わせフォームを設置できる

お名前

メールアドレス

メッセージ本文

必要な項目を厳選してフォームを作成

お名前　URL

題名　メッセージ本文

日付　メールアドレス

電話番号　クイズ

プラグインを新規に追加する

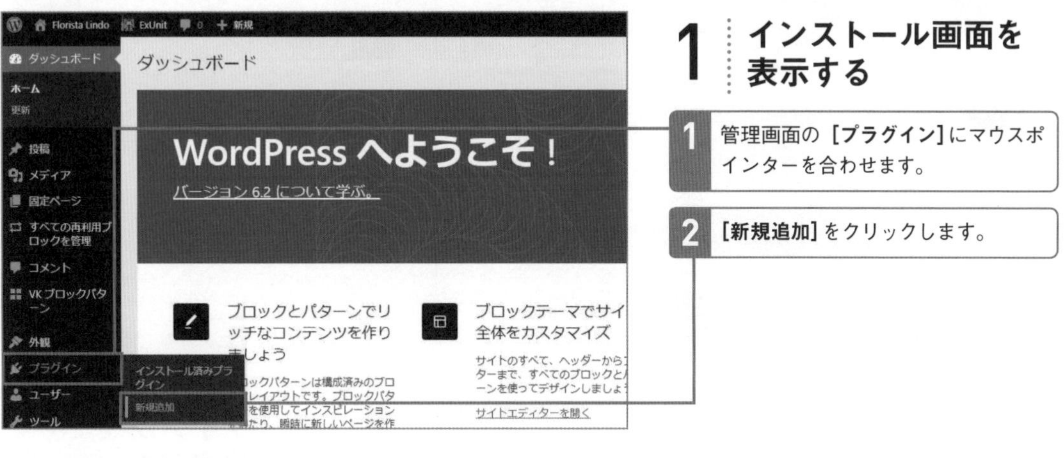

1 インストール画面を表示する

1 管理画面の［プラグイン］にマウスポインターを合わせます。

2 ［新規追加］をクリックします。

2 プラグインを検索する

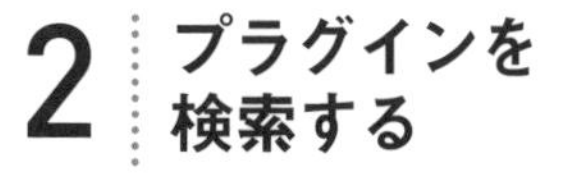

［プラグインを追加］画面が表示されました。

ここでは「Contact Form 7」というプラグインをインストールします。

1 ［プラグインの検索］に「Contact Form 7」と入力します。

「Contact Form 7」は7の前にスペースを空けて入力してください。

3 プラグインをインストールする

Contact Form 7が検索されました。

1 ［今すぐインストール］をクリックします。

4 プラグインを有効化する

1 **[有効化]** をクリックします。

5 プラグインが有効化された

プラグインが有効化されました。続いて、Contact Form 7 を用いて問い合わせフォームを作成します。

問い合わせフォームを設定する

1 Contact Form 7のメニューを表示する

1 管理画面に追加された［**お問い合わせ**］から［**コンタクトフォーム**］をクリックします。

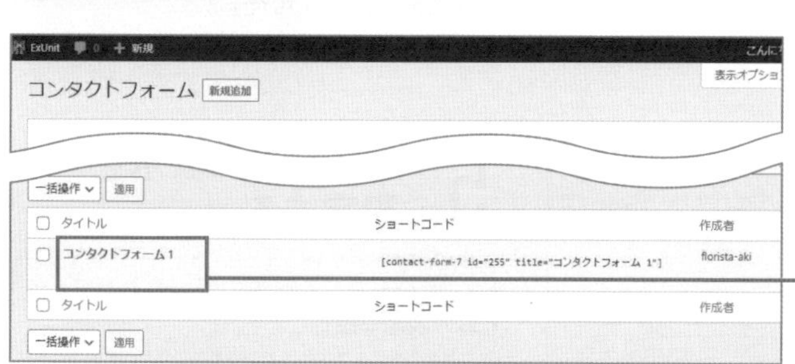

2 フォームの設定画面を表示する

1 ［**コンタクトフォーム1**］をクリックします。

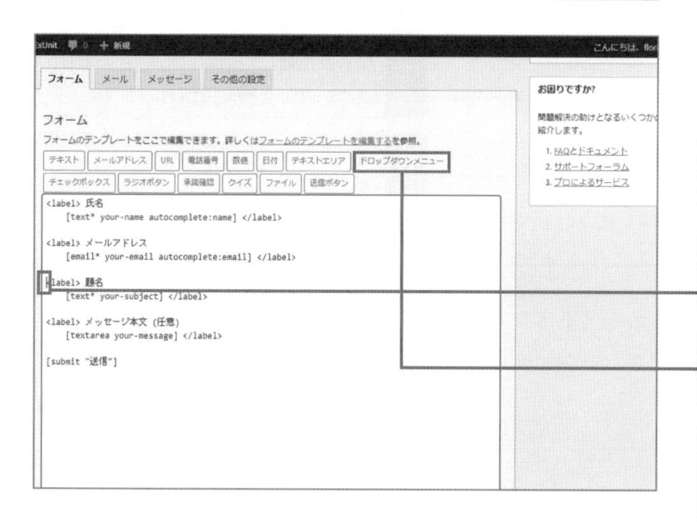

3 フォームの項目を追加する

ここでは、性別を選択するドロップダウンメニューを追加します。

1 項目を追加したい位置にマウスカーソルを移動します。

2 ［**ドロップダウンメニュー**］をクリックします。

POINT

ドロップダウンメニューはどれか1つだけを選択できるボックスです。チェックボックスは複数選択が可能なボタンです。目的に応じて選択しましょう。

フォームタグ生成: ドロップダウンメニュー

ドロップダウンメニューのためのフォームタグを生成します。詳しくはチェックボックス、ラジオボタン、メニューを参照。

項目タイプ	□ 必須項目
名前	menu-552
オプション	男性 女性 一行に一オプションを入力。 □ 複数選択を可能にする □ 空の項目を先頭に挿入する
ID 属性	
クラス属性	

[select menu-552 "男性" "女性"]

タグを挿入

この項目に入力された値をメールの項目で使用するには、対応するメールタグ ([menu-552]) をメールタブ上の項目に挿入する必要があります。

4 ドロップダウンメニューの項目を設定する

1 **[オプション]** にドロップダウンメニューの選択肢をそれぞれ改行して入力します。

改行することでそれぞれ別の選択肢として設定されます。

2 **[タグを挿入]** をクリックします。

POINT

ここでは「男性」「女性」と入力していますが、「その他」「回答しない」という選択肢を追加するのもいいでしょう。

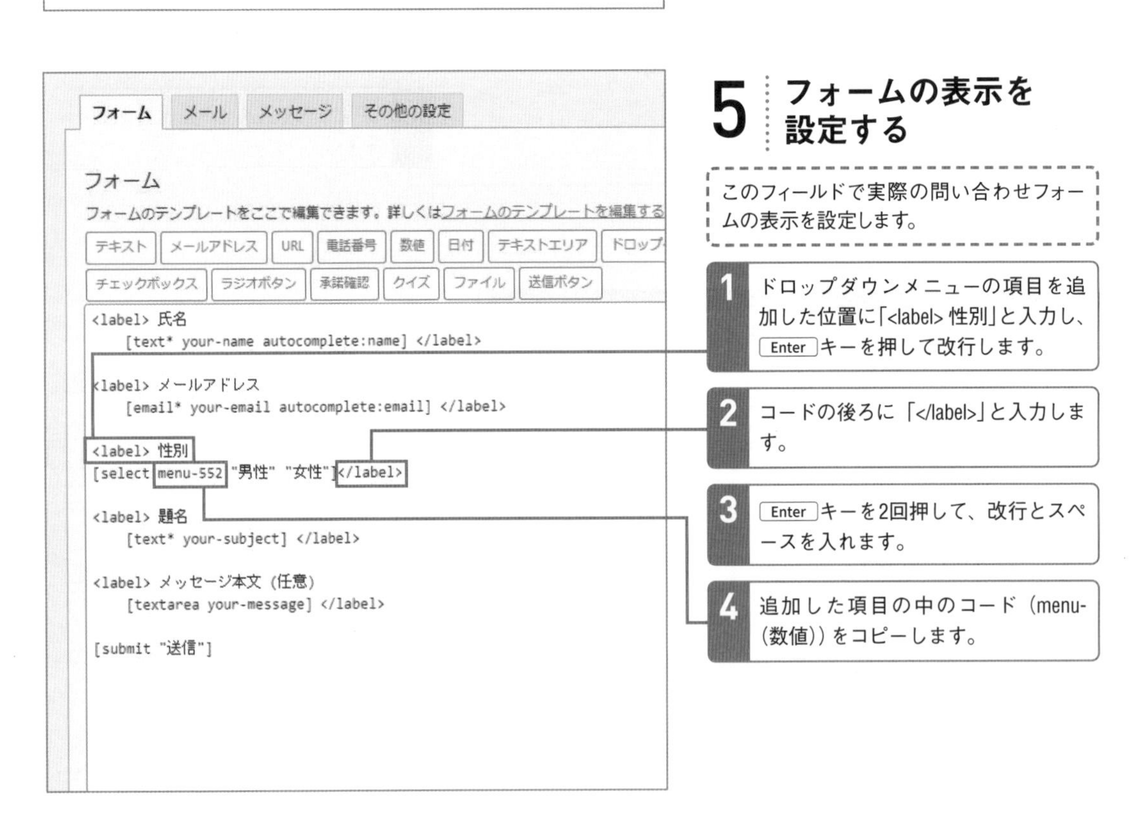

5 フォームの表示を設定する

このフィールドで実際の問い合わせフォームの表示を設定します。

1 ドロップダウンメニューの項目を追加した位置に「<label> 性別」と入力し、Enter キーを押して改行します。

2 コードの後ろに「</label>」と入力します。

3 Enter キーを2回押して、改行とスペースを入れます。

4 追加した項目の中のコード (menu-(数値)) をコピーします。

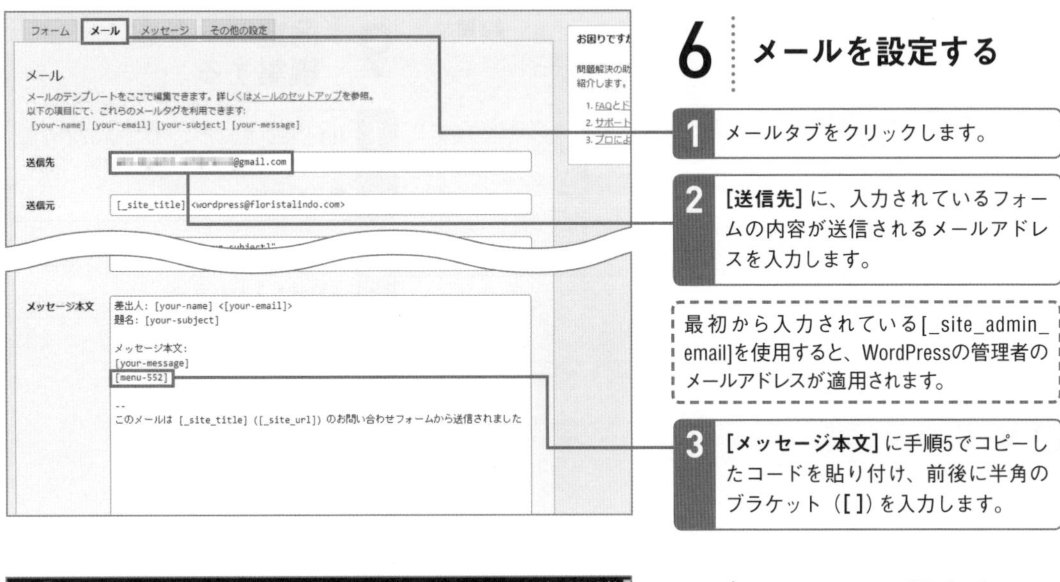

6 メールを設定する

1 メールタブをクリックします。

2 **[送信先]** に、入力されているフォームの内容が送信されるメールアドレスを入力します。

最初から入力されている[_site_admin_email]を使用すると、WordPressの管理者のメールアドレスが適用されます。

3 **[メッセージ本文]** に手順5でコピーしたコードを貼り付け、前後に半角のブラケット（[ ]）を入力します。

7 フォームの設定を保存する

1 ページを上にスクロールします。

2 **[保存]** をクリックします。

8 フォームのコードをコピーする

1 フォームのコードをコピーします。

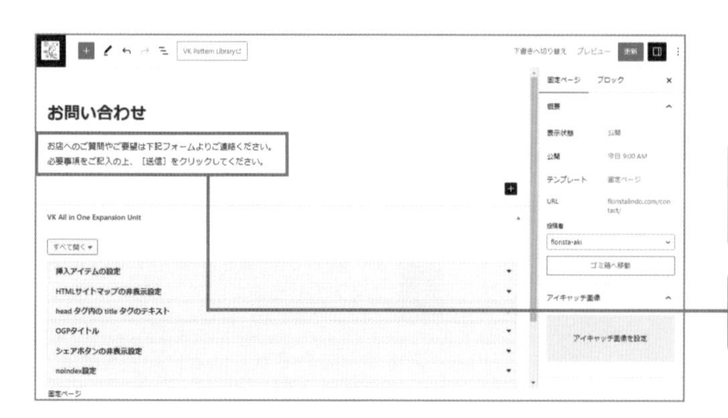

9 固定ページを編集する

1 191ページを参考に、Lesson 37で作成した問い合わせページの編集画面を表示します。

2 問い合わせフォームと一緒に掲載する文章を入力します。

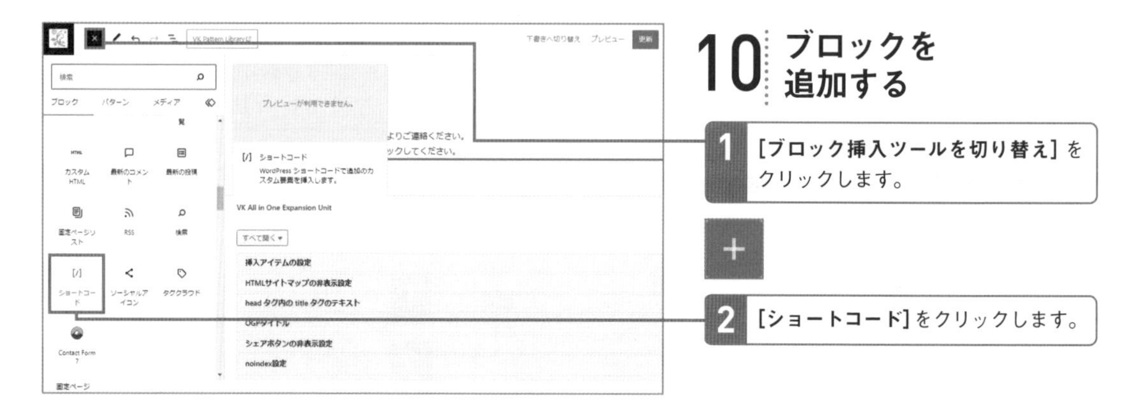

10 ブロックを追加する

1 ［ブロック挿入ツールを切り替え］をクリックします。

＋

2 ［ショートコード］をクリックします。

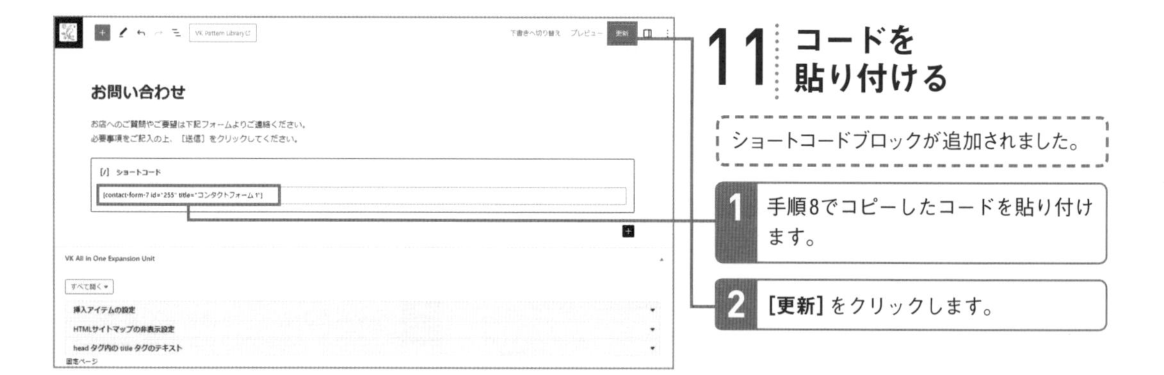

11 コードを貼り付ける

ショートコードブロックが追加されました。

1 手順8でコピーしたコードを貼り付けます。

2 ［更新］をクリックします。

12 問い合わせフォームを表示する

1 **[固定ページを表示]** をクリックします。

13 問い合わせフォームが設置された

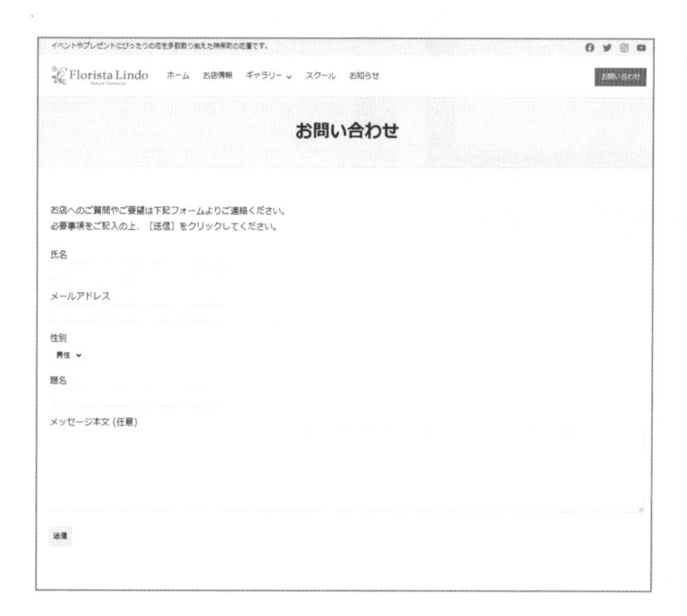

問い合わせフォームが作成されました。必須項目を入力して送信すれば、手順6で確認したメールアドレスに問い合わせが届きます。

POINT
問い合わせフォーム設置後には必ずメール送信テストを行いましょう。指定したメールアドレスに、正しい内容が送信されているかどうか確認が必要です。

ワンポイント お問い合わせページへのボタンをサイドバーに作成する

フルサイト編集では自由にリンクを追加できます。この機能を利用して、お問い合わせページへの誘導を増やしてみましょう。サイドバーのテンプレートを編集し、お問い合わせページへのリンクを設定したボタンを設置します。「VKBLOCKS」のボタンブロックを利用すると、適切なサイズとデザインのボタンを簡単に設定できます。

お問い合わせ

サイドバーなどにお問い合わせページへのバナーを設置できる。

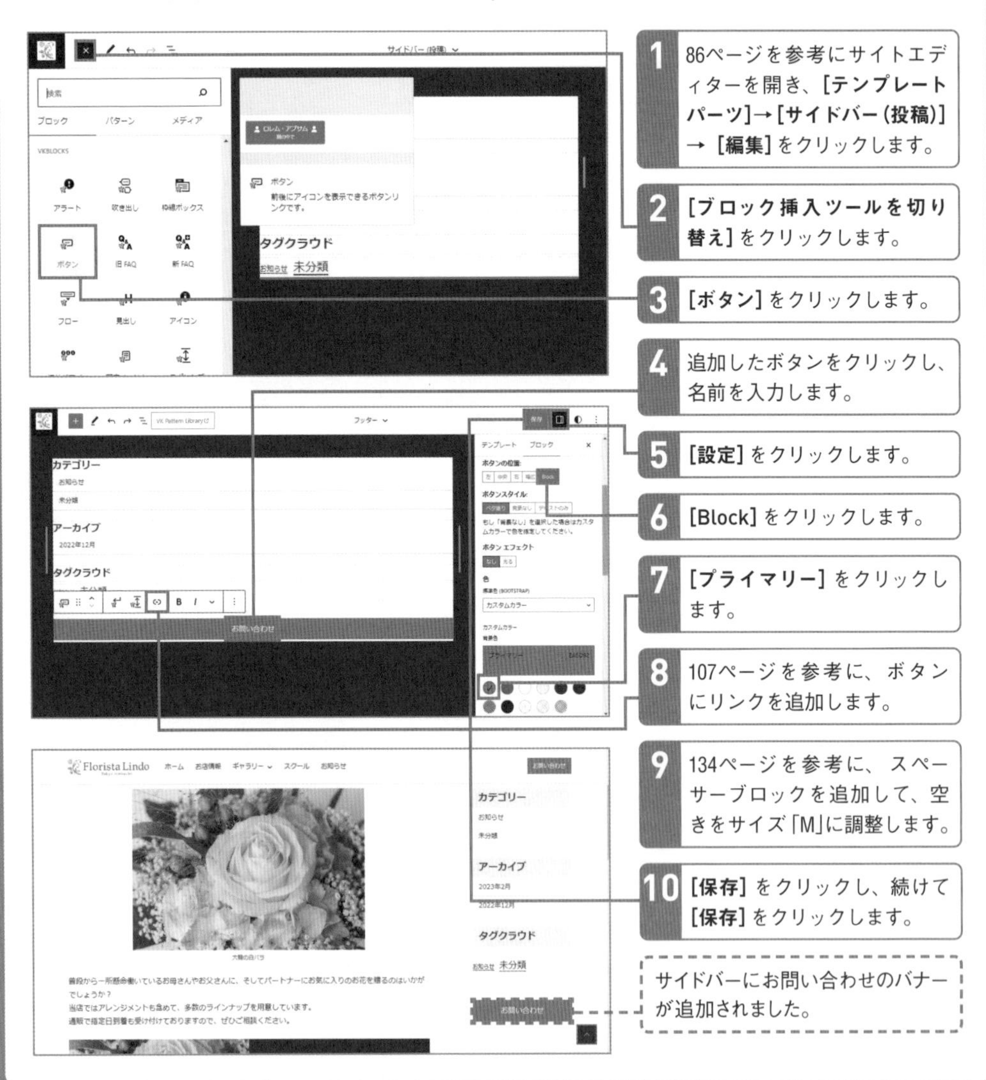

1 86ページを参考にサイトエディターを開き、**[テンプレートパーツ]→[サイドバー(投稿)]→[編集]**をクリックします。

2 **[ブロック挿入ツールを切り替え]**をクリックします。

3 **[ボタン]**をクリックします。

4 追加したボタンをクリックし、名前を入力します。

5 **[設定]**をクリックします。

6 [Block]をクリックします。

7 **[プライマリー]**をクリックします。

8 107ページを参考に、ボタンにリンクを追加します。

9 134ページを参考に、スペーサーブロックを追加して、空きをサイズ「M」に調整します。

10 **[保存]**をクリックし、続けて**[保存]**をクリックします。

サイドバーにお問い合わせのバナーが追加されました。

Lesson 51

[画像の最適化]

画像を最適化してページの表示速度を向上させましょう

このレッスンのポイント

高解像度で美しい画像を利用することは、サイトの魅力をぐっとアップさせます。しかし、画像のサイズが大きすぎて、Webサイトの表示が遅くなってしまってはいけません。表示速度が遅くならないように画像の最適化を行いましょう。

画像サイズを自動的に最適化

スマートフォンのカメラの解像度も非常に高くなり、横幅が300ピクセルを超えるようなものが主流となってきています。
写真単体で見た場合には解像度が高い方が美しいですが、WordPressはテーマによって画像を表示する幅があらかじめ決められています。複数枚の画像が表示されるようなブログ記事では、そこまで大きな画像は必要ありません。また、大きな画像が多用されるとページ全体のファイル容量が増えてしまい、ページ全体の表示速度が遅くなってしまいます。
ここでは「EWWW Image Optimizer」プラグインを利用し、画像のサイズの最適化を行います。
一度設定をしてしまえば、その後は特に意識する必要はありません。画像をアップロードするたびに最適化が行われるのでおすすめです。サーバーの容量の節約にもなりますね。

最適化前

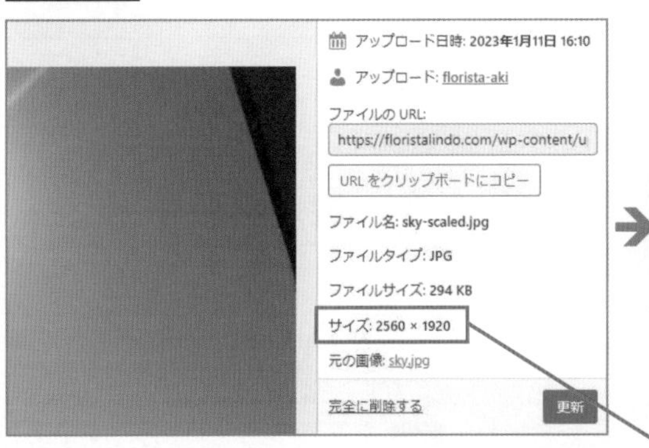

最適化後

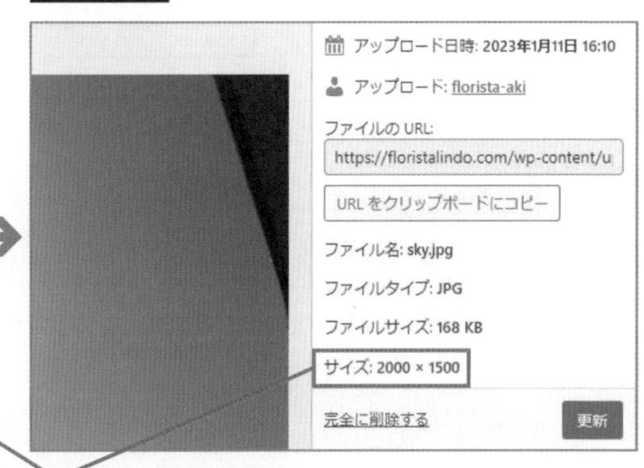

横幅が最大2000ピクセルに
自動的にリサイズされた

画像の最適化の設定をする

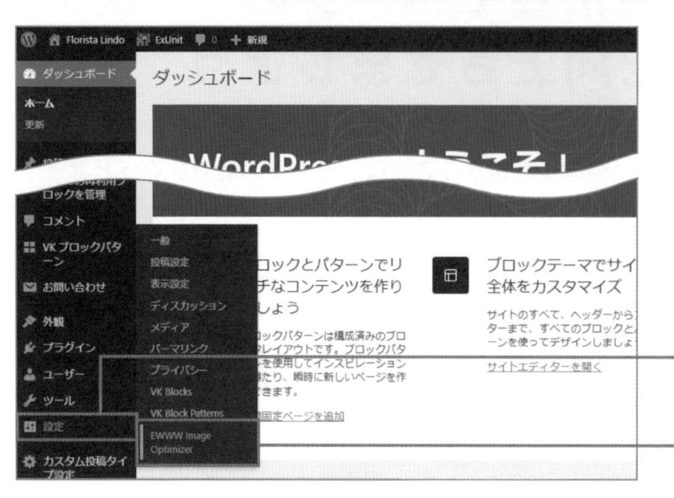

1 EWWW Image Optimizerの設定画面を表示する

1 243ページを参考に、**[プラグインを追加]** 画面で「EWWW Image Optimizer」と検索して「EWWW Image Optimizer」をインストールして、有効化します。

2 管理画面の **[設定]** にマウスポインターを合わせます。

3 [EWWW Image Optimizer] をクリックします。

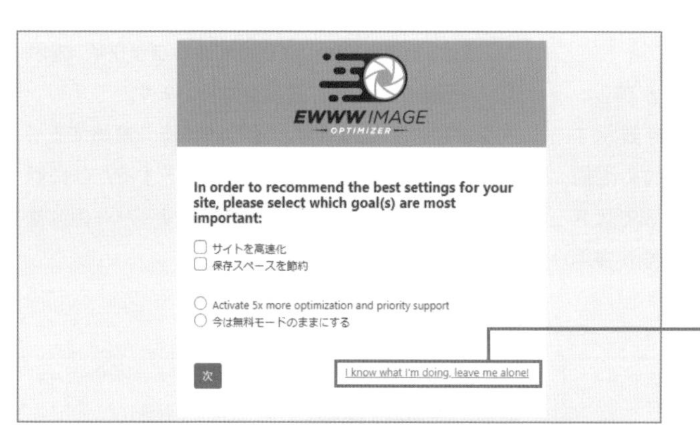

2 初期設定画面を確認する

初回のみ、[EWWW Image Optimizer] の初期設定画面が表示されます。詳しい設定は次から行うため、何も設定せず先に進みます。

1 [I know what I'm doing, leave me alone!] をクリックします。

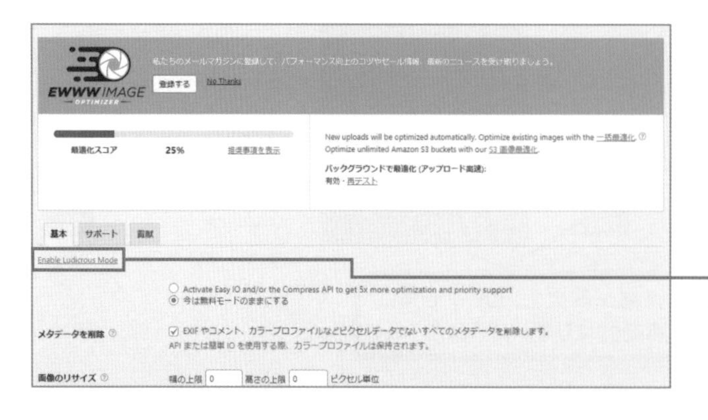

3 設定画面を有効にする

[EWWW Image Optimizer]の設定画面が表示されました。

1 [Enable Ludicrous Mode] をクリックします。

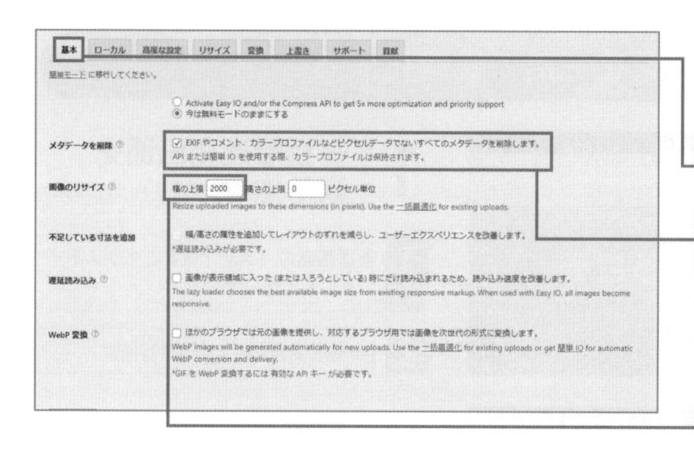

4 基本設定を変更する

1 **[基本]** をクリックします。

2 **[メタデータを削除]** のチェックマークが付いていることを確認します。

チェックマークが付いていない場合は、クリックしてチェックマークを付けてください。

3 **[画像のリサイズ]** の **[幅の上限]** を「2000」にします。

横幅が2000ピクセル以上の画像がアップロードされた場合に、高さは比率を維持しつつ自動的に横幅が2000ピクセルにリサイズされます。

5 リサイズ設定を変更する

1 **[リサイズ]** をクリックします。

2 **[既存の画像をリサイズ]** の **[既存のメディアライブラリの画像のサイズ変更を許可します。]** のチェックマークが付いていることを確認します。

チェックマークが付いていない場合は、クリックしてチェックマークを付けてください。

3 **[変更を保存]** をクリックします。

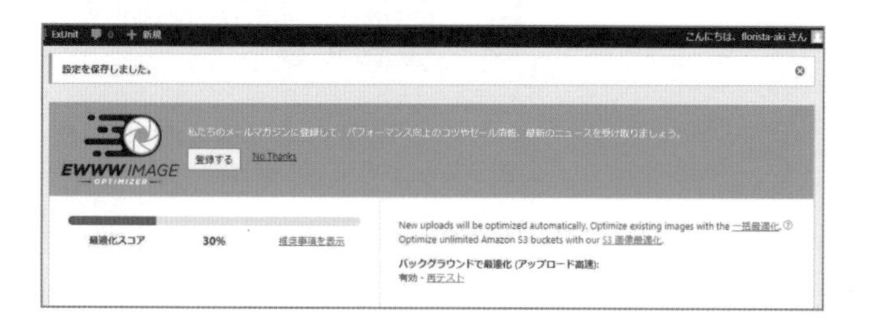

6 最適化の設定が変更された

画像最適化の設定が変更されました。続いて、すでにアップロードされている画像を一括で最適化します。

アップロード済みの画像を一括で最適化する

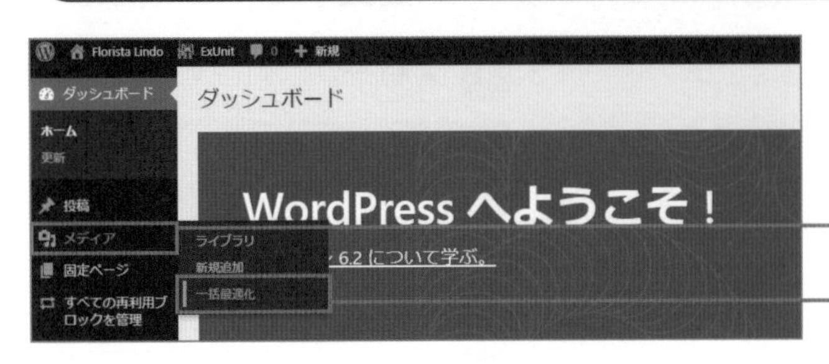

1 一括最適化画面を表示する

1 管理画面の［メディア］にマウスポインターを合わせます。

2 ［一括最適化］をクリックします。

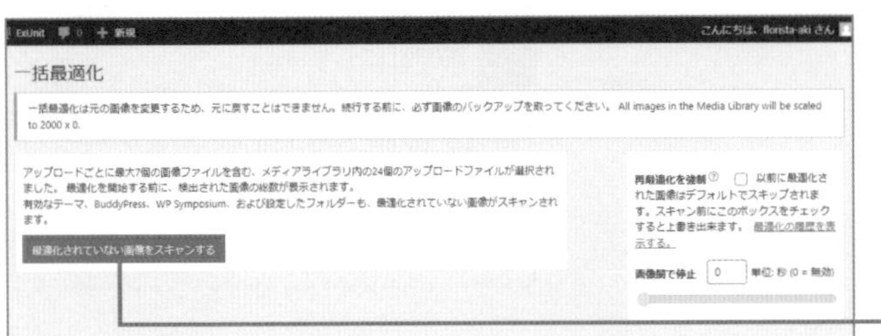

2 画像をスキャンする

［一括最適化］画面が表示されました。

1 ［最適化されていない画像をスキャンする］をクリックします。

3 一括最適化を開始する

1 ［（数字）点の画像を最適化］をクリックします。

4 メディアライブラリを表示する

一括最適化が完了しました。

1 163ページを参考に［メディアライブラリ］を表示します。

5 画像の最適化状態を確認する

メディアライブラリに画像最適化の情報が表示されます。EWWW Image Optimizerが有効になっていれば、アップロードする画像が最適化された状態でメディアライブラリに追加されます。

Lesson 52 [コメントの管理]

コメントの管理が難しければコメント欄を非表示にしましょう

このレッスンのポイント

WordPressの初期設定では投稿にコメント欄が表示されるようになっています。コメント欄はWebサイトが個人ブログなのか、会社やお店のサイトなのかで必要性が異なります。ここでは、コメント欄を非表示にする方法を解説します。

会社やお店のWebサイトではコメント欄がないのが一般的

個人ブログなど、訪問者とのコミュニケーションが重要なWebサイトの場合は、コメント欄でのやりとりが活性化することでWebサイト全体が盛り上がることもあります。一方で、会社やお店のWebサイトの場合は、投稿機能をお知らせなどに利用するケースが多いでしょう。お知らせページであればコメント欄がない方が適切です。日本において、会社やお店のWebサイトの多くはコメント欄を設置していません。

コメント欄をうまく活用すれば、商品やサービスの感想のコメントが集まることでクチコミの効果を得たり、サービス向上のための意見を募ったりといった使い方も可能です。コメント欄を利用する際は、投稿されたすべてのコメントについて公開を承認制とし、コメントされるたびにメールでコメントの通知が行われるよう設定できます。しかし、コメントの管理には時間がかかるので、労力に見合った効果があるか検討してから導入しましょう。

コメント欄

投稿のコメント欄を表示しない設定に変更

お店や会社のWebサイトなど、コメント欄が必要でない場合は非表示にしておきましょう。

コメント欄を非表示にする

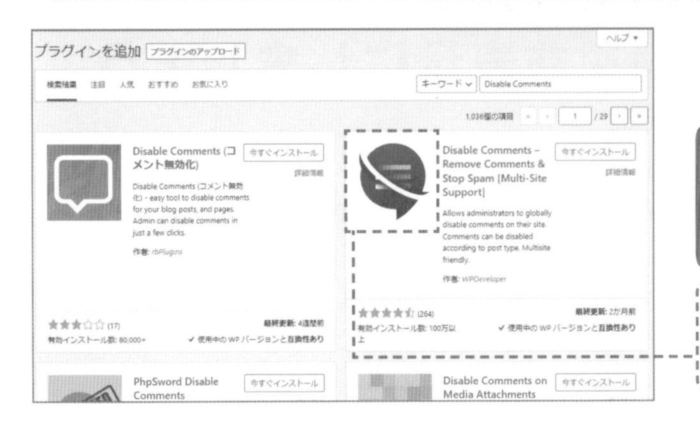

1 Disable Commentsをインストールする

1 243ページを参考に、[プラグインを追加]画面で「Disable Comments」と検索して「Disable Comments」をインストールして、有効化します。

「Disable Comments」は、同名のプラグインが複数存在します。このアイコンを目印に、インストールしてください。

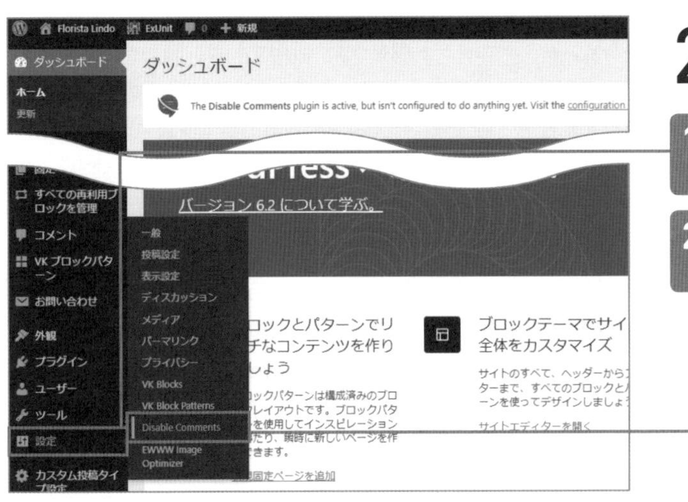

2 Disable Commentsの設定画面を表示する

1 管理画面の[設定]にマウスポインターを合わせます。

2 [Disable Comments]をクリックします。

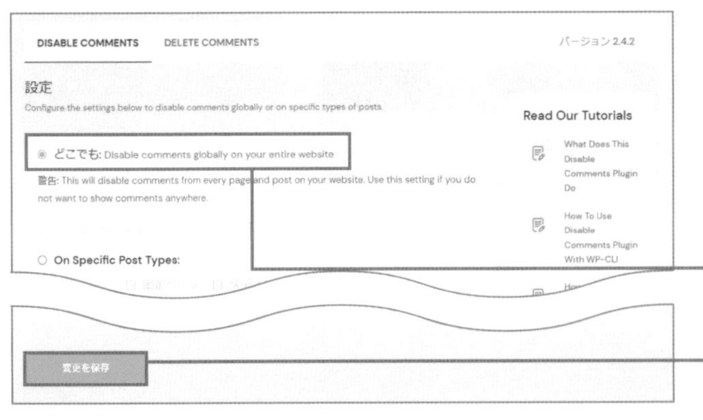

3 コメントの非表示設定をする

[Disable Comments]の設定画面が表示されました。

1 [どこでも]をクリックして選択します。

2 [変更を保存]をクリックします。

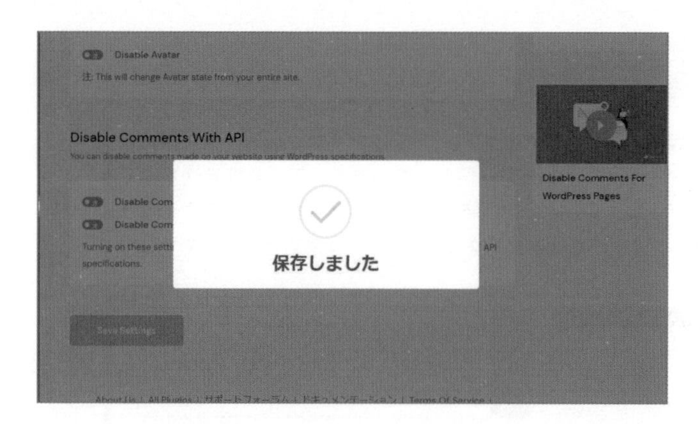

4 サイトの投稿を確認する

オプションが更新されました。

1 70ページを参考に、サイトを表示して、公開済みの投稿を確認しましょう。

5 コメント欄が非表示になった

過去に公開した投稿を確認すると、コメント欄が非表示になっていることが確認できます。過去に付いたコメントも非表示になります。

ワンポイント コメントを承認制にする

コメントを利用する場合は、コメントの表示を承認制にすることをおすすめします。WordPressにはコメント投稿の際に、管理者側でコメントの内容を管理画面より確認し、そのコメントの内容を判断した上で、表示するか否かを選択できる機能が備わっています。この機能を活用することで、誹謗中傷やスパムなどの、望まれないコメントをコントロールすることが可能です。

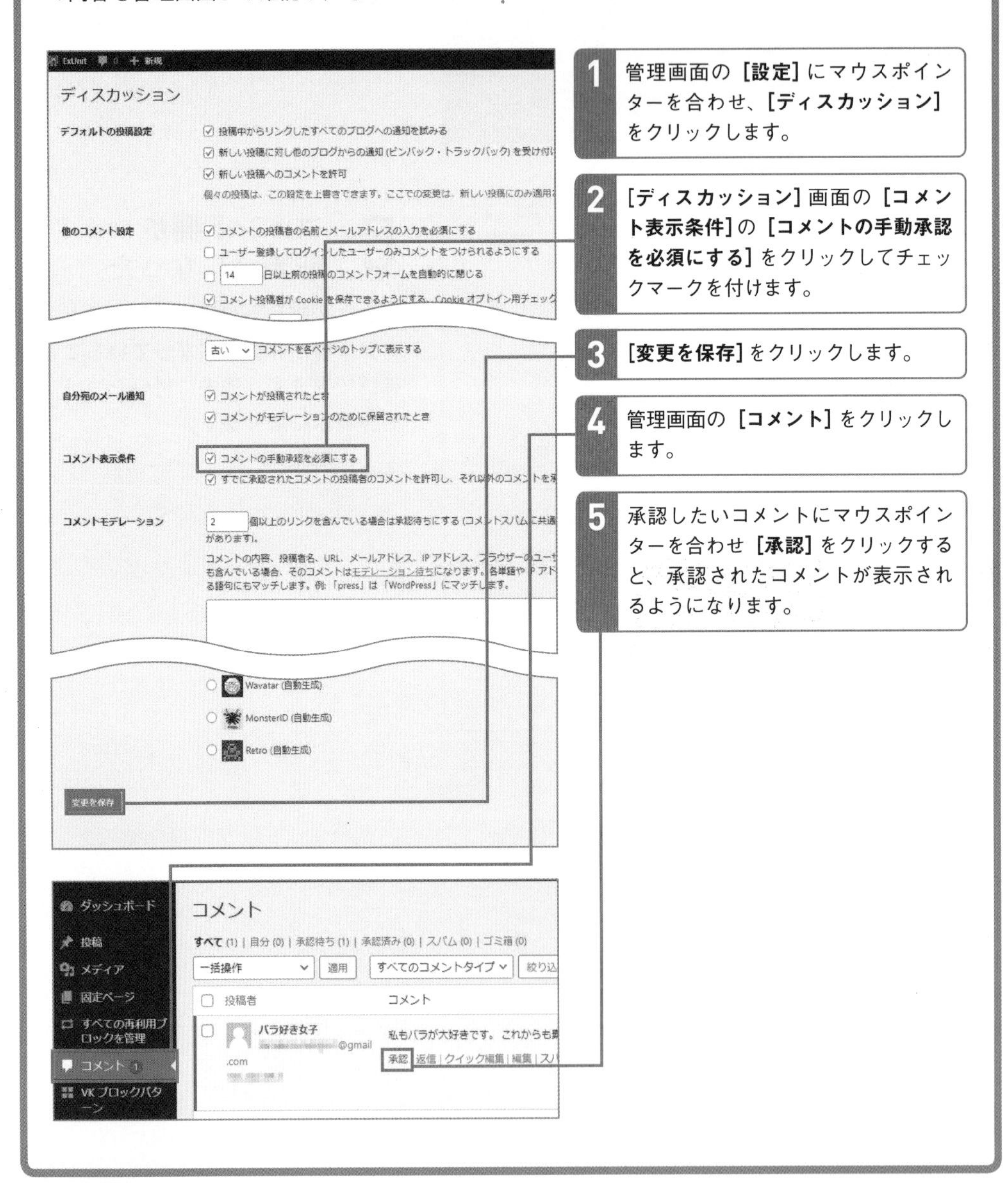

1 管理画面の［設定］にマウスポインターを合わせ、［ディスカッション］をクリックします。

2 ［ディスカッション］画面の［コメント表示条件］の［コメントの手動承認を必須にする］をクリックしてチェックマークを付けます。

3 ［変更を保存］をクリックします。

4 管理画面の［コメント］をクリックします。

5 承認したいコメントにマウスポインターを合わせ［承認］をクリックすると、承認されたコメントが表示されるようになります。

Chapter

8

Webサイトへの集客を強化しよう

Webサイトが完成しましたね！ せっかくがんばって作ったのだから、たくさんの人に訪問してもらいたいものです。SEO対策やソーシャルメディアとの連携など、人を集めるための取り組みをしていきましょう。

Lesson 53 [Webサイトへの集客]

訪問してもらえるWebサイトにしましょう

このレッスンのポイント

せっかくWebサイトを作成しても、誰にも訪問してもらえないと意味がありません。まずは訪問する価値のある情報をたくさん用意しておくことが重要です。また、情報が用意できたら、自分のWebサイトをさまざまな手段で告知していきます。

訪問したくなる情報が掲載されているか

ついにWebサイトが完成しました！ みんなが訪問してくれるのが楽しみです！

作っただけだと誰も来てくれませんよ。ちゃんとWebサイトの存在を告知しないと。この町にはほかにも花屋さんはあるんですか？

駅の反対側にライバルのお店があります。このお店にだけは負けられません。どうやったらWebサイトにお客さんを集められるんですか？

まずはどういう経路でWebサイトに訪問されるのかを理解して、それぞれ対策していきましょう。

Webサイトで情報を発信

いろいろな手段で告知

Webサイトで情報を発信、公開したら告知というサイクルを積み重ねましょう。

Webサイトを訪問する4つの経路を覚える

告知したURL

Googleなどの検索エンジン

ソーシャルメディアの投稿

ほかのWebサイトからのリンク

まずは、訪問者がどんな経路でWebサイトに訪れるのかを把握しておきましょう。まず、わかりやすいのはチラシやショップカードなどで告知したURLから訪問してもらうパターンです。また、Googleなどの検索エンジンをたどって訪問されるケースも意識しておきましょう。さらに、最近ではお店のX（旧Twitter）やFacebookページなどのソーシャルメディア（SNS）で、Webサイトの更新情報を発信するケースも増えています。また、Webサイトのコンテンツが充実し、知名度が上がってくるとほかのWebサイトで紹介されてリンクが張られることもあるでしょう。

検索でヒットするWebサイトを目指す

検索エンジンから訪問してもらうことを考えるには、検索エンジンの仕組みを知ることが重要です。検索エンジンでは、そのWebサイトをインデックス（自動的に検索エンジンに各ページが登録される）した後、検索エンジンの独自ルールによってキーワードでの表示順序が決定されます。つまり、検索エンジンに正しく認識してもらうための対策が重要になるのです。詳しくはLesson 55、Lesson 56で解説しています。

ソーシャルメディアを利用して告知する

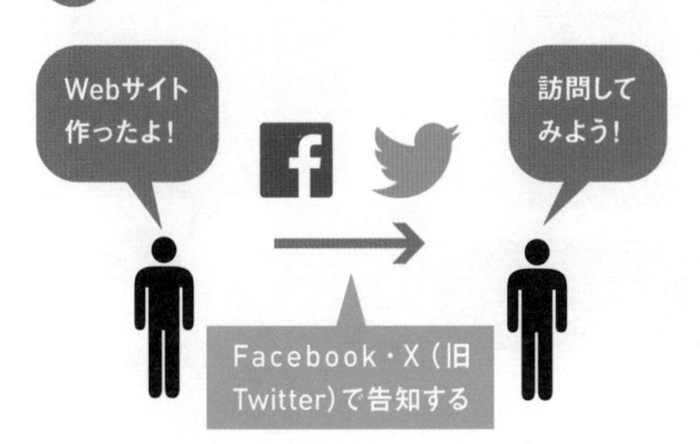

FacebookやX（旧Twitter）を利用しているなら、そこでもWebサイトを公開したことを伝えましょう。ソーシャルメディアを利用した告知は、検索エンジンとは違い自分の力で告知できることも魅力です。また、Webサイトの訪問者に、Webサイトの情報をソーシャルメディア上で広めてもらいやすいように対策しておくことも重要です。詳しくはLesson 57、Lesson 58で解説しています。

Lesson 54 [アクセス解析]

アクセス解析で訪問者の推移を調べましょう

このレッスンのポイント

Webサイトにどれだけの訪問者がいるのかを把握しておくことは、運営のためにとても重要です。このように、Webサイトの訪問者数などの統計情報を確認することを「アクセス解析」と言います。ここでは、Jetpackプラグインのアクセス解析機能を利用してみましょう。

アクセス解析で見るべき3つのポイント

ただ訪問者数をカウントするだけでなく、先週、先月と比べてどの程度訪問者数が増えているのか、どんなキーワードで検索して訪問されているのか、どのページが人気なのかなどを把握しておくことで、Webサイトの改善点を見つけていきましょう。アクセス解析による統計情報で必ず確認したい3つのポイントを紹介します。まずは「リファラー」です。リファラーとは、どのページ経由でサイトに来訪したかを表すものです。検索エンジン経由なのか、ソーシャルメディア経由なのか、ほかのサイト経由なのかをチェックしましょう。次に「投稿とページ」です。閲覧数の多い順で、期間別にページ一覧が表示されます。人気のあるページがどれなのかを確認し、人気ページにはコンテンツを追加するなどの強化を図りましょう。逆に、見てほしいページの閲覧が少ない場合は、目立つ位置にナビゲーションを表示するなど、誘導方法を見直す対策をしましょう。最後に「検索キーワード」です。予想していた検索キーワードが上位にありますか？ もし予想と違う場合は、本当に検索されたいキーワードについての記事を増やすなどの対応を行いましょう。

リファラー — どのページを経由してWebサイトに訪問したか

投稿とページ — Webサイト内で訪問者数の多いページはどれか

検索キーワード — どんなキーワードでWebサイトが検索されているか

難しく聞こえますが、必ずチェックしたい3つの項目を押さえれば大丈夫です。

Jetpackを初期設定する

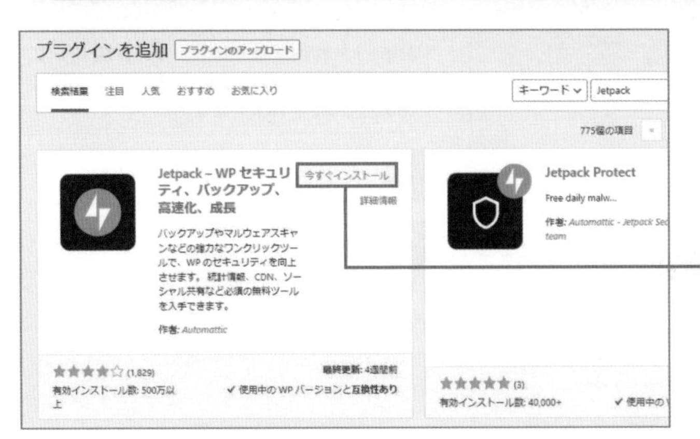

1 Jetpackをインストールする

1 243ページを参考に、**[プラグインを追加]** 画面で「Jetpack」と検索します。

2 **[今すぐインストール]** をクリックします。

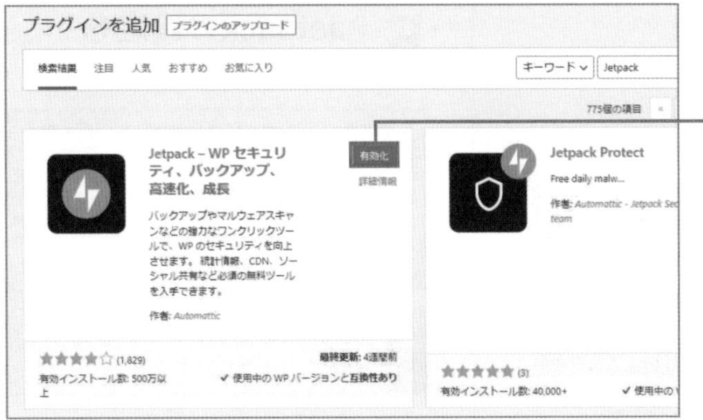

2 Jetpackを有効化する

1 **[有効化]** をクリックします。

3 Jetpackの設定をする

Jetpackが有効化されました。

1 **[Jetpackを設定]** をクリックします。

4 WordPress.comのアカウントを作成する

Jetpackを利用するために、メールアドレスを登録してWordPress.com（44ページ参照）のアカウントを作成します。

1 メールアドレスを入力します。

2 ［次へ］をクリックします。

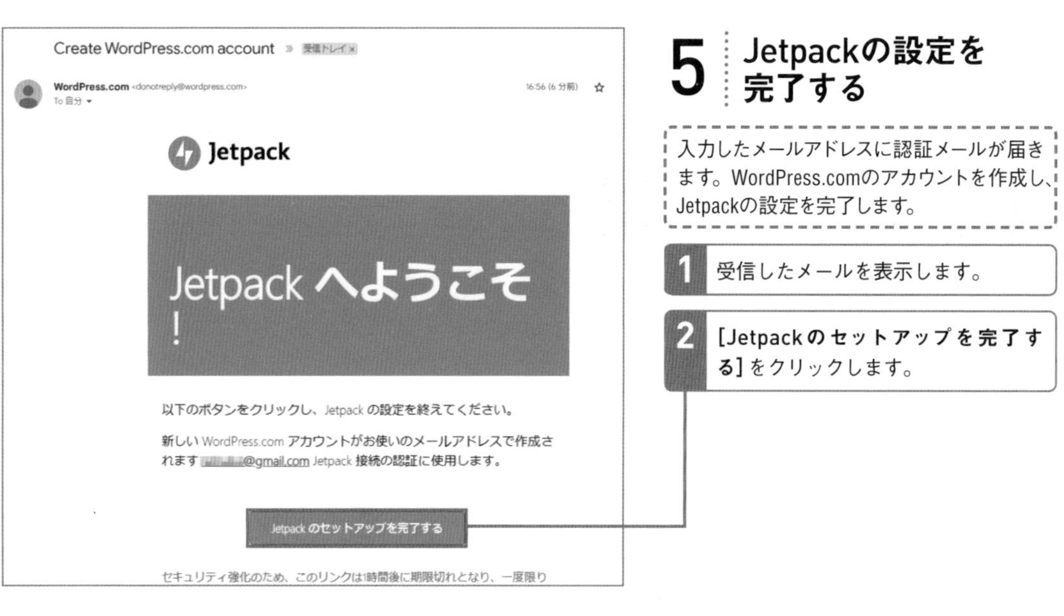

5 Jetpackの設定を完了する

入力したメールアドレスに認証メールが届きます。WordPress.comのアカウントを作成し、Jetpackの設定を完了します。

1 受信したメールを表示します。

2 ［Jetpackのセットアップを完了する］をクリックします。

ワンポイント 検索エンジンでの表示設定を確認しておく

アクセス解析を始める前に、管理画面の［設定］から［表示設定］をクリックして、表示設定を一度確認しておきましょう。［検索エンジンでの表示］で［検索エンジンがサイトをインデックスしないようにする］がオンになっていると、検索エンジンにインデックスされず、せっかくWebサイトが完成しても誰にも見つけてもらえなくなってしまいます。

6 Jetpackとサイトの連携を完了する

「メールアドレスを確認しました！」と表示され、しばらく待つと、**[設定を完了]** 画面が表示されます。

連携するサイトが表示されます。

WordPress.comのアカウント名が自動的に作成されます。

1 **[承認]** をクリックします。

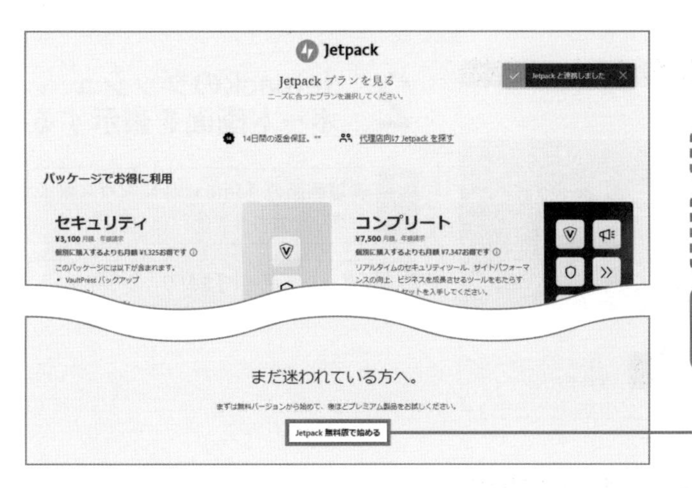

7 Jetpackのプランを選択する

プランの選択画面が表示されます。

有料プランでは設定できる項目が増えますが、今回は無料のプランを選択します。

1 **[Jetpack無料版で始める]** をクリックします。

8 アカウントが有効化された

WordPressの管理画面でJetpackのダッシュボード画面が表示されました。これで、WordPress.comのアカウントが有効化され、サイトとJetpackとの連携ができました。

Jetpackのアンケートが表示されますが、この通知は無視しても問題ありません。

サイトの有効化を確認する

1 WordPressの管理画面を表示する

WordPressの管理画面を表示します。

Jetpackの通知が表示されますが、この通知は削除しても問題ありません。

1 通知の［×］をクリックします。

2 Jetpackのダッシュボード画面を表示する

1 管理画面の［Jetpack］にマウスポインターを合わせます。

2 ［ダッシュボード］をクリックします。

3 サイトの有効化を確認できた

「Jetpack統計が有効化されました。」と表示されました。これで、Webサイトの訪問者数などを蓄積してくれるようになります。

［完了しました！］をクリックすると、Jetpackのダッシュボードに「サイト統計情報」が表示されるようになります。

Jetpackで統計情報を確認する

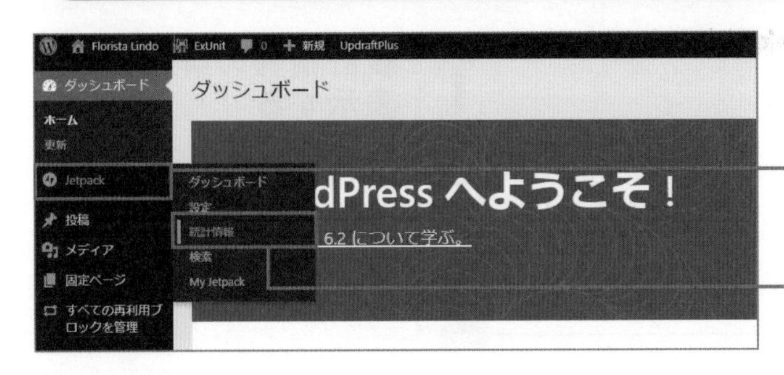

1 統計情報を表示する

1 管理画面の［Jetpack］にマウスポインターを合わせます。

2 ［統計情報］をクリックします。

2 統計情報が表示された

サイト統計情報が表示されました。Webサイトの訪問者数を確認できます。262ページで解説した3つの項目については、次ページで解説します。

［日］［週］［月］［年］をクリックすることで、日、週、月、年単位の訪問者数を確認できます。

［投稿とページ］［リファラー］を確認できます。

画面をスクロールすると、［検索キーワード］も確認できます。

人気の投稿とページの統計情報を確認する

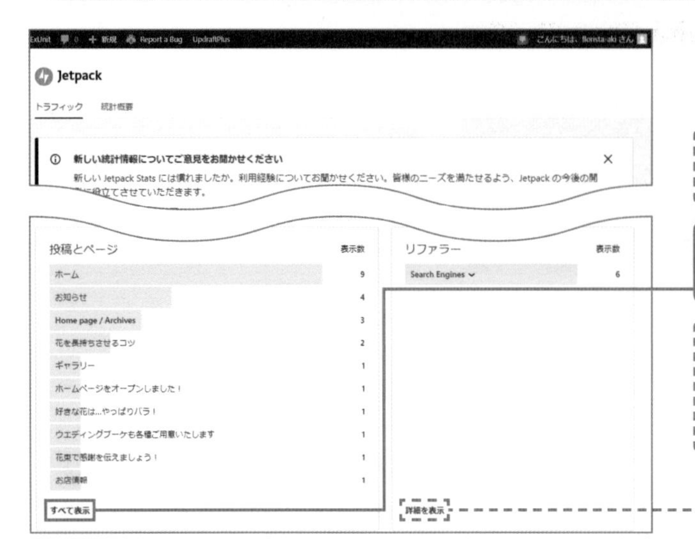

1 統計情報の詳細を表示する

ここでは、人気の投稿とページの統計情報を確認します。

1 ［投稿とページ］の［すべて表示］をクリックします。

［リファラー］［検索キーワード］の［詳細を表示］をクリックすると、262ページで解説した「リファラー」と「検索キーワード」の統計情報の詳細を確認できます。

2 統計情報の詳細が表示された

1週間の各ページの訪問者数が表示されました。どの投稿やページが人気なのかを確認しましょう。また、読んでもらいたいページの訪問者数が少ない場合は、ナビゲーションを目立つ位置に移動するなど対策が必要です。

［30日］などをクリックすると、それぞれの期間内での統計情報に表示を切り替えられます。

ワンポイント 本格的なアクセス解析を行いたいときは

長期的にしっかりとアクセス解析を行いたいときは「Googleアナリティクス」(https://analytics.google.com/analytics/web/?hl=ja) の利用をおすすめします。訪問者がサイト内でどのように移動したかという履歴など、より高度な統計情報を確認できます。ただし、高機能な分、設定や分析には専門的な知識が必要です。導入の際には、専門書籍などで機能を把握しておきましょう。

Lesson 55 [サイトマップの送信]

GoogleのSearch ConsoleにXMLサイトマップを登録しましょう

このレッスンのポイント

SEO対策の一環として、自分のWebサイトのページ情報のリストをGoogle検索システムに送信しましょう。そのためには、Googleの「Search Console」というサイトに「XMLサイトマップ」というWebサイト全体のURL一覧ファイルを設定します。

Search Consoleでサイトマップを送信する

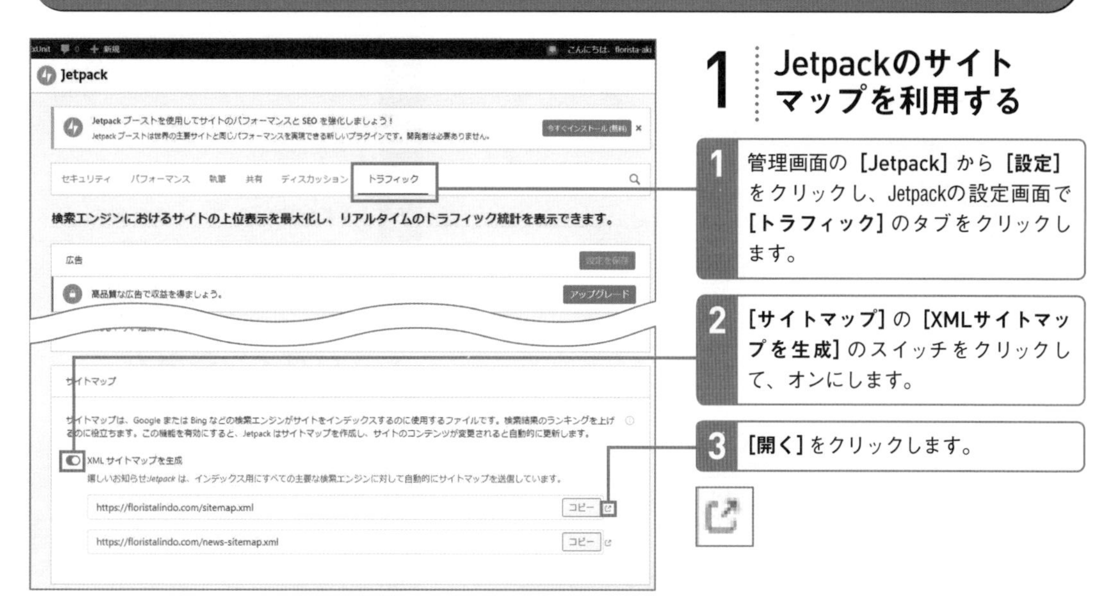

1 Jetpackのサイトマップを利用する

1 管理画面の［Jetpack］から［設定］をクリックし、Jetpackの設定画面で［トラフィック］のタブをクリックします。

2 ［サイトマップ］の［XMLサイトマップを生成］のスイッチをクリックして、オンにします。

3 ［開く］をクリックします。

難しそうに聞こえますが、Googleアカウントさえ持っていれば、後はプラグインで自動的に設定できます。

2 XMLサイトマップファイルを確認する

サイトマップファイルの内容が表示されました。このファイルをGoogle Search Consoleにアップロードします。XMLサイトマップ名をクリックすると、詳細が確認できます。

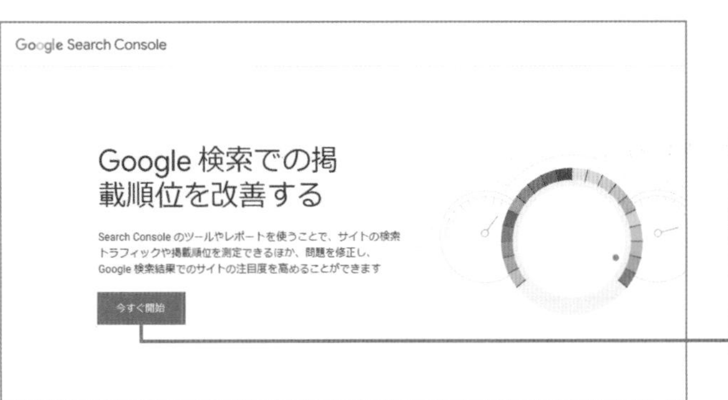

3 ログイン画面を表示する

1. ブラウザの新しいタブを作成し、Google Search Console（https://search.google.com/search-console/about?hl=ja）を表示します。
2. **[今すぐ開始]** をクリックします。

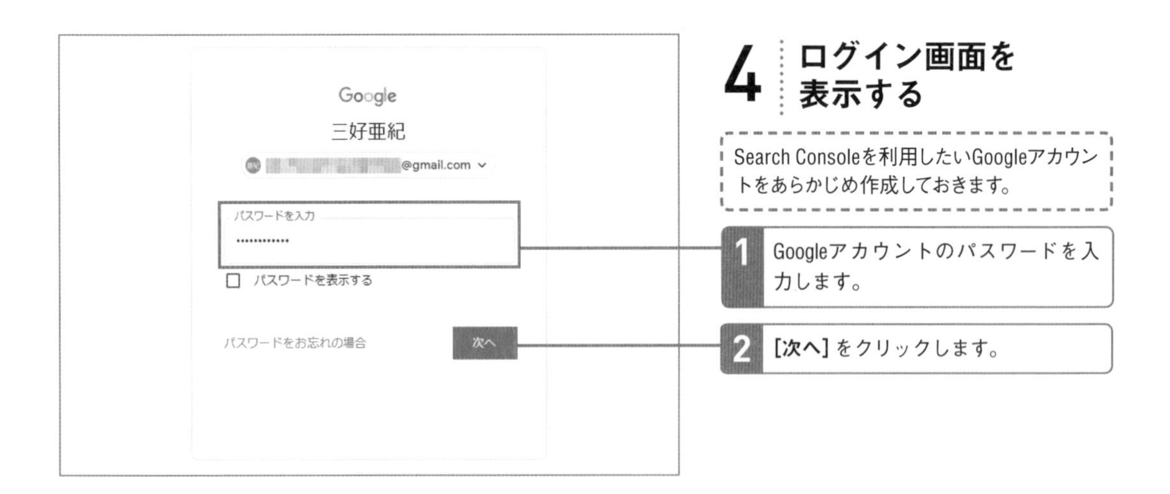

4 ログイン画面を表示する

Search Consoleを利用したいGoogleアカウントをあらかじめ作成しておきます。

1. Googleアカウントのパスワードを入力します。
2. **[次へ]** をクリックします。

5 WebサイトのURLを入力する

[Google Search Consoleへようこそ]画面が表示されました。

1 **[URLプレフィックス]** をクリックします。

2 作成したWebサイトのURLを入力します。

3 **[URLプレフィックス]** の **[続行]** をクリックします。

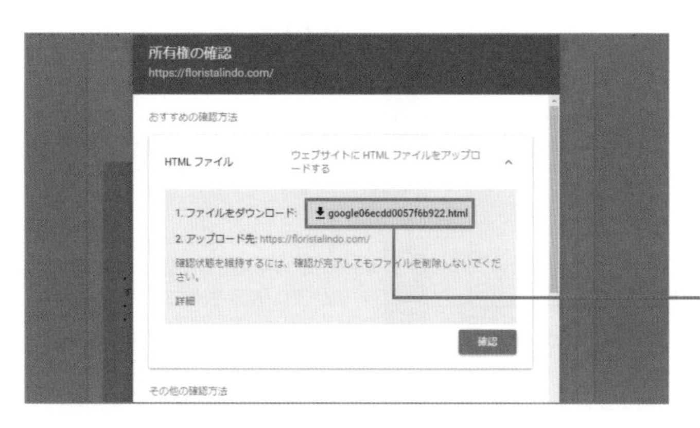

6 確認用のファイルをダウンロードする

これから登録するWebサイトが自分の管理するWebサイトかどうか確認してもらう必要があります。

1 **[ファイルをダウンロード]** に表示されたHTMLファイルをクリックして、ダウンロードします。

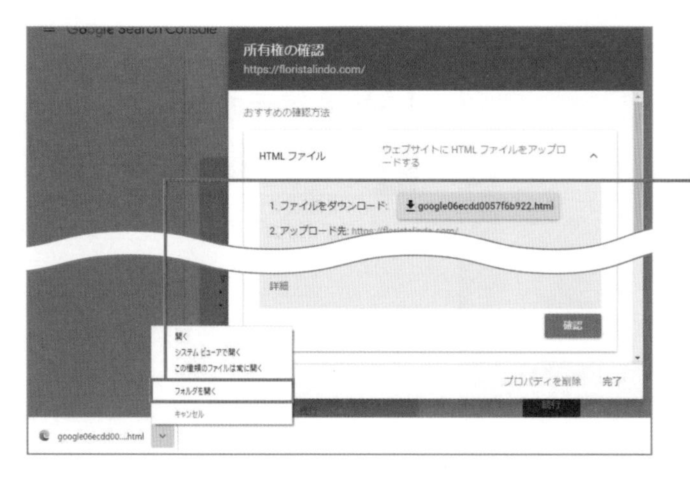

7 ファイルを保存する

1 ダウンロード後にファイルを右クリックして **[フォルダを開く]** をクリックすると、ファイルを保存したフォルダが表示されます。

ダウンロードの手順は使用しているブラウザによって異なります。Mac (Safari) の場合はブラウザの右上にあるダウンロードアイコンをクリックしてダウンロードされていることを確認します。

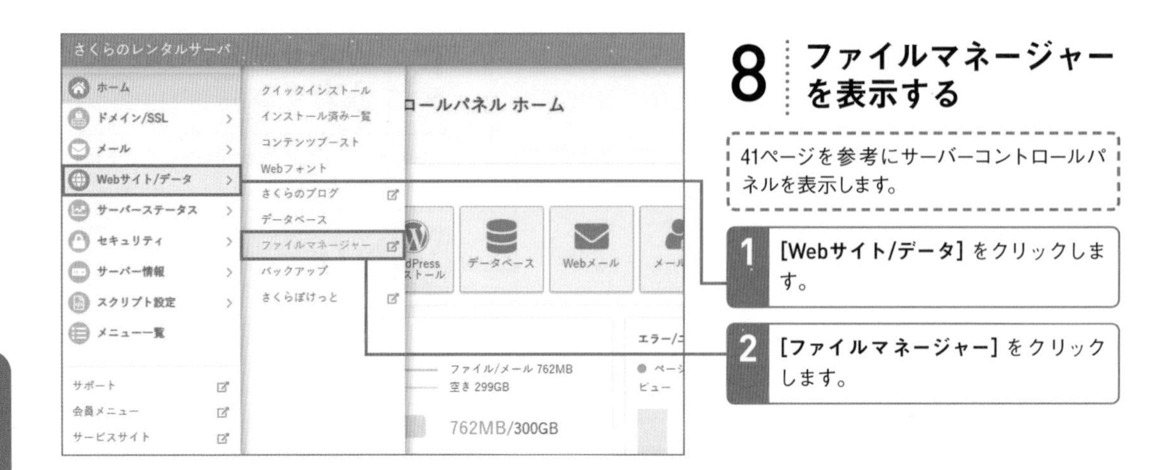

8 ファイルマネージャーを表示する

41ページを参考にサーバーコントロールパネルを表示します。

1 [Webサイト/データ] をクリックします。

2 [ファイルマネージャー] をクリックします。

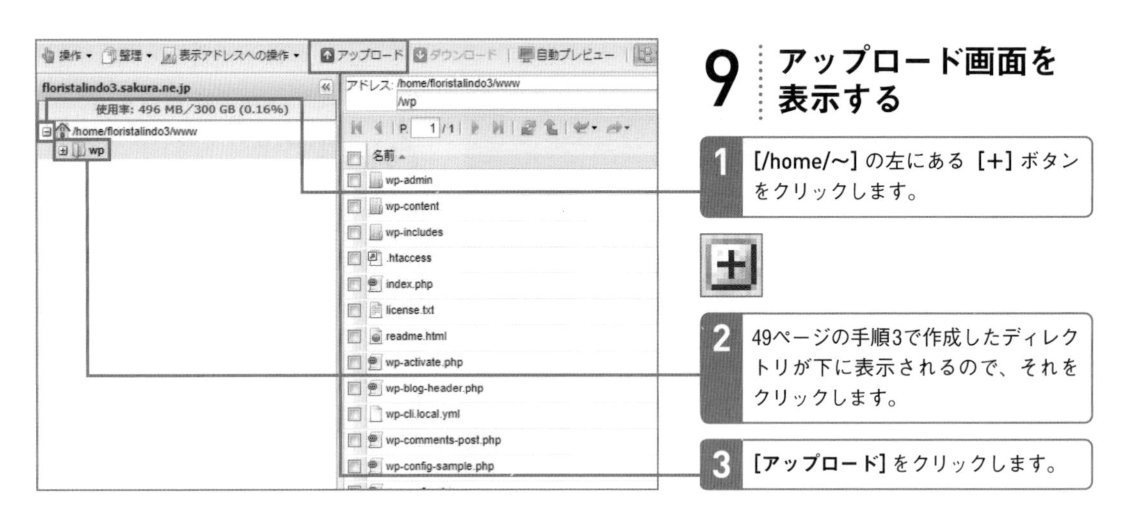

9 アップロード画面を表示する

1 [/home/~] の左にある [+] ボタンをクリックします。

2 49ページの手順3で作成したディレクトリが下に表示されるので、それをクリックします。

3 [アップロード] をクリックします。

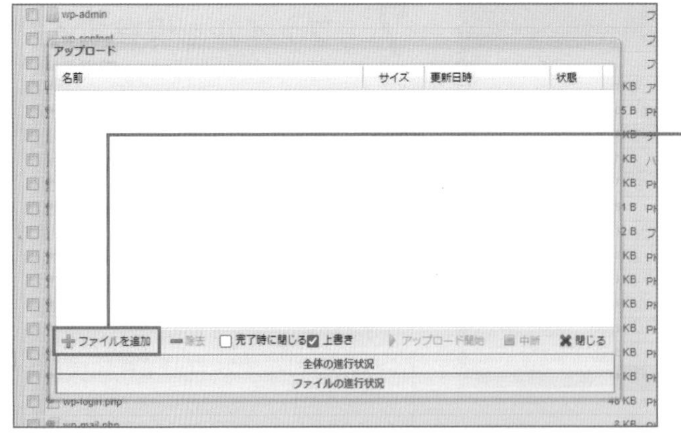

10 ファイルの選択画面を表示する

1 [ファイルを追加] をクリックします。

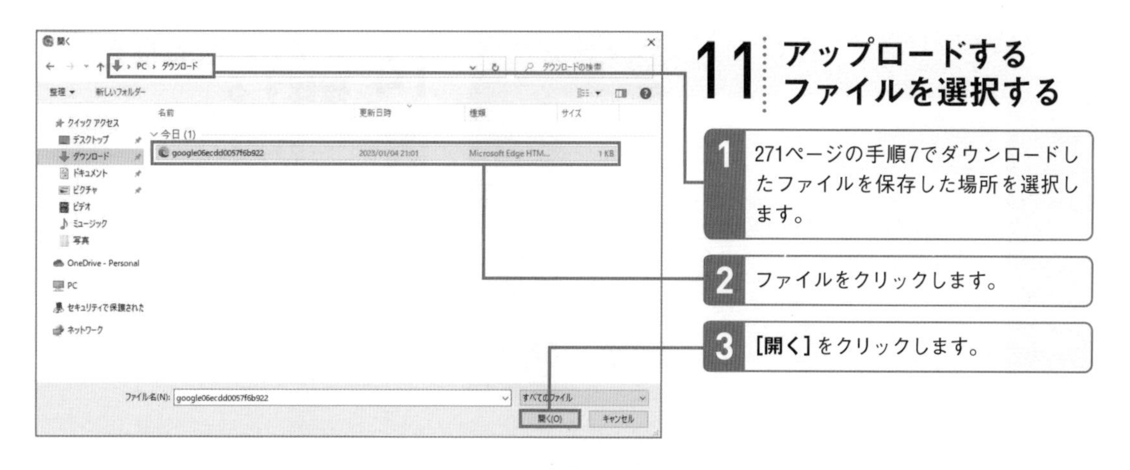

11 アップロードするファイルを選択する

1 271ページの手順7でダウンロードしたファイルを保存した場所を選択します。

2 ファイルをクリックします。

3 **[開く]** をクリックします。

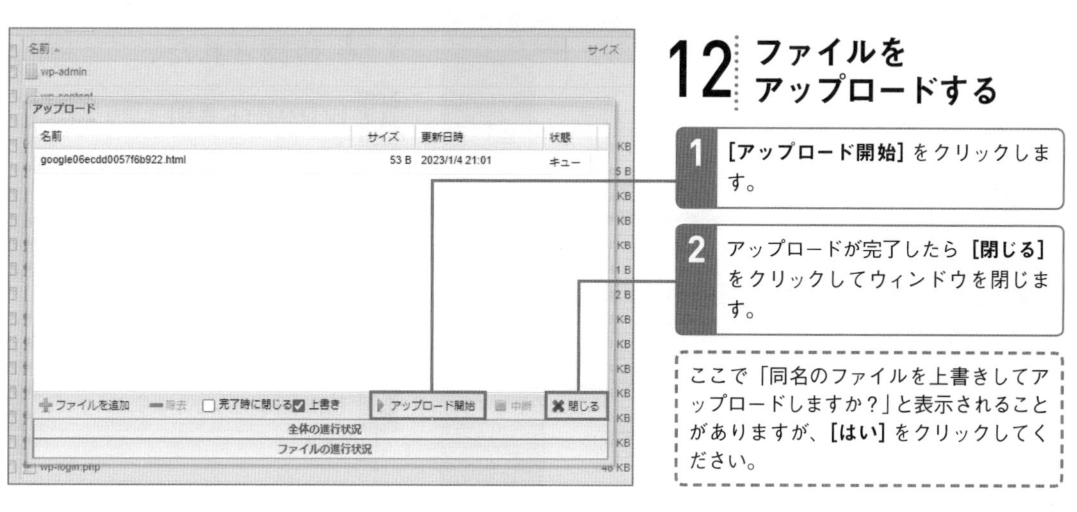

12 ファイルをアップロードする

1 **[アップロード開始]** をクリックします。

2 アップロードが完了したら **[閉じる]** をクリックしてウィンドウを閉じます。

ここで「同名のファイルを上書きしてアップロードしますか？」と表示されることがありますが、**[はい]** をクリックしてください。

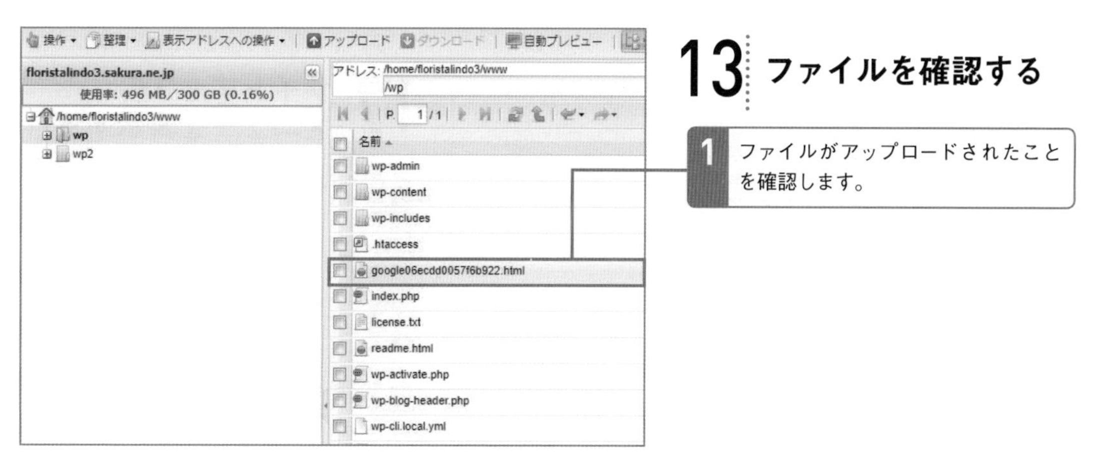

13 ファイルを確認する

1 ファイルがアップロードされたことを確認します。

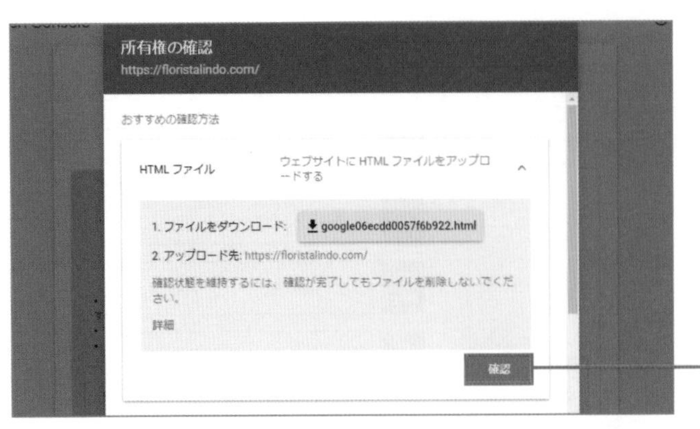

14 サイトの所有権を確認する

1 271ページを参考にSearch Consoleの所有権の確認画面を表示します。

2 **[確認]** をクリックします。

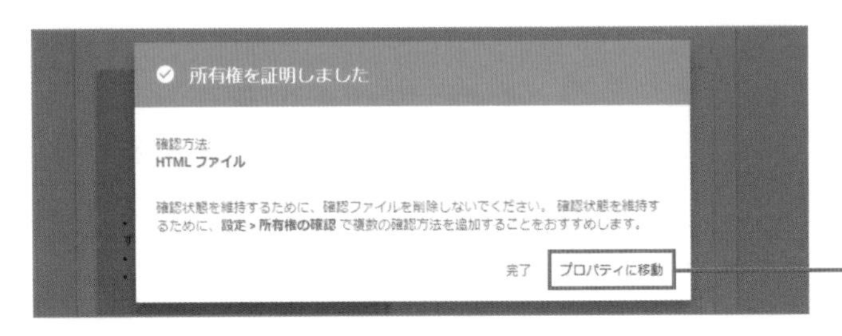

15 サイトの所有権が確認された

1 **[プロパティに移動]** をクリックします。

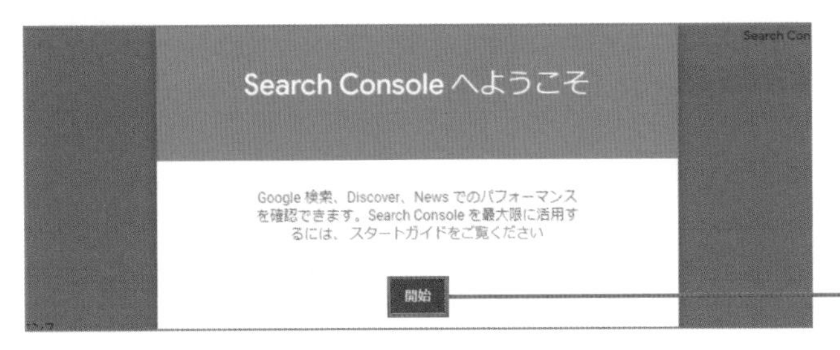

16 Google Search Consoleを開始する

1 **[開始]** をクリックします。

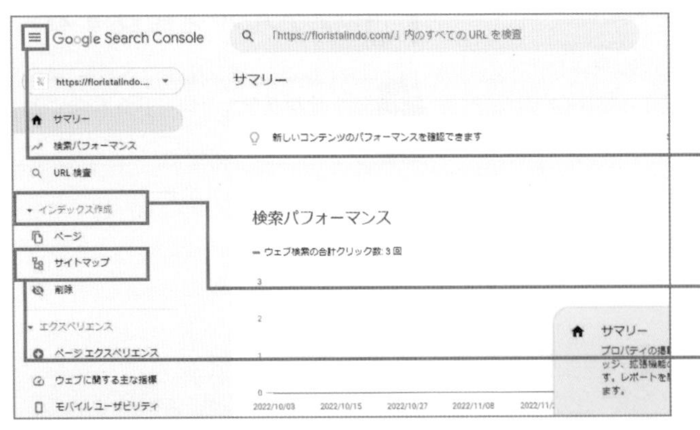

17 サイトマップのメニューを表示する

1 **[メインメニュー]** をクリックします。

2 **[インデックス作成]** をクリックします。

3 **[サイトマップ]** をクリックします。

18 サイトマップを追加する

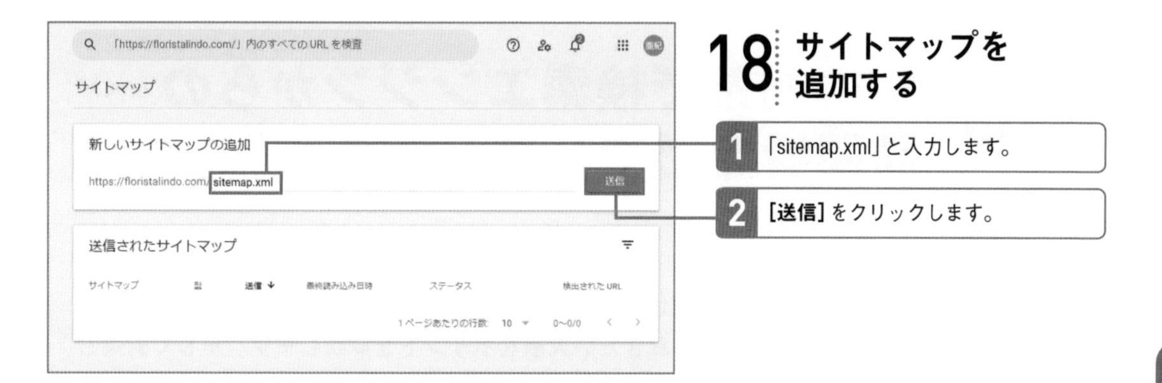

1 「sitemap.xml」と入力します。

2 **[送信]** をクリックします。

19 サイトマップが送信された

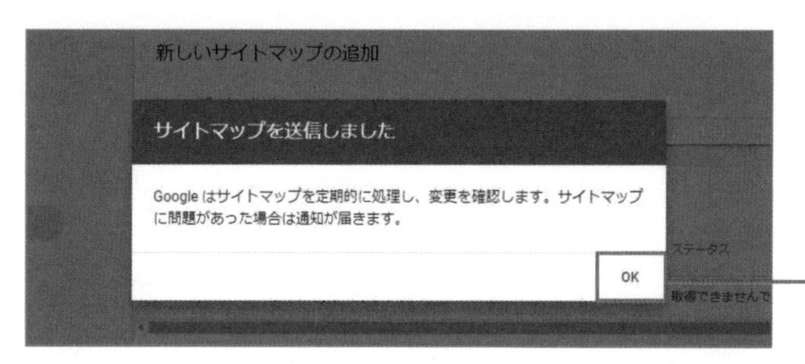

1 [OK] をクリックします。

20 送信したサイトマップが表示される

Search Consoleにサイトマップのファイルを送信できました。Googleの検索システムに、Webサイト全体のURL一覧が認識されるようになりました。

ワンポイント エラーが出てサイトマップが取得できない場合

まず、入力したURLにて問題なくアクセスができるかどうかをブラウザから試してください。
原因として、URLの間違いや、Googleからアクセスできない状態（Basic認証などのアクセス制限を実施している）などが原因の可能性があります。

Lesson 56 [SEO対策]

SEO対策で検索エンジンからの訪問者を増やしましょう

このレッスンのポイント

訪問者を増やすSEOとは「Search Engine Optimization」の略で、「検索エンジン最適化」と訳されます。ここでは、検索エンジン対策として特に押さえておきたい大事なポイントを解説します。正しく対策して、検索エンジンで上位に表示されるWebサイトを目指しましょう。

SEOの本質

SEOと聞くと「狙ったキーワードで今すぐ検索上位に！」といった有料のサービスをイメージする人もいるかもしれませんが、それはSEOの本質とは異なります。SEOの本質は、ページの内容を表す適切なタイトルを付けたり、検索エンジンにページの存在を正しく伝えたりすることにあります。検索エンジンの大手であるGoogleが「検索エンジン最適化（SEO）スターターガイド」※という資料を公開していますが、WordPressはそこで記載されていることの多くを満たしており、そこが「WordPressはSEOに強い」と言われるゆえんでもあります。

まずはコンテンツを充実させるのが重要

バラの入荷情報	バラのアレンジ
バラの生け方	バラのプレゼント

特定のキーワードの投稿を積み重ねてWebサイトの強みを作る

↓

バラの情報に強いWebサイト

SEO対策に一番重要なのはコンテンツの中身です。投稿や固定ページの追加や更新をしない人ほど、小手先のSEO対策を行いがちですが、コンテンツを増やした方が確実にアクセス数は増えていきます。検索エンジンでは「特定のキーワードに対して十分な情報があるかどうか」が重要な判断基準になっています。そのページが訪問者の役に立つと判断されるような投稿をコツコツと増やしていきましょう。

検索エンジンの上位に表示されるためにはひとまず100ページ程度が必要です。焦らずに1日1記事といったペースで投稿しましょう。

※ 検索エンジン最適化（SEO）スターターガイド
https://developers.google.com/search/docs/beginner/seo-starter-guide?hl=ja

記事タイトルの付け方を工夫する

投稿を増やしていくときに大切なのがタイトルの付け方です。例えば、日々入荷する花の情報を投稿しているとしましょう。その際「新着入稿情報1」「新着入荷情報2」「新着入荷情報3」とタイトルを付けていたとします。これだと、タイトルを見ただけでは何のことかわからず、いくら記事を増やしても検索されるキーワードも増えません。これを「母の日に最適なカーネーション　レッド・ピンク・珍しいブルーも入荷しました。」としたらどうなるでしょう? タイトルを見ただけで何のページかがわかりますし、「母の日カーネーション」や「カーネーション　ブルー」といった検索キーワードでヒットする可能性も出てきます。記事のタイトルは内容がわかるもので、可能であれば検索されたいキーワードを1つか2つ含め、できれば前の方に入れるようにするのがおすすめです。

✕ 悪いタイトルの例

「新着入荷情報」

タイトルだけでは記事の内容が伝わらず検索キーワードにヒットしない

○ 良いタイトルの例

「母の日に最適なカーネーション珍しいブルーも入荷しました。」

検索されやすいキーワードが含まれている

「見出し」を活用してキーワードの重要度を伝えよう

本文中の見出しも検索キーワードを伝えるためには効果的です。130ページで文章の途中で「見出し」を立てる方法をお伝えしました。見出しを設定することで、検索エンジンに対しても「ここは見出しです」と認識してもらえるようになります。見出しの設定時には「H2」「H3」などの種類を選びますが、この数字が小さくなるほど重要度が高い情報と判断されるようになります。投稿の中で重要なキーワードは見出しに含めるようにしておきましょう。

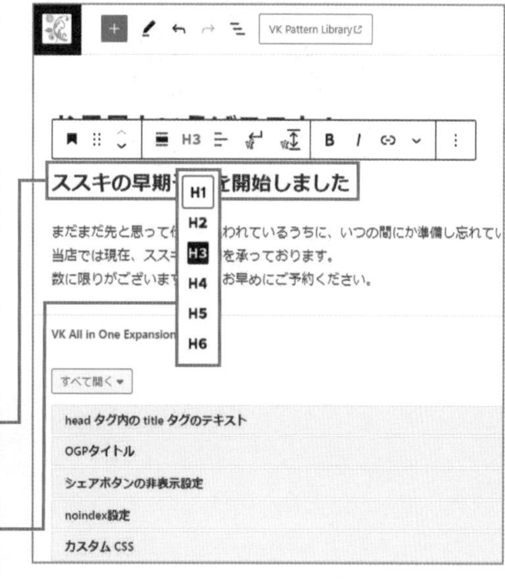

キーワードをうまく取り込んだ見出しを立てる

キーワードの重要度に合わせて見出し設定を使い分ける

Lesson 57 [ソーシャルメディア連携] ソーシャルメディアと連携して更新を積極的に告知しましょう

このレッスンのポイント

Twitterなどのソーシャルメディアを使えば、「Webサイトを更新しました」という情報を自分から発信できます。投稿した情報は、それを読んだ人だけでなく、その知り合いにも見てもらえる可能性があります。ソーシャルメディアをぜひ連携させましょう。

Twitterでの告知を自動化する

263ページで解説したJetpackプラグインが提供するソーシャル連携機能を利用することで、これまでと同じようにWebサイトに投稿するだけで、Twitterに自動的にタイトルとURLが投稿されるようになります。

本来は、Webサイトを更新した後に、ソーシャルメディアでさらに更新情報を投稿する必要がありましたが、この設定をしておくことで手間が省け、また、告知をし忘れることもなくなります。

WordPressで新たな記事を投稿する。

Twitterで記事のタイトルとURLが自動投稿される。

※2023年9月現在、JetpackとX（旧Twitter）との連携機能はありません。

集客のためには、Webサイトをコツコツ更新して、まめに告知することが地道ながら何よりも大切です。

ソーシャルメディアの自動投稿を設定する

1 共有設定の画面を表示する

1 管理画面の［Jetpack］から［**設定**］をクリックし、Jetpackの設定画面で［**共有**］のタブをクリックします。

2 ［**投稿をソーシャルネットワークに自動共有**］のスイッチをクリックしてオンにします。

3 ［**ソーシャルメディアアカウントを接続する**］をクリックします。

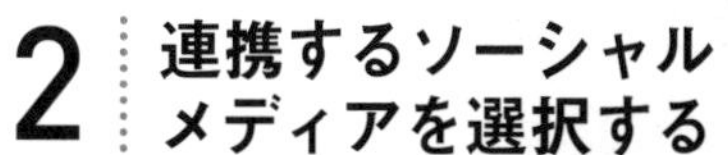

2 連携するソーシャルメディアを選択する

WordPress.comのダッシュボード画面が表示されます。

1 ［**Twitter**］の［**連携**］をクリックします。

3 連携を承認する

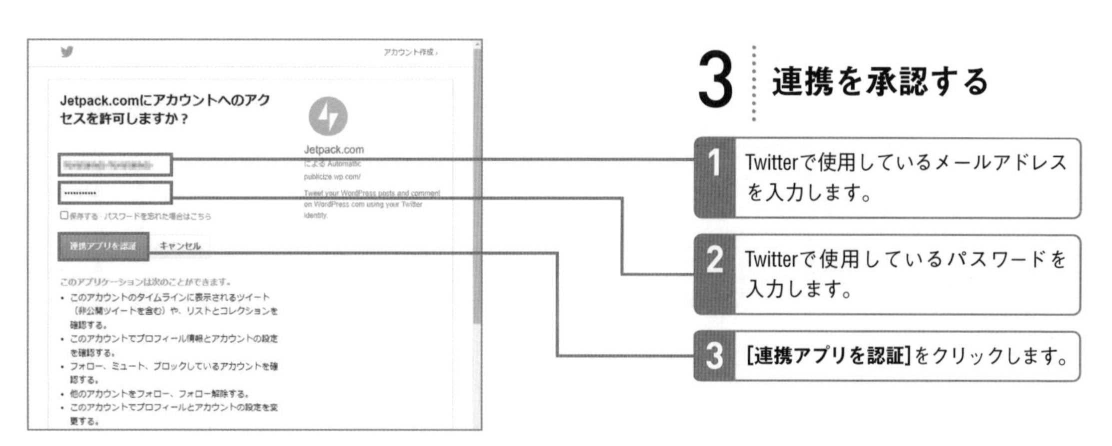

1 Twitterで使用しているメールアドレスを入力します。

2 Twitterで使用しているパスワードを入力します。

3 ［**連携アプリを認証**］をクリックします。

Chapter 8 Webサイトへの集客を強化しよう

NEXT PAGE →

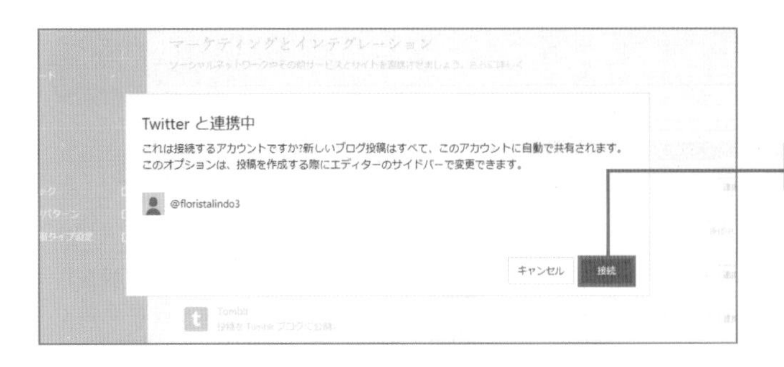

4 Twitterと連携する

1 **[接続]** をクリックします。

5 Twitterと連携された

「Twitterアカウントと連携しました。」と表示されました。WordPressで記事を投稿すると、Twitterで記事のタイトルとURLが自動投稿されるようになります。

連携を解除したい場合は、**[連携を解除]** ボタンをクリックしてください。

ワンポイント URLと一緒に投稿する文章を変更できる

一度ソーシャルメディアとの連携を設定した後は、公開時にソーシャルメディアにも投稿するかどうか設定できるようになります。その際に一緒に表示される文章を変更できます。

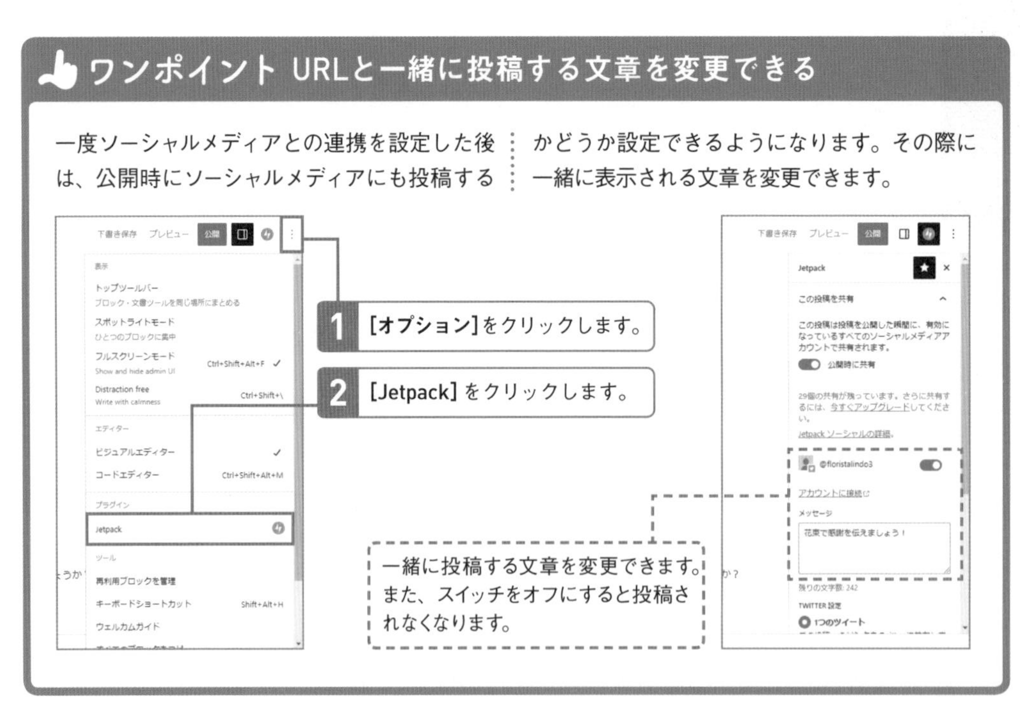

1 **[オプション]** をクリックします。

2 **[Jetpack]** をクリックします。

一緒に投稿する文章を変更できます。また、スイッチをオフにすると投稿されなくなります。

Lesson 58 [ソーシャルボタンの設置]

Webページのリンクを投稿できるソーシャルボタンを設置しましょう

このレッスンのポイント

最近、「いいね！」や「ツイートする」といった「ソーシャルボタン」がメディア系サイトに設置されているのをよく見かけます。これらをクリックすると、対応するソーシャルメディアにWebページのリンクを付けて投稿できるようになっています。

ソーシャルボタンを設置する

なるべくWebページの情報を共有してもらいやすい環境をユーザーに提供するために、ソーシャルボタンを設置しましょう。ソーシャルボタンは、クリックされた先のソーシャルメディアで、そのユーザーをフォローしているユーザーにもそのWebページの情報が共有されます。X-T9の推奨プラグインのExUnitの設定から各記事に自動的にソーシャルボタンが設置されるようにしていきます。

記事の共有ボタンをクリックする。

対応するソーシャルメディアの投稿画面が表示される。

スマホ

ソーシャルメディア上で情報が広まることは「拡散」などと呼ばれ、昨今のWebサイトにおいてアクセスを集めるための有効な手段の1つです。

ソーシャルボタンを設置する

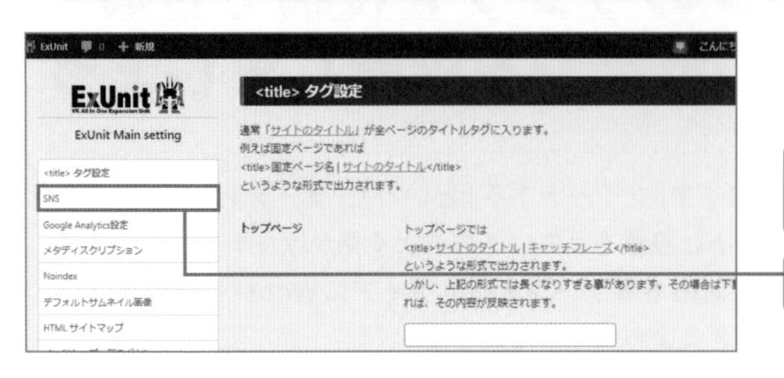

1 ソーシャルボタンの設定画面を表示する

1 150ページを参考に［ExUnit］のメイン設定画面を表示します。

2 ［SNS］をクリックします。

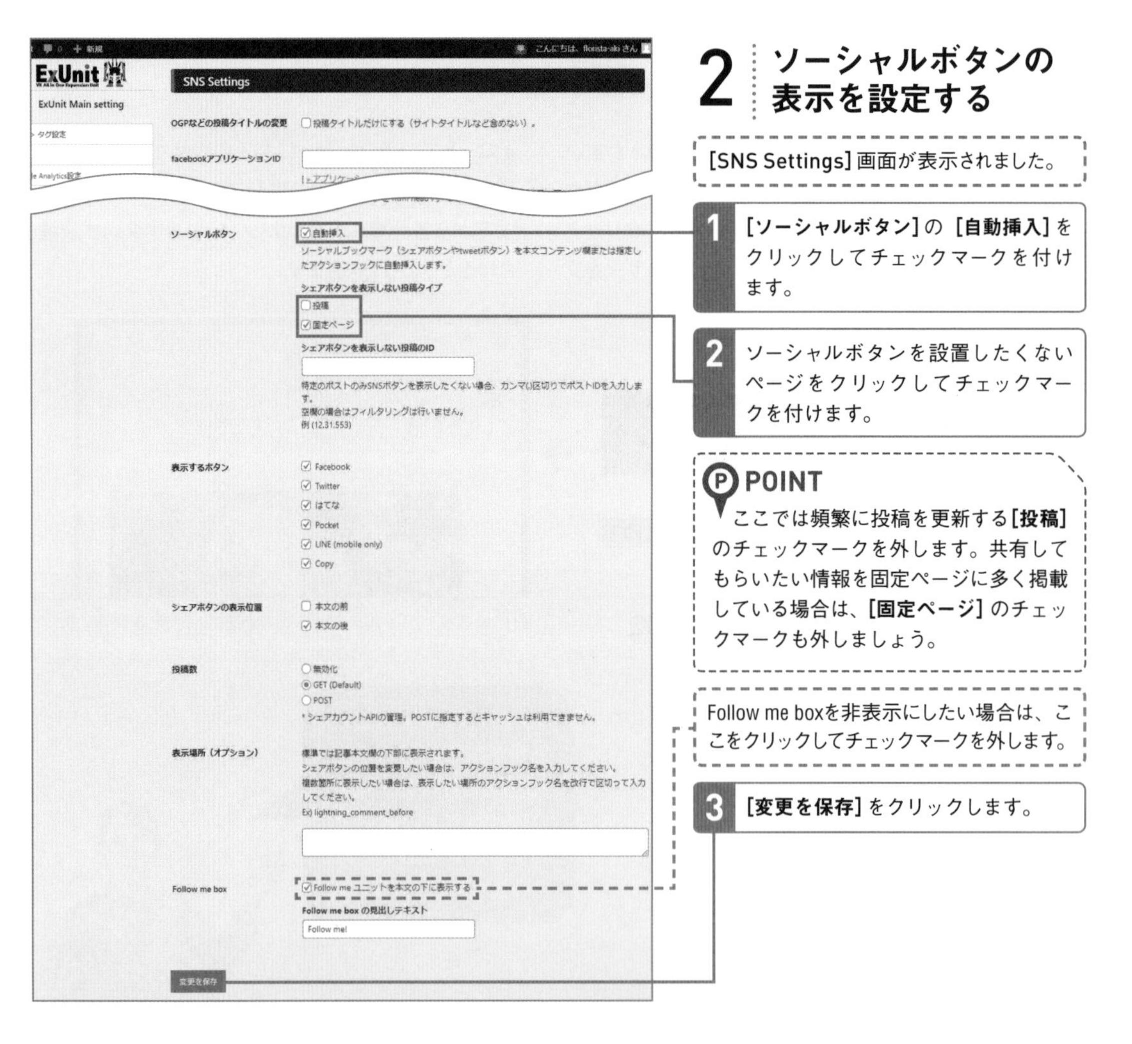

2 ソーシャルボタンの表示を設定する

［SNS Settings］画面が表示されました。

1 ［ソーシャルボタン］の［自動挿入］をクリックしてチェックマークを付けます。

2 ソーシャルボタンを設置したくないページをクリックしてチェックマークを付けます。

POINT

ここでは頻繁に投稿を更新する［投稿］のチェックマークを外します。共有してもらいたい情報を固定ページに多く掲載している場合は、［固定ページ］のチェックマークも外しましょう。

Follow me boxを非表示にしたい場合は、ここをクリックしてチェックマークを外します。

3 ［変更を保存］をクリックします。

3 ソーシャルボタンが設置された

70ページを参考にWebサイトを表示します。手順2で指定したページにソーシャルボタンが設置されました。

訪問者がボタンをクリックすることで、対応するソーシャルメディアにWebページのリンクを投稿できます。

ワンポイント Jetpackの機能でもソーシャルボタンが追加できる

Jetpackプラグインの機能でも、右図のようなソーシャルボタンを設置できます。設置する場合は、266ページを参考に管理画面の［Jetpack］から［設定］をクリックし、Jetpackの設定画面を表示します。［共有］のタブをクリックし、［共有ボタン］の［投稿とページに共有ボタンを追加］のスイッチをクリックしてオンにしましょう。
なお、Jetpackのソーシャルボタンをオンにした状態でX-T9を利用すると、右図のようにソーシャルボタンが2種類設置されてしまいます。X-T9とJetpackを併用する場合は、どちらかのソーシャルボタンをオフにしておきましょう。

小さいソーシャルボタンがJetpackの機能、大きいソーシャルボタンがX-T9の機能でそれぞれ表示されたもの。

Jetpackの設定画面で［共有］のタブをクリックし、［投稿とページに共有ボタンを追加］のスイッチをクリックして設定する。

ワンポイント Jetpackの機能を活用しよう

Jetpackには非常に多くの機能があります。それらは設定の中から有効化したり停止したりすることが可能です。その中からいくつかの機能をご紹介します。

Jetpackソーシャル連携

TwitterなどのSNSとWordPressを連携できます。記事を投稿すると同時に連携したSNSにもタイトルとURLなどが投稿されます（Lesson 57参照）。

バックアップとセキュリティスキャン

有料の機能ですが、Webサイトのバックアップを自動的に保存することができます。

ダウンタイムのモニター

サーバーの不具合などが原因でWebサイトが表示されない状態（落ちている状態）になった場合や、そこから回復した場合などに、メールで通知を送る監視サービスです。Webサイトの不具合をいち早く知って対応することができます。

追加ブロック

Jetpackによって新たなブロックが複数追加されます。Markdownブロックでは、Markdown記法（https://wordpress.com/support/markdown-quick-reference/）と呼ばれる、簡易的な記法を利用することで、HTMLの見出しやリスト、リンクなどを表現することができます。記法さえ覚えてしまえば、文字を入力するだけで書式設定できるので、日々の記事更新において強力な助けとなるでしょう。
その他にも、画像を重ねて比較できるブロックや、最新のInstagramが表示できるブロックなどがあります。

こちらに紹介した機能以外にも多くの機能が提供されています。また今後もどんどん追加されることでしょう。より詳しい内容については公式プラグインディレクトリのJetpackのページ（https://ja.wordpress.org/plugins/jetpack/）もしくは、Jetpackの公式サイト（https://ja.jetpack.com）を御覧ください。

▶ セキュリティー関連機能

▶ 投稿関連機能

Chapter

9

Webサイトを安全に運用しよう

安全に管理できるように対策しておくことも、長く繁盛するWebサイトを運営していくコツです。ここでは、パスワードや管理するユーザーの設定などを解説します。

Lesson 59 [パスワードの管理]

強力なパスワードを設定してセキュリティーを強化しましょう

このレッスンのポイント

もしもWebサイトが乗っ取られ、ウイルスなどを設置された場合、Webサイト管理者だけでなく、Webサイトに訪れた一般のユーザーにも被害が拡大してしまいます。WordPressを利用する上でセキュリティーについて考えることはとても大切です。

脅威は突然に

Webサイトの安全を揺るがす脅威は、突然やってきます。「ある日普段通りにWebサイトに訪れてみるとログインできない」「なぜかトップページに異なる内容が表示される」といった場合、ユーザー名やパスワードがほかの人に知られてしまい、Webサイトを乗っ取られている可能性があります。

乗っ取られるなんて怖いですね。でも、有名人でもない限りそんなに心配しなくてもいいですよね？

いえいえひとごとじゃないですよ。国内での被害も少なくありません。まさか、初期状態のユーザー名のままだったり、パスワードが誕生日だったりしませんよね？

ぎくっ！　覚えやすいからユーザー名とパスワードを同じにしてしまいました。

危ないですよ！パスワードは必ず強力なものにしておいてください。次ページを参考に今すぐ変更しましょう。

強力なパスワードで管理する

セキュリティーを高めるために最初に行うべきは、パスワードを複雑にすることです。「1234」や「password」などの推測されやすいものは絶対に避け、なるべく複雑で長いパスワードを設定しましょう。パスワードの長さは9文字以上を目安にしてください。パスワードは、管理画面の[ユーザー]→[プロフィール]から変更可能です。新しいパスワードを入力していると「非常に脆弱」「脆弱」「普通」「強力」の順にセキュリティーの強度インジケータの表示が変わります。必ず「強力」となるパスワードを設定してください。

また、複数人で管理する場合は、パスワード漏えいのリスクが上昇するので、会社やお店でWebページに関わるスタッフに入れ替わりがあったときには、パスワードを変更しておくと安心です。

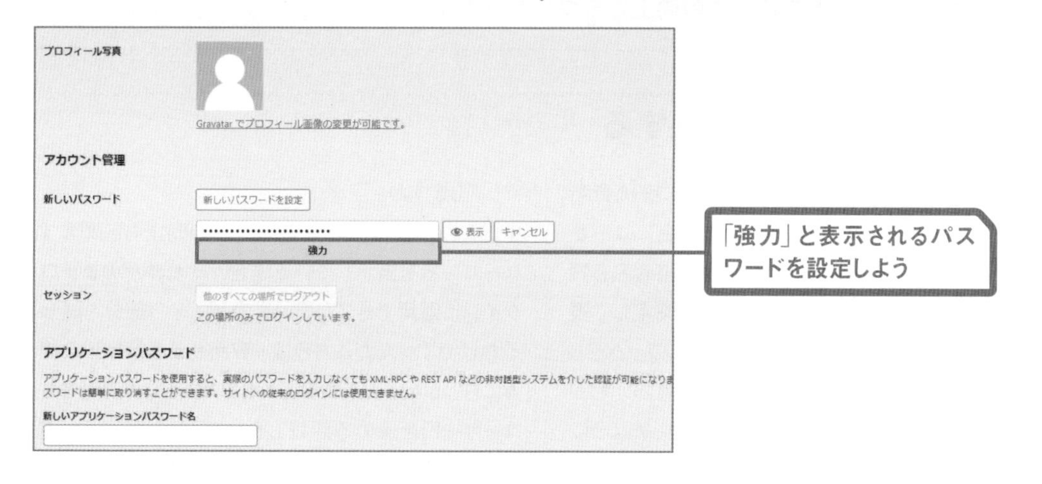

セキュリティーに絶対はない

パスワードを強力にすることは、自分で打てる対策としてはとても重要です。しかし、WordPressは誰でもテーマやプラグインが開発できるように、プログラムが全世界にオープンに公開されています。裏を返せば、ハッキングの方法が見つかると、全世界から攻撃される可能性があるということです。セキュリティー対策に「絶対に安全」というものはありません。万が一の事態に備えて、Webサイト内のデータをバックアップしておきましょう。

本書では、「UpdraftPlus」を使った簡単なバックアップと復元方法を紹介しています。またLesson 12で紹介したように、WordPressを常に最新版にアップデートしておくことも重要です。

絶対に安全な方法はありませんが、できることはすべて行い少しでも被害にあう確率を下げましょう。

Lesson 60 [ニックネームの設定]

ニックネームを設定して投稿者名を変更しましょう

このレッスンのポイント

ニックネームを設定することで、ブログの記事に表示される投稿者名を変更することができます。誰が記事を書いたのか、Webサイトを訪れた人にわかりやすく明示しましょう。記事の投稿者を明確することで信頼性の向上にもつながります。

ニックネームを設定する

X-T9では、投稿の詳細ページ上部などに投稿者名が表示されます。初期状態では投稿者名にユーザー名が表示されます。WordPressでは投稿者名を表示する際に、ユーザー名以外の名前を設定して表示することが可能です。ユーザー名はアルファベットとなるため、サイトを訪れた人にとっては意味がわかりづらくなります。例えば「店長アキ」といったように、わかりやすい表示名に変更しておきましょう。こうすることで、記事の投稿者が明確となり、信頼度がアップしますね。

またこの作業は、セキュリティーの向上も望めます。ユーザー名を表示している場合、それがそのままログインに活用できてしまいますが、その部分を隠せるわけです。ただこちらは、WebサイトのURLの後ろに「/?author=1」を付けるとIDを知ることができます。ユーザーIDを決める際に、rootやadminといった使われやすい投稿者名にするのは避けましょう。

変更前

変更後

ニックネームを設定する

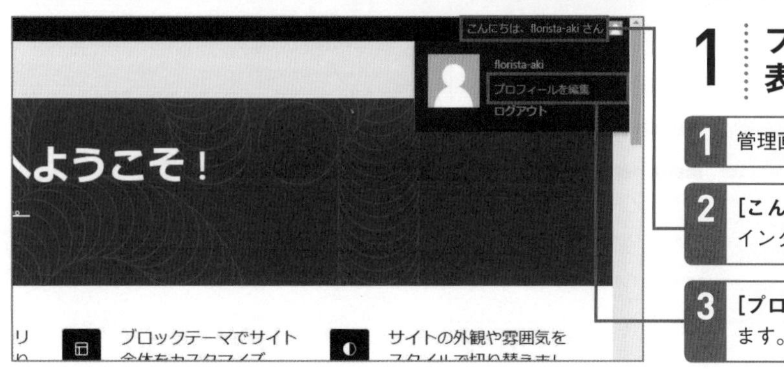

1 プロフィール画面を表示する

1 管理画面を表示します。

2 **[こんにちは、○○さん]** にマウスポインターを合わせます。

3 **[プロフィールを編集]** をクリックします。

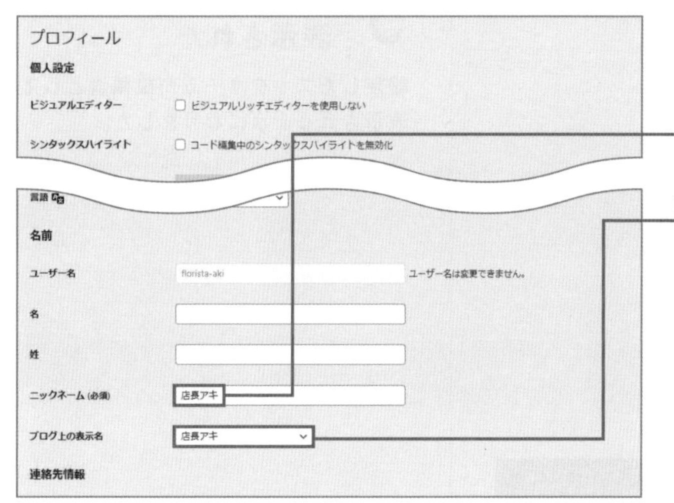

2 ニックネームを入力する

1 **[ニックネーム]** を入力します。

2 **[ブログ上の表示名]** から入力したニックネームを選択します。

POINT

ニックネームを変更しても、WordPressへのログインに使用するユーザー名は変更されません。[ブログ上の表示名] には、ユーザー名も引き続き設定できます。

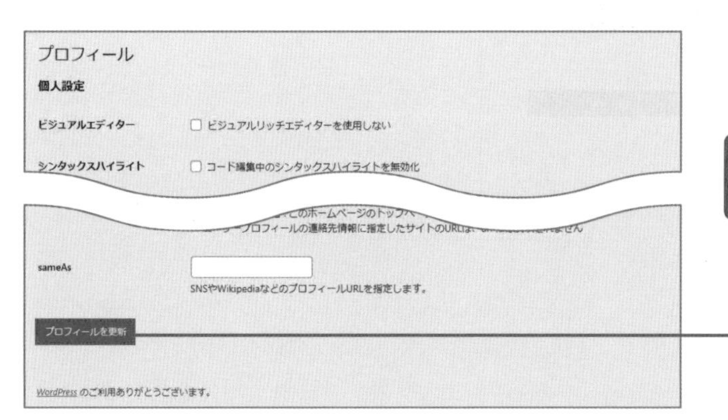

3 プロフィールを更新する

1 **[プロフィールを更新]** をクリックします。

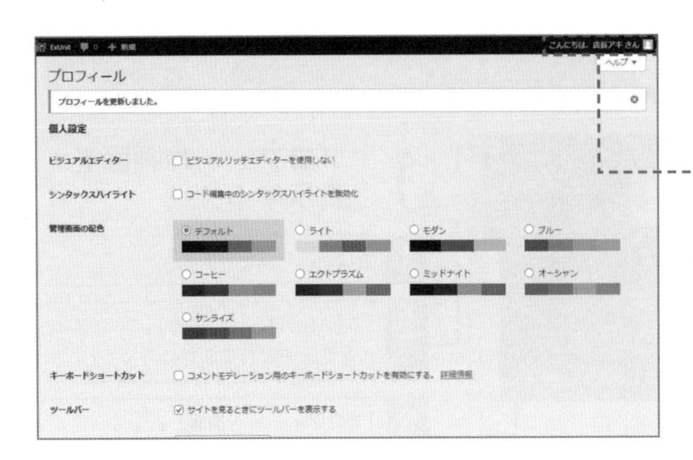

4 プロフィールが更新された

管理画面の右上も、ニックネームに変更されました。

5 記事にニックネームが表示された

設定したニックネームが投稿者として表示されるようになりました。

1 70ページを参考にWebサイトを表示し、投稿を確認します。

Lesson 61 [管理者の追加]

複数人で管理する場合はユーザーを追加しましょう

このレッスンのポイント

Webサイトを運営していく中で、複数の管理者がいた方が便利な場面や投稿するだけのスタッフを追加したいこともあるでしょう。WordPressでは複数のユーザーを追加できることはもちろん、ユーザーの役割に応じて異なる権限を与えることができます。

権限を振り分けて安全に管理する

管理者の権限を持つアカウントを複数人で使いまわすと、操作ミスによって重要な設定を変更してしまうことも起こり得ます。それを防ぐには、例えば、投稿だけを行う「投稿者」という権限でユーザーを作成すれば、管理画面にログインしたときに表示されるメニューが大幅に少なくなり、主に投稿のみができるように設定されます。管理ユーザーを追加する場合にこれら権限を上手に活用し、各ユーザーに必要な機能のみを提供しましょう。

権限名	利用できる機能
管理者	すべての機能を利用できる
編集者	投稿の作成や公開、ほかのユーザーの投稿の管理やカテゴリーやリンクの編集が行える
投稿者	投稿の作成や公開、また、自分の投稿のみ管理できる
寄稿者	投稿の作成や管理は行えるが公開はできない
購読者	コメントを読んだり投稿したりできる

投稿するだけのユーザーであれば「投稿者」権限がおすすめです。

管理者を追加する

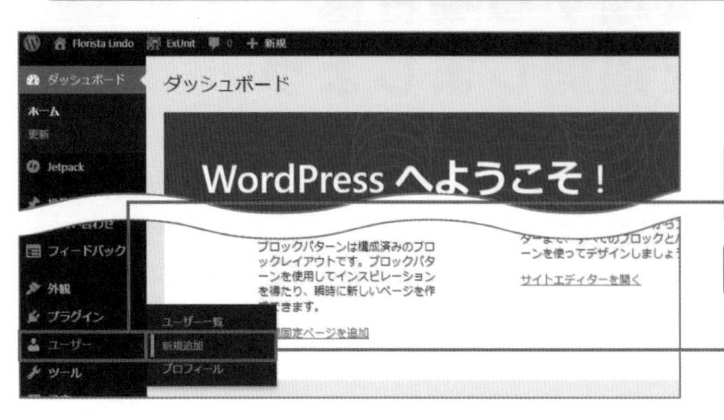

1 ユーザーの新規追加画面を表示する

1 管理画面で［ユーザー］にマウスポインターを合わせます。

2 ［新規追加］をクリックします。

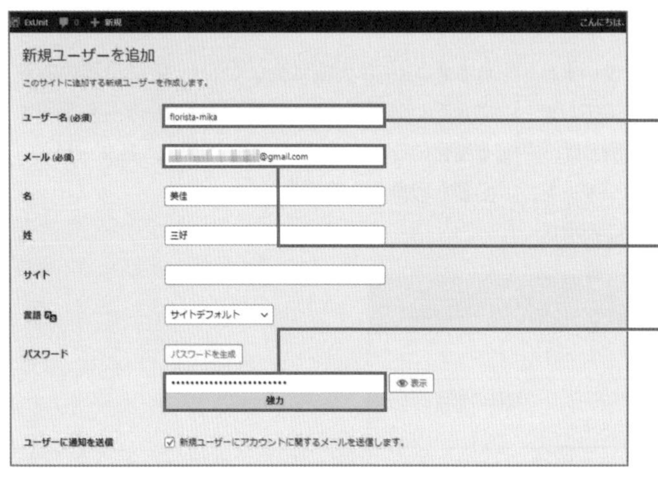

2 ユーザー名やパスワードを入力する

1 新規追加するユーザーのユーザー名を入力します。

2 新規追加するユーザーのメールアドレスを入力します。

3 新規追加するユーザーのパスワードを入力します。

名・姓は任意の設定項目です。ユーザー数が多い場合に設定しておくと、誰が利用しているのかわかりやすくなります。

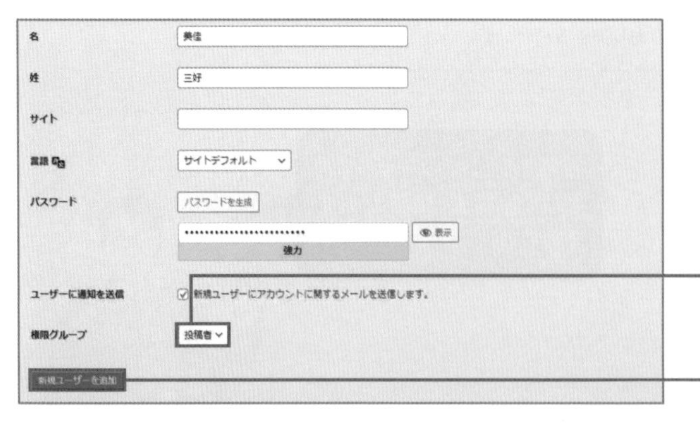

3 権限を設定する

ここでは新規追加するユーザーに**［投稿者］**の権限を設定します。

1 **［権限グループ］**から**［投稿者］**を選択します。

2 **［新規ユーザーを追加］**をクリックします。

Chapter 9 Webサイトを安全に運用しよう

4 ユーザーが追加された

ユーザーが新規に追加されました。設定したユーザー名とパスワードでログインすると与えられた権限に応じた管理ができます。

POINT

手順3の画面で **[新規ユーザーにアカウントに関するメールを送信します。]** にチェックマークを付けた場合を除き、追加したユーザーにメールでの連絡はされません。口頭などで管理画面のURL(Lesson 10参照)とユーザー名、パスワードを伝えましょう。また、287ページの方法で、追加されたユーザー自身が後からパスワードを変更することもできます。

ワンポイント 後から管理権限の変更や追加したユーザーの削除もできる

追加したユーザーの権限は、役割の変化に応じて後から変更することもできます。例えば、[投稿者] から [編集者] に変更するなど柔軟な対応が可能です。また、担当者の交代などの場合にユーザーを削除することもできます。なお、この操作は「管理者」権限のユーザーのみ可能です。ユーザーの追加や削除、権限変更を行う場合には、「管理者」権限のアカウントでログインして作業を行います。

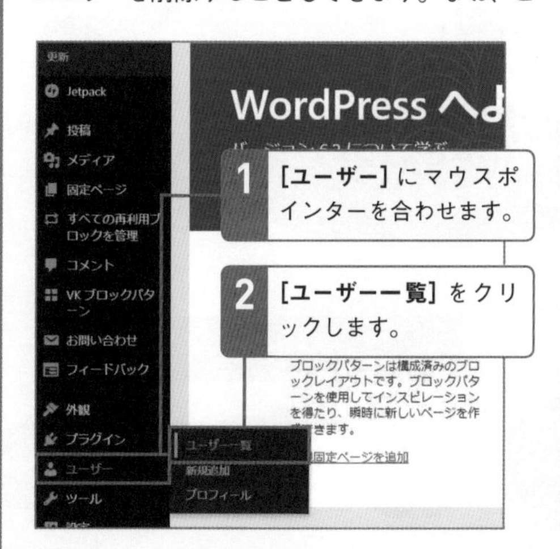

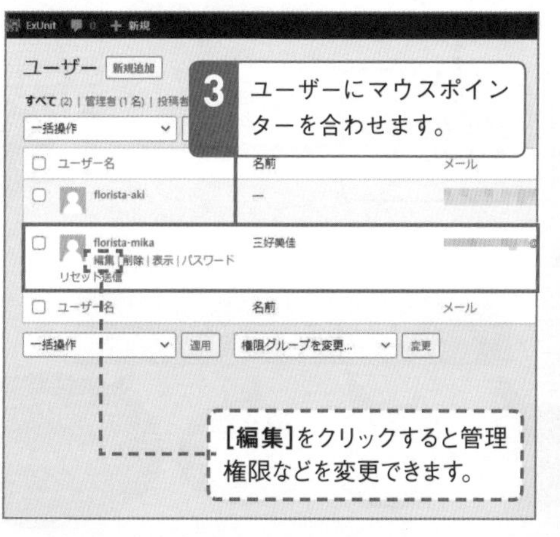

Lesson 62

[Webサイトデータのバックアップ]

定期的にバックアップを行う仕組みを作りましょう

このレッスンのポイント

Webサイトの運用でたまっていくデータは、これまでの努力の結晶です。しかし、データはデータです。不慮のサーバーの故障や誤操作などで瞬時に消えてしまいます。そんな場合にも、もとに近い形にまで戻せるように、定期的にバックアップを行いましょう。

Webサイトのデータは定期的にバックアップをとっておく

WordPressのデータには大きく2種類あります。メディアライブラリにアップした画像やプラグイン、テーマなどのファイル群と、データベースに保存される投稿の内容やコメントなどのデータです。どちらも定期的にバックアップしておきましょう。ここでは、「UpdraftPlus」というプラグインを利用したバックアップの方法を解説します。

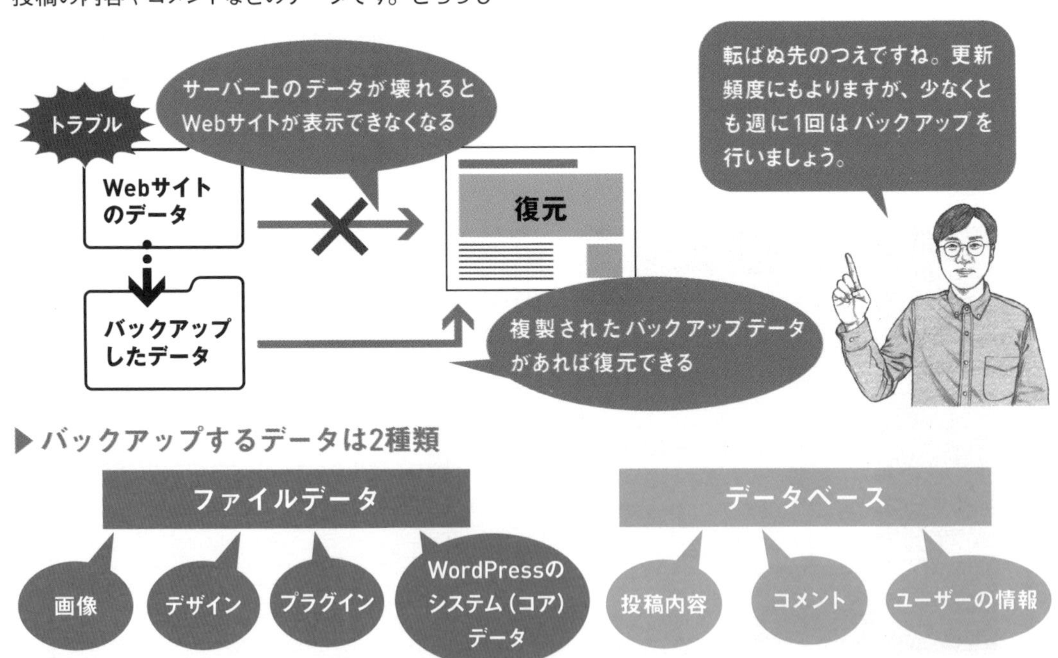

UpdraftPlusを利用した自動バックアップの仕組みを理解する

「UpdraftPlus」というプラグインを利用すると、WordPressを構成するファイル群とデータベースのファイルが、WordPressと同じサーバーに保存されます。復元作業についても保存済みのバックアップを選択してボタンをクリックするだけです。手動でのバックアップはもちろん、週一回など定期的なバックアップを自動化することも可能です。サーバー内に保存を行う場合には、無制限で保存しているとサーバーの容量を圧迫してしまう可能性もあります。保持する世代数を適切に設定し、サーバーの容量と相談しながら、バックアップを行いましょう。

UpdraftPlusを外部のストレージサービスと連携する

DropboxやGoogle Driveといった外部のストレージサービスと連携を行うことで、サーバーの容量を圧迫することなくバックアップを行うことが可能です。このLessonではサーバーへのバックアップのみを紹介しますが、すでにDropboxやGoogle Driveなどのサービスを利用されている人は、外部ストレージサービスへの保存にも挑戦してみましょう。

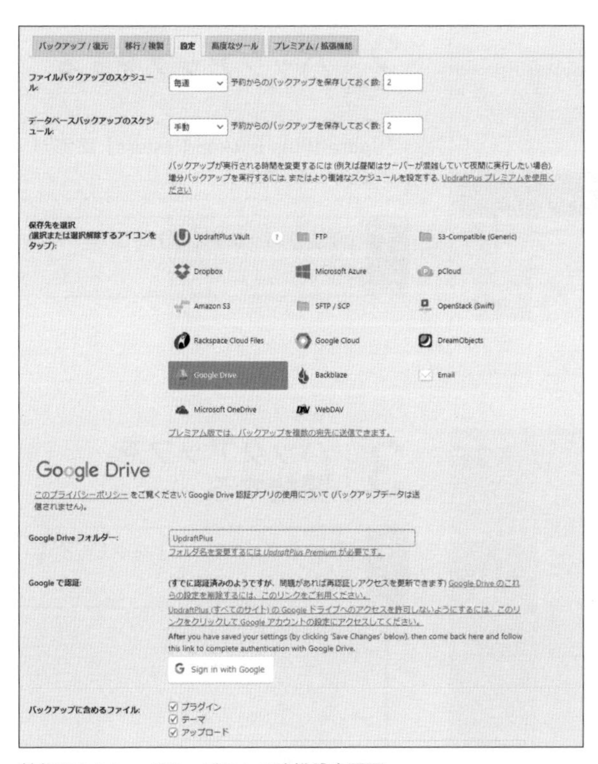

外部のストレージサービスとの連携設定画面。

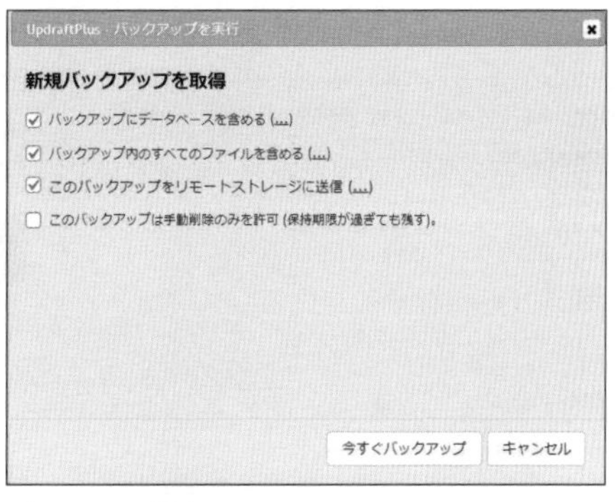

バックアップ画面。

UpdraftPlusでバックアップをする

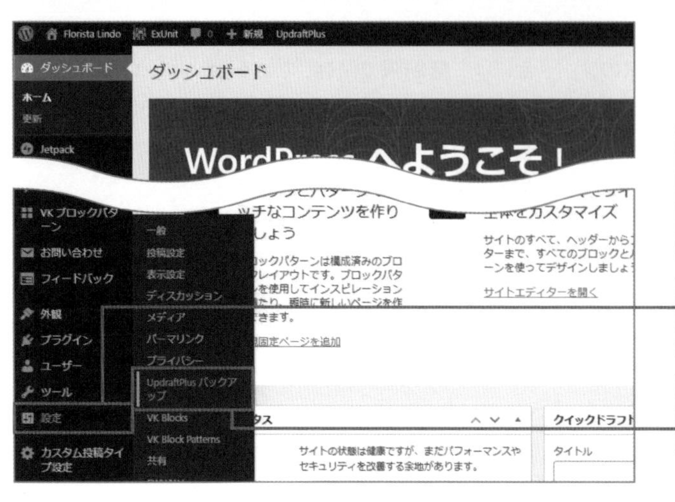

1 UpdraftPlus画面を表示する

1 243ページを参考に、**[プラグインを追加]**画面で「UpdraftPlus」と検索して「UpdraftPlus WordPress Backup Plugin」をインストールし、有効化します。

2 **[設定]**にマウスポインターを合わせます。

3 **[UpdraftPlus バックアップ]**をクリックします。

2 バックアップをする

[UpdraftPlus Backup/Restore] 画面が表示されました。

1 **[今すぐバックアップ]**をクリックします。

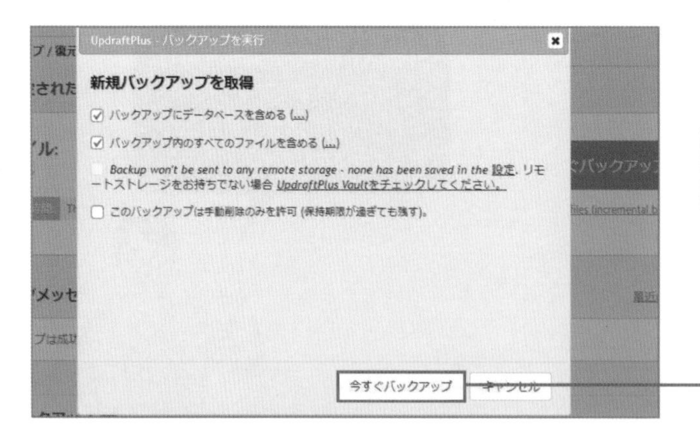

3 バックアップを開始する

1 **[今すぐバックアップ]**をクリックします。

Chapter 9 Webサイトを安全に運用しよう

ファイル: 予定なし　データベース: 予定なし　今すぐバックアップ
現在の時刻: Thu, January 12, 2023 16:58
最後のログメッセージ: バックアップは成功し完了しました。(1月 12 16:56:50)
既存のバックアップ
バックアップ日付　データをバックアップ (クリックしてダウンロード)　操作
Jan 12, 2023 16:56　データベース　プラグイン　テーマ　アップロード　その他　復元　削除　ログを表示

4 バックアップファイルが作成された

バックアップファイルが作成されました。「データベース」「プラグイン」「テーマ」「アップロード」「その他」の項目ごとにファイルが作成されます。ファイルには、バックアップを行った時点での状態が保存されています。

Webサイトを復元する

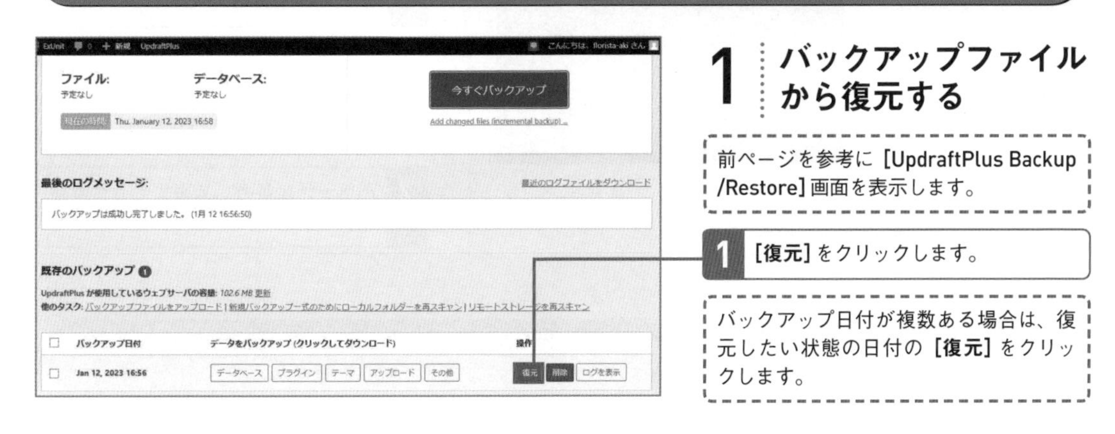

1 バックアップファイルから復元する

前ページを参考に [UpdraftPlus Backup /Restore] 画面を表示します。

1 **[復元]** をクリックします。

バックアップ日付が複数ある場合は、復元したい状態の日付の **[復元]** をクリックします。

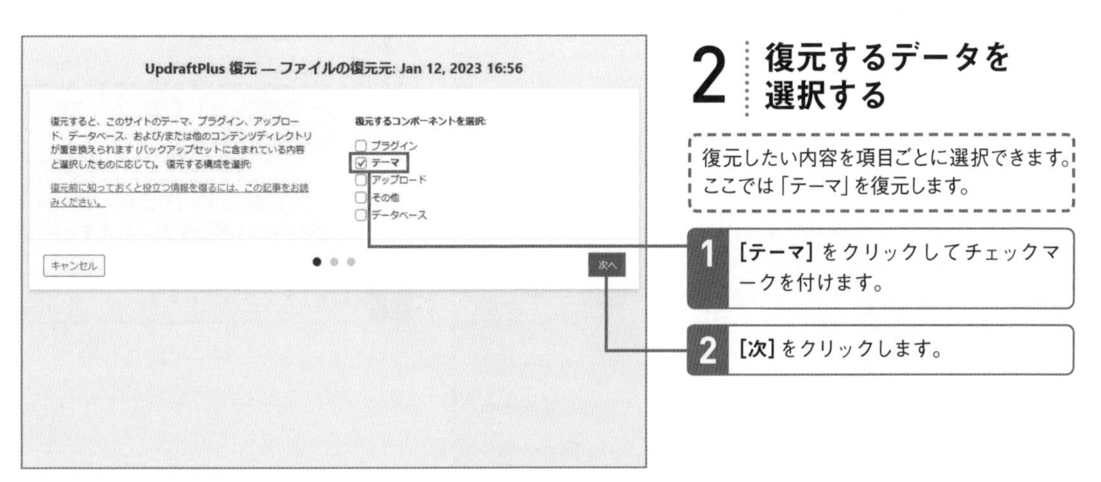

2 復元するデータを選択する

復元したい内容を項目ごとに選択できます。ここでは「テーマ」を復元します。

1 **[テーマ]** をクリックしてチェックマークを付けます。

2 **[次]** をクリックします。

Chapter 9
Webサイトを安全に運用しよう

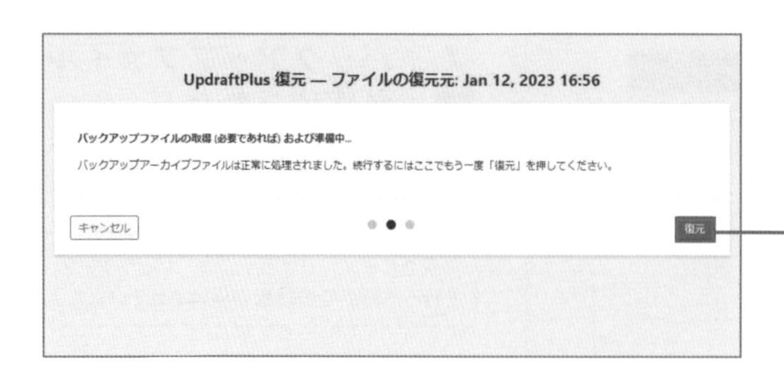

3 復元を開始する

1 [復元] をクリックします。

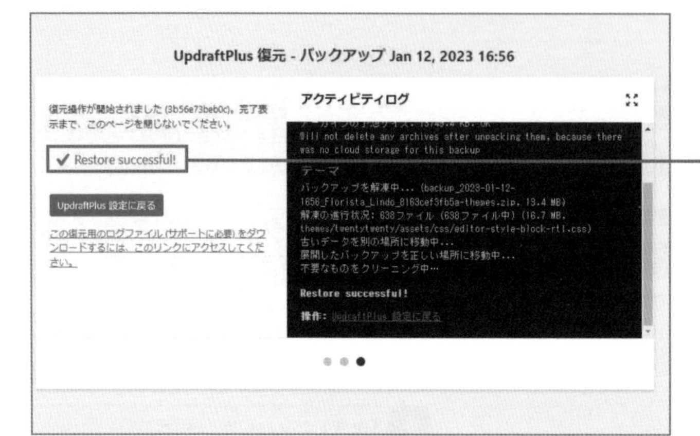

4 Webサイトが復元された

1 [Restore successful!] の表示を確認します。

復元するファイルサイズによっては、時間がかかる場合があります。表示が出るまで、ブラウザを閉じないでください。

2 70ページを参考にWebサイトを確認します。

定期バックアップ設定をする

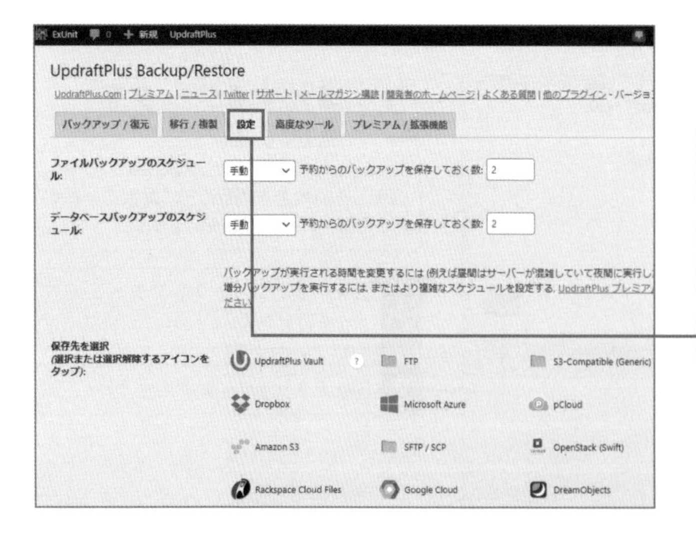

1 設定を表示する

ここでは一定期間ごとに自動でバックアップをする設定をします。

296ページを参考に [UpdraftPlus Backup/Restore] 画面を表示します。

1 [設定] をクリックします。

2 バックアップスケジュールを選択する

1 **[ファイルのバックアップスケジュール]**は**[毎週]**を選択します。

バックアップの保持数は変更できます。保持できる数を増やすとサーバーの容量を圧迫するので、サーバーの容量に応じて設定しましょう。

3 設定を保存する

1 **[変更を保存]**をクリックします。

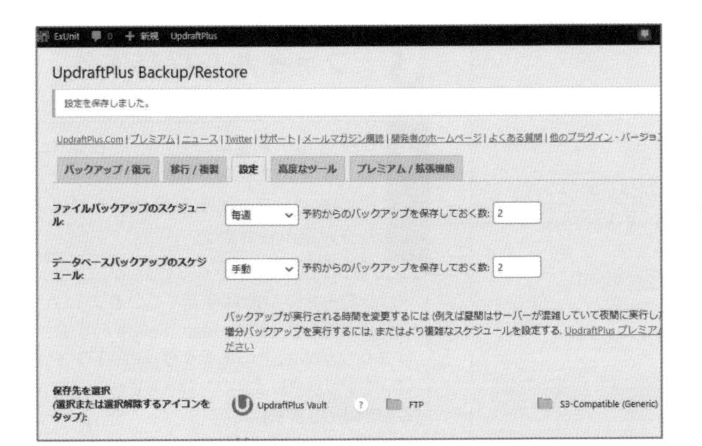

4 設定が保存された

設定したスケジュールで、バックアップが実施されます。バックアップの保持数上限に達すると古いバックアップ日付から順に消されていきます。300ページを参考にバックアップファイルも定期的にダウンロードするようにしましょう。

バックアップファイルをダウンロードする

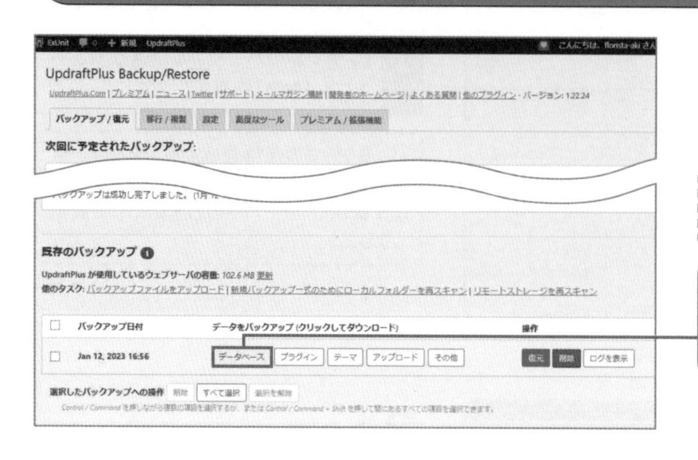

1 ダウンロードするバックアップファイルを選択する

296ページを参考に［UpdraftPlus Backup/Restore］画面を表示します。

1 ダウンロードしたい日付のバックアップの［**データベース**］をクリックします。

2 ダウンロードを開始する

1 ［**お使いのコンピュータにダウンロード**］をクリックします。

2 ダウンロードが開始されます。同様に「プラグイン」「テーマ」「アップロード」「その他」もダウンロードしましょう。

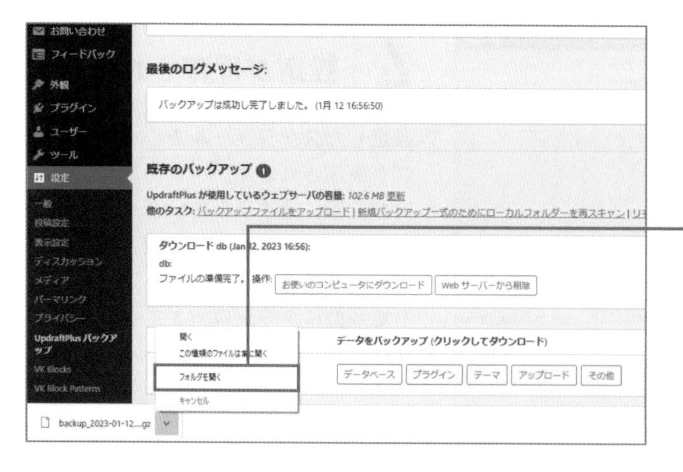

3 ファイルを保存する

1 ダウンロード後にファイルを右クリックして［**フォルダを開く**］をクリックすると、ファイルを保存したフォルダが表示されます。

ダウンロードの手順は使用しているブラウザによって異なります。Mac（Safari）の場合はブラウザの右上にあるダウンロードアイコンをクリックしてダウンロードされていることを確認します。

バックアップファイルをアップロードする

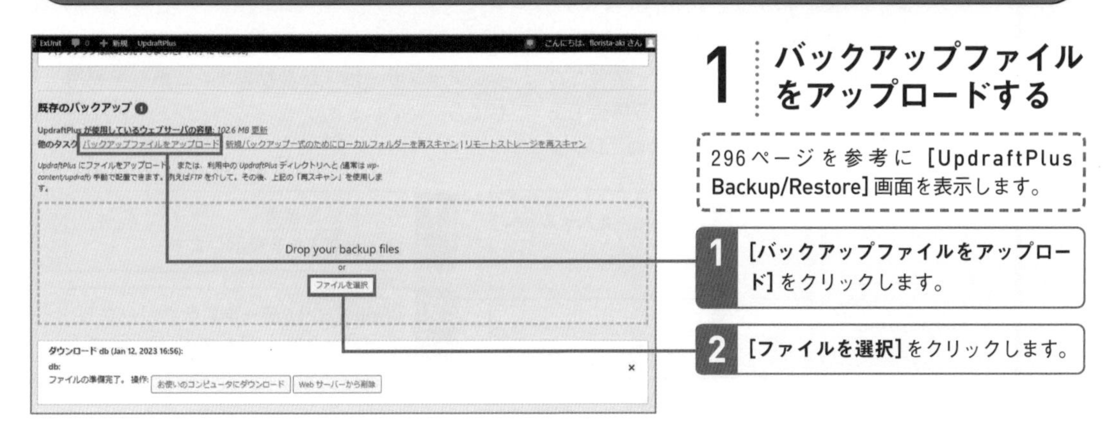

1 バックアップファイルをアップロードする

296ページを参考に［UpdraftPlus Backup/Restore］画面を表示します。

1 ［バックアップファイルをアップロード］をクリックします。

2 ［ファイルを選択］をクリックします。

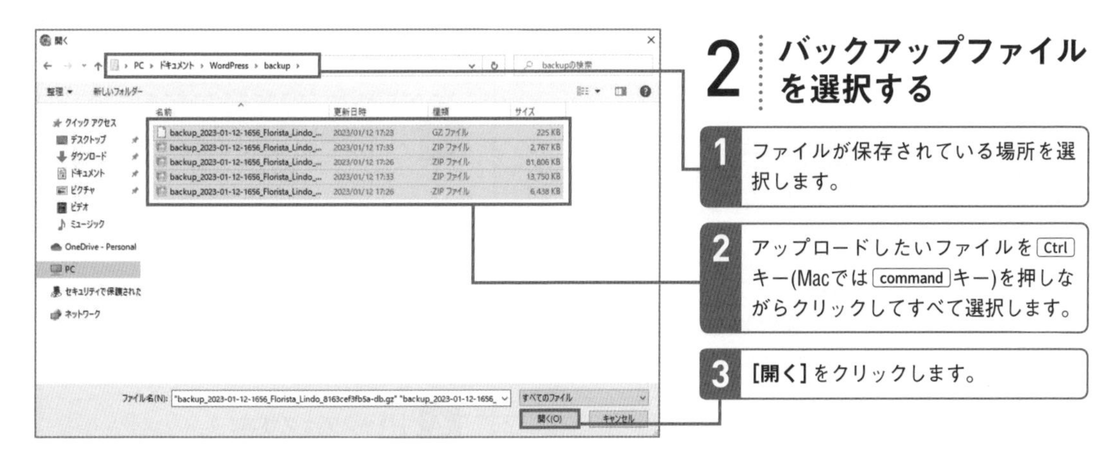

2 バックアップファイルを選択する

1 ファイルが保存されている場所を選択します。

2 アップロードしたいファイルを Ctrl キー(Macでは command キー)を押しながらクリックしてすべて選択します。

3 ［開く］をクリックします。

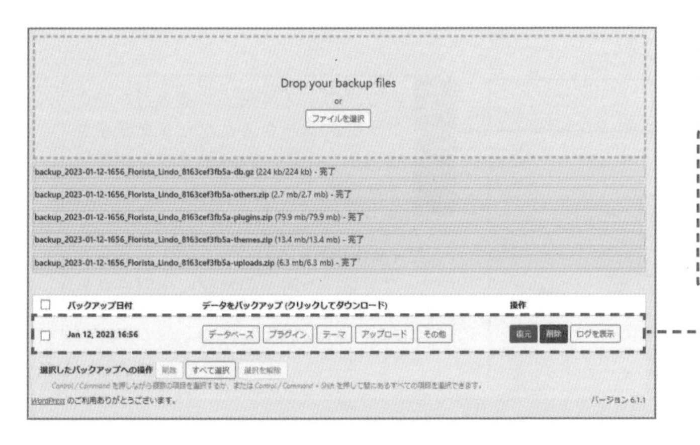

3 バックアップファイルがアップロードされた

バックアップファイルがアップロードされました。アップロードしたバックアップファイルを使って、Webサイトを復元することができます。復元方法は297ページを参考にしてください。

ワンポイント さくらインターネットのサービスを利用したバックアップ

プラグインによるバックアップの方法をご紹介しましたが、最近はレンタルサーバー業者がバックアップのサービスを提供している場合もあります。さくらインターネットの場合は、レンタルサーバー契約者であれば無料で利用できるバックアップサービスがあります。こちらを利用してもいいでしょう。

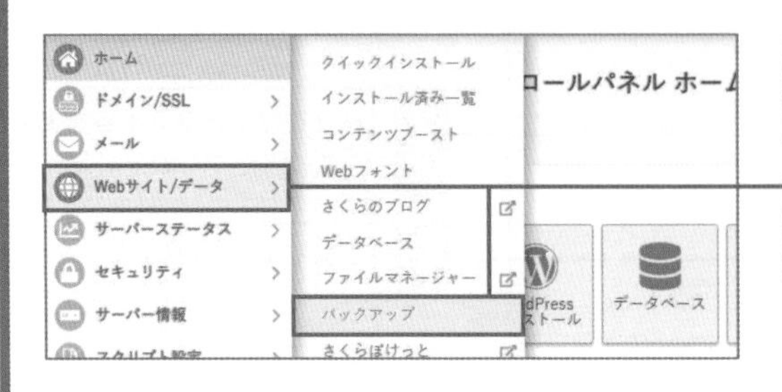

1 41ページを参考に、サーバーコントロールパネルを表示します。

2 **[Webサイト/データ]** をクリックして、**[バックアップ]**をクリックします。

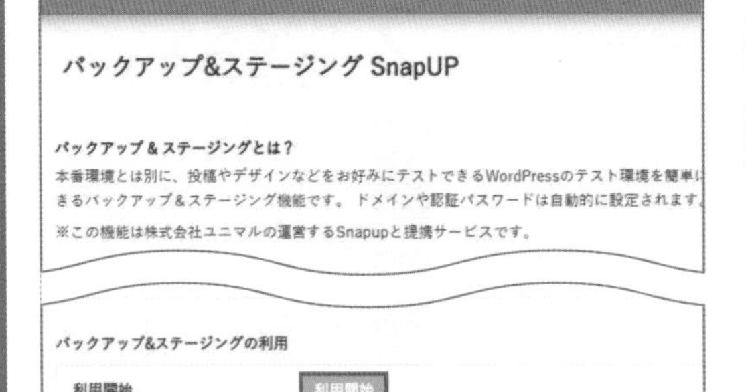

[バックアップ&ステージング SnapUP] 画面が表示されます。

3 **[利用開始]** をクリックします。

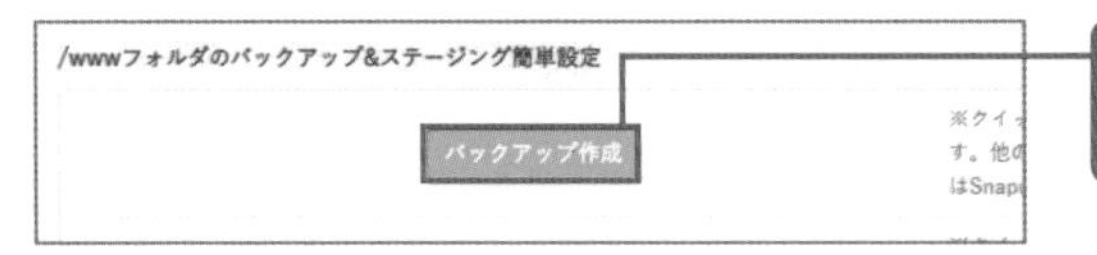

4 **[バックアップ作成]** をクリックします。

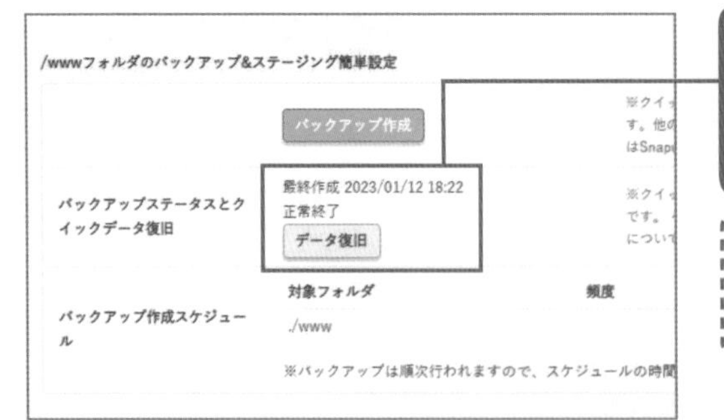

5 バックアップが完了すると **[バックアップステータスとクイックデータ復旧]** に、**[データ復旧]** ボタンが表示されます。

[データ復旧] をクリックすると、バックアップを取った時点の状態に復旧されます。

用語集

アルファベット

CSS（シーエスエス）
Cascading Style Sheets（カスケーディング・スタイル・シート）の略。HTMLで作られたWebページのレイアウトやデザインなどの装飾をするための規格。文字の太さや大きさ、各部の色や大きさ、位置などもCSSによって指定する。

HTML（エイチティーエムエル）
HyperText Markup Language（ハイパーテキスト・マークアップ・ランゲージ）の略。Webサイト上の文書を記述するためのマークアップ言語。この言語により、検索エンジンが見出しや本文などの文章構造を正しく理解したり、各ページ間をリンクで移動したりできるようになる。

PHP（ピーエイチピー）
状況に応じて動的にHTMLを出力することを主な目的とした、Webのプログラミング言語。静的なHTMLファイルとは異なり、その都度データベースなどの情報を読み込んで出力する。WordPressもPHPで開発されている。

SEO（エスイーオー）
「Search Engine Optimization」の略。「検索エンジン最適化」というのが本来の意味だが、主にGoogleなどの検索エンジンで検索された際に、なるべく上位に表示させるための対策という意味で使われる。基本的には訪問者にとって役に立つコンテンツを多く提供することが何よりも大切。

VK All in One Expansion Unit（ブイケーオールインワンエクスパンションユニット）
「X-T9」と同時開発されている拡張プラグイン。シンプルさを追求したX-T9の機能面を補完するプラグインで、SNS連携や解析タグの設定など、一般的なWebサイトで必要とされる機能がまとめられている。X-T9以外のテーマでも利用可能。

VK Blocks（ブイケーブロックス）
WordPressのブロックエディターを拡張するプラグイン。「スライダー」や「FAQ」「フロー」など、ビジネスサイト向けのコンテンツ作成に役立つさまざまなブロックのほか、余白の指定や改行指定、蛍光マーカーなど、ブロックエディターの機能全体を拡張できる。

WordPress（ワードプレス）
文章や画像といったコンテンツを管理画面から入力してWebサイトを作れるシステム。誰でも無償で使え、日本はもちろん世界中で利用されている。

X-T9（エックスティーナイン）
Web制作の専門知識がなくても本格的なWebサイトやブログが簡単に作れる無料のWordPressテーマ。フルサイト編集に対応した「ブロックテーマ」と呼ばれる形式のテーマで、WordPress公式ディレクトリに登録されているので、管理画面から簡単にインストールが可能。カスタマイズしやすいようにシンプルさを追求したテーマであり、専用のプラグインを利用することで機能を拡張できる。

ア

アーカイブ
一般的には記録を保管しておく場所のことだが、WordPressではカテゴリーやタグ、投稿年月など、特定の条件で抽出した投稿の一覧を指す。抽出した条件と合わせて「カテゴリーアーカイブ」「月別アーカイブ」と呼ぶ。

カ

カテゴリー
投稿記事をジャンルごとに分けて分類する機能のこと。本で言うと「目次」に近い。1つの投稿に複数のカテゴリーを選択できる。子カテゴリーを作ることで、親子関係を作って分類もできる。

ギャラリー

WordPressでは、複数の写真を一度に見せるための機能のこと。ギャラリー機能を利用すると、簡単に複数の写真を美しく見せられる。

クラシックテーマ

フルサイト編集機能が導入される前からの形式のテーマであり、レイアウトの自由度が低い。サイトの見た目や動作をカスタマイズするにはプログラミングやデザインの知識が必要。

公式ディレクトリ

WordPress公式のテーマやプラグインが公開されている場所。「テーマディレクトリ」と「プラグインディレクトリ」の2つがあり、両方とも登録するには申請が必要。チェックの上で掲載となるので、比較的安全性が高い。公式ディレクトリのテーマやプラグインは、WordPressの管理画面から検索やインストール、アップデートが行える。

固定ページ

WordPressのページ作成方法の1つ。お店の情報や地図など、あまり内容が変化せず、常に決まった場所に掲載するページに利用する。「投稿」とは異なり、時系列で整理はされない。テンプレートや親子関係を利用すれば、投稿より柔軟にページを作成できる。

コメント

投稿やページに訪問者がコメントを付けられる機能のこと。管理者は、コメントの表示を承認制にしたり、内容を編集・削除したりできる。上手にコメント機能を利用すると、訪問者との距離感をぐっと縮めることができる。

サ

サムネイル

WordPressに画像をアップロードすると作られる「フルサイズ」(元の画像)「中」「サムネイル」のうち、一番小さい画像のこと。初期設定では縦横150ピクセルの正方形で、長い部分がトリミングされた画像となる。ギャラリー機能やアイキャッチ画像として利用されることが多い。

タ

代替テキスト

画像が表示されない場合に、画像の代わりに表示されるテキストのこと。画像が閲覧できない環境において、内容を知るための手がかりとなったり、検索エンジンが画像検索におけるキーワードとして参考にしたりするので、できる限り設定しよう。

タグ

投稿を特徴的なキーワードにより分類する機能のこと。本で言うと「付せん」のような意味に近い。1つの投稿に複数のタグを設定できる。カテゴリーと異なり、親子関係の分類はできない。

ダッシュボード

管理画面にログインして最初に表示される画面。よく使う操作がまとまっており、最近行った投稿や書きかけの投稿（下書き）、最近のコメントなど、Webサイトの現状の情報を確認できる。

テーマ

Webサイトの主に見た目に関するテンプレートファイルのセット。管理画面の［外観］メニューからテーマの新規インストールや変更を行える。テーマによってサイトの構成要素や機能が大きく異なる。

投稿

ブログの記事や企業のリリース情報など、日時が関係する記事の掲載に適したページの作成方法。時系列に整理されて、過去の投稿は「アーカイブ」という形でまとめられる。「カテゴリー」や「タグ」という分類で、投稿を整理することもできる。

ドメイン
インターネット上に持つ住所のようなもの。訪問者はこの住所にアクセスするとWebサイトを表示できる。自分だけのオリジナルのドメインを取得することもでき、そのようなドメインを「独自ドメイン」と呼ぶ。

ハ

パーマリンク
それぞれの投稿や固定ページのURLのこと。パーマリンクは、ほかのWebサイトからリンクを張られるときや、投稿をメールやソーシャルメディアでほかの人に知らせるときのURLとなる。Webサイトをオープンする前に必ず設定しておこう。

フッター
Webページの下部にある、本文とは別の領域。コピーライトやサブメニューなど、全ページに共通の補助的な要素が配置されることが多い。

プラグイン
WordPressの機能を拡張するプログラム。公式のプラグインディレクトリには60,000以上（2023年3月現在）のプラグインが公開されている。この多様性もWordPressの特徴の1つ。

フルサイト編集
ブロックエディターを使用して、投稿や固定ページの本文だけでなく、サイト全体のデザインを編集することができる機能。

ブロック
WordPress 5.0以降のブロックエディターで、投稿や固定ページを構成する単位を指す。「見出し」や「段落」、「画像」などのブロックを組み合わせることにより、ページを作成できる。

ブロックテーマ
フルサイト編集に対応したテーマ。ナビゲーションメニュー、ヘッダー、コンテンツ、フッターなど、サイトのあらゆるパーツを編集できるため、テーマを変更することなくサイトのデザインを編集できる。

ブロックパターン
よく使うブロックの組み合わせやレイアウトを事前に登録しておき、編集画面から選択して使用することができる機能。

ヘッダー
ページの上部にある、本文とは別の領域。Webページでは、サイトのロゴやメニューなど、全ページに共通のナビゲーション的な構成になっていることが多い。

マ

メディアライブラリ
アップロードしたメディアを一覧で見られる機能。過去にアップロードしたメディアのURLなどの情報を知りたい場合や、WordPress上で簡単な画像編集機能を使う場合には、メディアライブラリから操作する。

メニュー
目的のコンテンツへ誘導するためのリンクが集まったリストのこと。ヘッダーなどの目立つ位置に、サイトの主要なコンテンツに移動できる「グローバルメニュー」（ヘッダーメニュー）を設置するのが一般的。WordPressでは「カスタムメニュー」機能で簡単にグローバルメニューを作れる。

ラ

レスポンシブWebデザイン
パソコン、スマートフォン、タブレットなどの画面サイズを基準にレイアウトを柔軟に調整するWebデザインのこと。本書で取り扱うテーマ「X-T9」はレスポンシブWebデザインに対応している。

基本ブロック一覧

テキスト

¶ 段落

テキストを挿入する（106ページ参照）。

見出し

見出しを挿入する。SEO対策としても有用（127ページ、176ページ参照）。

リスト

箇条書きのリストを作成する。番号なし、番号付きの設定ができる。

引用

引用文と引用元を挿入できる。参考文献や参考サイトからの文章を引用するのに適している。

クラシック

クラシックエディターと同等の表示および操作ができる。WordPress 5.0以前のバージョンで記述された投稿や固定ページは、すべてクラシックブロックとして扱われる。

<> コード

ソースコードを直接記述することができる。

整形済みテキスト

入力したテキストがそのまま表示されるブロック。段落ブロックに似ているが、改行や空白がそのまま表示される。また、段落ブロックとは違った書式になる。

プルクオート

引用テキストに視覚効果を加える。

テーブル

表を挿入する（198ページ参照）。

詩

詩や歌詞を引用するのに適している。引用ブロックに似ているが、引用ブロックとは違ったフォントや余白が適用される。

メディア

画像

画像を１枚挿入する（121ページ参照）。

ギャラリー

複数の画像を並べて表示する（192ページ参照）。画像の配置や画像をクリックした際の挙動を設定できる。

音声

メディアライブラリにアップロードした音楽ファイルを埋め込む。

カバー

画像や動画の上に、テキストを配置する。

ファイル

ファイルをダウンロードするためにリンクを設置する。

メディアとテキスト

画像と文章を横並びの配置にできる。

動画

メディアライブラリにアップロードした動画ファイルを埋め込む。

デザイン

ボタン

ボタンを挿入する。Webサイトや外部サイトへのリンクボタンを設定することができる。

カラム
カラムブロックの中に、横に6つまでブロックを並べることができる。

グループ
ブロックをグループにまとめることができる。

横並び
ブロックを横に並べることができる。

縦積み
ブロックを縦に並べることができる。

続き
コンテンツの抜粋を指定できる。指定したブロックの前のコンテンツがアーカイブページで抜粋として表示される。

ページ区切り
同一記事内で、ページを分けることができる。記事の内容が多い場合は、改ページブロックを利用することでページの表示速度を早くすることもできる。

区切り
水平の区切り線を挿入する。

スペーサー
ブロックとブロックの間に余白を挿入する（132ページ参照）。

ウィジェット

アーカイブ
記事の月別アーカイブを挿入できる。表示形式や投稿数の設定ができる。

カレンダー
カレンダーを挿入する。

カテゴリー一覧
記事のカテゴリーを挿入する。

カスタムHTML
HTMLを直接記述することができる（145ページ参照）。

最新の投稿
最新の投稿一覧を挿入する。

固定ページリスト
すべての固定ページをリスト表示する。

RSS
URLを入力し、RSSを挿入する。

検索
検索欄を挿入する。

ショートコード
ショートコードを入力することができる。

ソーシャルアイコン
ソーシャルメディアのプロフィールまたはサイトにリンクするアイコンを表示できる。Facebook、X（旧Twitter）、Instagramなど、用意されたアイコンを選択して挿入することができる。

タグクラウド
タグクラウドを挿入する。

索引

本書のサンプルファイルとプラグインについて

本書で使用している画像のサンプルファイル、および本書独自のプラグインは、下記のリンクからダウンロードできます。ダウンロードしたファイルはzip形式で圧縮されています。画像のサンプルファイルは展開してからご利用ください。

●素材提供元

ぱくたそ　https://www.pakutaso.com/

pixabay　https://pixabay.com/ja/

本書サポートページ

https://book.impress.co.jp/books/1122101130

1　上記URLを入力してサポートページを表示します。

2　［ダウンロード］をクリックします。

画面の表示にしたがってファイルをダウンロードしてください。

※Webページのデザインやレイアウトは変更になる場合があります。

スタッフリスト

カバー・本文デザイン　米倉英弘（細山田デザイン事務所）
カバー・本文イラスト　東海林巨樹
DTP　横塚あかり（株式会社リブロワークス）
　　田中麻衣子
校正　株式会社トップスタジオ

デザイン制作室　今津幸弘
　　鈴木　薫
制作担当デスク　柏倉真理子

編集　瀧坂　亮
　　富田麻菜（株式会社リブロワークス）

編集長　柳沼俊宏

■商品に関する問い合わせ先

このたびは弊社商品をご購入いただきありがとうございます。本書の内容などに関するお問い合わせは、下記のURLまたは二次元バーコードにある問い合わせフォームからお送りください。

https://book.impress.co.jp/info/

上記フォームがご利用いただけない場合のメールでの問い合わせ先
info@impress.co.jp

※お問い合わせの際は、書名、ISBN、お名前、お電話番号、メールアドレス に加えて、「該当するページ」と「具体的なご質問内容」「お使いの動作環境」を必ずご明記ください。なお、本書の範囲を超えるご質問にはお答えできないのでご了承ください。

- 電話や FAX でのご質問には対応しておりません。また、封書でのお問い合わせは回答までに日数をいただく場合があります。あらかじめご了承ください。
- インプレスブックスの本書情報ページ https://book.impress.co.jp/books/1122101130 では、本書のサポート情報や正誤表・訂正情報などを提供しています。あわせてご確認ください。
- 本書の奥付に記載されている初版発行日から1年が経過した場合、もしくは本書で紹介している製品やサービスについて提供会社によるサポートが終了した場合はご質問にお答えできない場合があります。

■落丁・乱丁本などの問い合わせ先

FAX 03-6837-5023
service@impress.co.jp
※古書店で購入された商品はお取り替えできません。

いちばんやさしいWordPressの教本 第6版 6.x 対応
人気講師が教える本格 Web サイトの作り方

2023年 4 月21日 初版発行
2023年 10月11日 第1版第2刷発行

著 者 石川栄和、大串 肇、星野邦敏

発行人 小川 亨

編集人 高橋隆志

発行所 株式会社インプレス

〒 101-0051 東京都千代田区神田神保町一丁目 105 番地

ホームページ https://book.impress.co.jp/

印刷所 シナノ書籍印刷株式会社

ISBN 978-4-295-01611-3 C3055